住房和城乡建设部"十四五"规划教材
职业教育智能建造工程技术系列教材

智能建造施工项目管理

杨建华　史艾嘉　主　编
陈海军　张永强　副主编
　　　　张悠荣　主　审

U0262597

中国建筑工业出版社

图书在版编目（CIP）数据

智能建造施工项目管理 / 杨建华，史艾嘉主编；陈海军，张永强副主编. -- 北京：中国建筑工业出版社，2024. 11. --（住房和城乡建设部"十四五"规划教材）（职业教育智能建造工程技术系列教材）. -- ISBN 978-7-112-30379-3

Ⅰ. TU712

中国国家版本馆 CIP 数据核字第 2024DM3003 号

本书为住房和城乡建设部"十四五"规划教材、职业教育智能建造工程技术系列教材。教材共分为 8 个教学单元，分别为教学单元 1　智能建造工程和项目管理概论、教学单元 2　智能建造工程项目质量管理、教学单元 3　智能建造工程项目成本管理、教学单元 4　智能建造工程项目进度管理、教学单元 5　智能建造工程项目合同管理、教学单元6　智能建造工程项目职业健康安全与环境管理、教学单元 7　智能建造工程项目信息管理、教学单元 8　智能建筑工程项目管理典型案例。

本书可作为职业院校智能建造技术、建筑工程技术等相关专业的教材，也可供建筑工程施工现场相关技术和管理人员工作时参考使用。

本书附赠教师课件，请扫描右侧二维码下载。

课件

责任编辑：李天虹　李　阳
责任校对：张惠雯

住 房 和 城 乡 建 设 部 "十 四 五" 规 划 教 材
职 业 教 育 智 能 建 造 工 程 技 术 系 列 教 材
智能建造施工项目管理
杨建华　史艾嘉　主　编
陈海军　张永强　副主编
张悠荣　主　审

*

中国建筑工业出版社出版、发行（北京海淀三里河路 9 号）
各地新华书店、建筑书店经销
北京红光制版公司制版
北京圣夫亚美印刷有限公司印刷

*

开本：787 毫米×1092 毫米　1/16　印张：14½　字数：362 千字
2025 年 2 月第一版　　2025 年 2 月第一次印刷
定价：**46.00** 元（赠教师课件）
ISBN 978-7-112-30379-3
（43695）

出　版　说　明

党和国家高度重视教材建设。2016 年，中办国办印发了《关于加强和改进新形势下大中小学教材建设的意见》，提出要健全国家教材制度。2019 年 12 月，教育部牵头制定了《普通高等学校教材管理办法》和《职业院校教材管理办法》，旨在全面加强党的领导，切实提高教材建设的科学化水平，打造精品教材。住房和城乡建设部历来重视土建类学科专业教材建设，从"九五"开始组织部级规划教材立项工作，经过近 30 年的不断建设，规划教材提升了住房和城乡建设行业教材质量和认可度，出版了一系列精品教材，有效促进了行业部门引导专业教育，推动了行业高质量发展。

为进一步加强高等教育、职业教育住房和城乡建设领域学科专业教材建设工作，提高住房和城乡建设行业人才培养质量，2020 年 12 月，住房和城乡建设部办公厅印发《关于申报高等教育职业教育住房和城乡建设领域学科专业"十四五"规划教材的通知》（建办人函〔2020〕656 号），开展了住房和城乡建设部"十四五"规划教材选题的申报工作。经过专家评审和部人事司审核，512 项选题列入住房和城乡建设领域学科专业"十四五"规划教材（简称规划教材）。2021 年 9 月，住房和城乡建设部印发了《高等教育职业教育住房和城乡建设领域学科专业"十四五"规划教材选题的通知》（建人函〔2021〕36 号）。为做好"十四五"规划教材的编写、审核、出版等工作，《通知》要求：（1）规划教材的编著者应依据《住房和城乡建设领域学科专业"十四五"规划教材申请书》（简称《申请书》）中的立项目标、申报依据、工作安排及进度，按时编写出高质量的教材；（2）规划教材编著者所在单位应履行《申请书》中的学校保证计划实施的主要条件，支持编著者按计划完成书稿编写工作；（3）高等学校土建类专业课程教材与教学资源专家委员会、全国住房和城乡建设职业教育教学指导委员会、住房和城乡建设部中等职业教育专业指导委员会应做好规划教材的指导、协调和审稿等工作，保证编写质量；（4）规划教材出版单位应积极配合，做好编辑、出版、发行等工作；（5）规划教材封面和书脊应标注"住房和城乡建设部'十四五'规划教材"字样和统一标识；（6）规划教材应在"十四五"期间完成出版，逾期不能完成的，不再作为《住房和城乡建设领域学科专业"十四五"规划教材》。

住房和城乡建设领域学科专业"十四五"规划教材的特点，一是重点以修订教育部、住房和城乡建设部"十二五""十三五"规划教材为主；二是严格按照专业标准规范要求编写，体现新发展理念；三是系列教材具有明显特点，满足不同层次和类型的学校专业教学要求；四是配备了数字资源，适应现代化教学的要求。规划教材的出版凝聚了作者、主审及编辑的心血，得到了有关院校、出版单位的大力支持，教材建设管理过程有严格保障。希望广大院校及各专业师生在选用、使用过程中，对规划教材的编写、出版质量进行反馈，以促进规划教材建设质量不断提高。

住房和城乡建设部"十四五"规划教材办公室
2021 年 11 月

前　　言

本教材为高校与企业合作开发，根据教育部《"十四五"职业教育规划教材建设实施方案》和《建筑智能化系统工程建设项目管理规范》等文件要求，以及国家现行建筑工程标准、规范、规程编写，同时按照施工现场施工管理人员相关职业标准，有机融入职业素养和工匠精神等育人元素，依照人才培养目标实现创新驱动发展，努力使课程资源能有效地顺应当下的职业岗位需求实际。

本教材在编写中注重理论教学体系和实践教学体系的深度融合，内容紧贴工程项目管理的实际，紧紧围绕高等职业教育土建类专业的人才培养方案，注重对学生项目管理能力的培养，体现技术技能、应用型人才的培养要求。为便于学习，各单元均附有教学目标、思想映射点、实现方式、参考案例、思维导图等。同时每单元根据需要设有思考与练习，以便帮助学生进行知识与技能的巩固和提升。

本教材由江苏城乡建设职业学院杨建华、史艾嘉任主编，江苏城乡建设职业学院陈海军、张永强任副主编，张悠荣任主审。具体分工如下：杨建华编写教学单元1、8，陈海军编写教学单元2、3，张永强编写教学单元4、5，史艾嘉编写教学单元6、7。

由于编者水平有限，加之时间仓促，书中难免存在不足之处，诚恳地希望读者批评指正。

目　　录

智能建造工程和项目管理概论

⊙ **教学目标：**

1. 知识目标：

了解智能建造的概念、对建筑业发展的影响；了解项目管理的类型及知识体系；了解项目团队建设的几个阶段；了解智能建筑工程项目管理的基本目标和重点特点；了解智能建造对工程项目管理带来的革新与改变；理解项目管理机构建立的原则和步骤；理解项目管理机构的运行机制和运行内容；理解项目管理机构负责人的职责和权力；掌握项目管理规划大纲和项目管理实施规划的编制依据、编制程序、编制内容；掌握项目管理机构制度的内容；掌握智能建筑工程项目管理的要求。

智能建造助力建筑业高质量发展

2. 能力目标：

能运用所学知识，组建项目管理团队，编制项目管理规划大纲和项目管理实施规划。

3. 素质目标：

智能建造这种新型建筑模式，是对整个生产方式的一次全面改革，展现国家的综合国力，增进学生文化自信，提升民族自豪感和使命感；崇尚科学精神，严谨求实，诚实守信，具有辩证思维。

⊙ **思想映射点：** 增进民族自豪感，提升民族自信心。

⊙ **实现方式：** 课堂讲授，超星平台学习，建筑大师进课堂。

⊙ **参考案例：** 阿里巴巴北京总部项目、萧山国际机场三期项目等智慧工地示范项目。

⊙ **思维导图：**

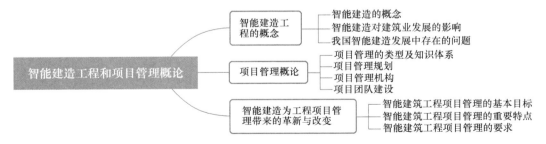

⊙ **引文：** 智能建造，不仅引领行业技术的革新，更在提升工程质量、安全、效益和品质方面发挥着不可估量的作用，智能建造技术使得施工管理全过程可以通过集成化的平台进行监控和管理，提高了施工管理的效率。智能建造技术的应用促进了管理模式和制度的变革，新的技术和管理模式的结合提高了工程建设的效率和质量。此外，智能建造还推动了建筑工业化的升级，通过技术创新和提升信息化水平，促进了整个建筑行业的转型升级。

1.1 智能建造工程的概念

1.1.1 智能建造的概念

随着"智能建造"和《中国建造 2035 战略研究》的相继提出，我国传统建造业已不能满足新时代的发展需求，建筑业向智能化、信息化转型是必然的发展趋势。《数字建筑白皮书 2021》指出，所谓智能建造，是基于数字孪生的概念，综合运用 5G、BIM、物联网、区块链等前沿技术，实现建筑的全参与方、全要素、全过程的智能化、数字化，从而构建产业、企业和项目的平台生态新体系。

智能建造是将传统建筑施工与数字技术相结合的一种新型建筑模式，是一种基于现代数字技术的建筑设计、建造和管理方法，其目标是通过数字化的方法将建筑设计与建造过程完全融合。智能建造主要是指利用数字技术（如 BIM、大数据、云计算等）来协调建筑设计、施工和运营过程的方法和工具。智能建造为建筑行业提供了基于数据的全生命周期解决方案，以提高建造过程的质量、减少成本和风险，并提高建筑业的可持续性。

另外，建造技术及新兴信息技术的快速发展及其在建造业的广泛应用，使建造过程中开展对"人、机、料、法、环"的管理成为可能。智能建造相对于传统施工的优势正在不断地显现，越来越多的企业和单位采用这样的模式，不仅实现了建筑业可持续发展，还让建筑业存在多年无法解决的粗放式生产组织方式得到了有效遏制。在信息化和工业化深度融合的这一特定背景下，新一代信息技术的飞速发展让智能建造这一模式的推广和应用成为可能，与此同时也为技术创新领域的发展提供新的研究方向。

智能建造不仅仅是在建造过程中对智能化技术的应用，更是对整个生产方式的一次全面改革，使其实现项目在全生命周期中的高度集成化、系统化，从而优化管理和决策。

智能建造主要表现在以下 5 个方面：

1. 从全生命周期角度出发，面向全要素和全参与方；
2. 新一代信息技术为整个建造过程提供支持；
3. 实现建筑产业链的集成化、系统化；
4. 减少在整个建造过程中资源的浪费和环境的污染；
5. 让建筑产品更加安全、绿色、优质。

1.1.2 智能建造对建筑业发展的影响

在智能建造的时代背景下，建筑企业作为建筑业发展的载体，逐步递进地受到智能建造的影响，可以分为三个阶段：初始阶段，作为新型信息技术与建筑业深度融合的产物，智能建造首先影响建筑企业的知识技术变革，应对新型技术带来的机遇与挑战；发展阶段，智能建造在企业技术融合和变革发展到一定阶段时，将影响建筑企业的管理模式，企业进行自组织优化、创新智能建造管理模式以充分利用智能建造技术和各类资源；成熟阶段，技术变革与管理模式创新完成后，智能建造直接影响建筑企业的核心竞争力，优化企业资源配置，发挥企业战略优势，从经济、社会、环境、管理等各个层面提升企业的综合效益。

1. 初始阶段：知识技术变革

智能建造是当前建筑业发展的时代背景，新兴建造技术的成熟发展与应用是智能建造产生的重要原因和关键因素。建筑企业为了应对新的发展环境，必须引进先进的生产和管理技术、学习先进的管理经验并积累相关知识，加速建筑企业技术创新以适应建筑业高质量发展的要求。因此，智能建造时代必将深刻影响建筑企业的知识技术变革，提高企业管理和生产效率。

建筑企业在智能建造影响下的知识技术变革主要体现在 BIM 技术、物联网技术、大数据技术及其他技术，具体如下：

（1）BIM 技术

BIM 技术即建筑信息模型技术，主要是指建筑企业以建筑工程的各项信息为基础，对建筑进行信息建模和仿真模拟，据此进行相关的设计、施工和运维等管理过程。通常认为 BIM 技术是集成新型信息技术为基础，整合建筑工程项目建设过程中的各类信息，对工程项目实体、项目实施过程附以数字化的技术。智能建造时代背景下，建筑企业大力发展 BIM 技术，提高建筑设计和生产的效率、降低建筑产品生产和管理的成本，同时建筑企业通过运用 BIM 技术对建筑生产的设计阶段、施工阶段、运营阶段及维护阶段等全生命周期进行管理，能够有效提高各个阶段的管理水平，降低各主体、各部门及各阶段间的信息不对称问题，提高建筑企业核心业务的专业水平和核心竞争力。

（2）物联网技术

物联网技术最初应用于传媒领域，物联网技术是指通过传感器、机器人技术、通信技术等一系列关键技术，借助互联网将世界万物进行链接并上网的技术。其中射频识别技术是最具代表性的关键技术，通过引入此项技术，可以对无法识别的物体进行标志并进行跟踪，建筑企业可以通过此类技术对建筑生产中所有的物（人、材、机等）进行识别，并上传至信息系统进行追踪监控。建筑企业应用物联网技术最大的作用就是对建筑生产过程中的各环节、各资源进行感知和处理，物联网技术的主要功能有以下几点：整体感知，通过射频识别、传感器等技术对建筑物进行整体感知，获取各类信息；可靠传输，物联网技术在信息传输方面，能够在保障保密性和隐私性的前提下进行高效传输，保真率更高；智能处理，在对建筑物整体感知、信息完整获取、收集、传输的基础上，对相关信息进行智能处理，进行系统性的动态分析，同时可以以此为依据展开动态控制与管理，最终实现智能化。

（3）大数据技术

大数据技术是指针对采用传统数据处理软件和方法在有限时间内无法进行处理的数据集合，合理展开数据捕获、收集及处理过程的数据分析和处理技术。大数据技术具有海量、高增长率和多样化等特点。面对海量的大数据，需要更完善的信息管理系统、更强大的数据处理算法以及更灵敏的捕获技术，这些技术共同构成大数据技术。在工程建设领域，随着建筑工程体量增加以及全过程的信息累积，产生了海量数据，建筑企业需要对全生命周期的大数据进行获取、收集、分析和处理等操作，以为进一步的管理和决策进行支撑。建筑企业在发展大数据技术之时，需要关注和重视大数据的多样性、时效性等关键因素，合理利用大数据技术，充分发挥各类信息资源的优势，进一步提高建筑企业信息管理效率，最终提升建筑企业的核心竞争力。

（4）其他技术

随着信息技术进一步发展，智能建造技术涵盖的范围也越来越广，建筑企业同时也需要不断完善自身的知识技术变革。近年来，越来越多的新兴技术发展起来并逐步运用到建筑领域，主要包括：虚拟现实技术（VR）、无人机技术、地理信息系统（GIS）、增强现实技术（AR）、人工智能技术及可视化技术等，新兴技术的发展一方面会促进智能建造技术的不断更新，另一方面也会促使建筑企业进行知识技术变革，从而充分提高建筑企业核心竞争力。

2. 发展阶段：管理模式创新

管理模式是建筑企业发展的核心要素，在智能建造影响的发展阶段，建筑企业的技术变革积累终将引起管理模式的创新。建筑企业管理模式的创新是一个渐进性、动态性的过程，管理模式依托于技术而存在，又不局限于技术这一单一要素，同时与企业的组织管理、资源管理、信息管理、战略管理等各层面的管理创新有关。技术变革引起管理模式创新，以适应不同环境和生产条件下的企业发展战略和目标，智能建造为建筑企业带来新一轮的管理模式创新。为体现管理模式的动态性与渐进性，本节将从建筑企业管理模式创新演进和智慧管理模式的特性与作用两方面进行分析：

（1）建筑企业管理模式创新演进

建筑企业管理模式的发展和创新是一个动态性和渐进性的过程，已经经历了从数据管理模式到知识管理模式、知识管理模式到信息管理模式的历程，建筑企业的管理模式随着所处时代的技术发展而不断革新，当前智能建造时代建筑企业正处于从信息管理模式向智慧管理模式的转变过程中。

不同时期的管理模式各有特色，适应于所处时期的不同需求。数据管理模式即管理者结合经验与自身知识，通过对数据的收集、分析、处理及反馈等过程，对建筑企业的运营和发展进行决策、协调等管理。数据管理模式强调数据来源的真实性和全面性，数据来源于工程实践与企业管理的事实数据，企业管理具有一定的科学性，但是缺乏时效性，效率较低。知识管理模式是在未来环境不确定性、动态变化性、难以预测性等客观需求下产生的。知识管理模式强调对知识的管理与应用，客观数据的积累引起知识结构的变化。企业或管理者通过对知识的获取、学习、共享以及应用等全过程管理，根据不同的环境，灵活运用各类知识，并将企业内部知识体系进行更新，提高建筑企业管理的效率。信息管理模式是在数据管理和知识管理的基础上发展的，随着建筑企业的发展与信息技术的进步，建筑企业及其管理者难以对企业管理过程中产生的数据和知识进行直接管理，借助信息管理平台对大量的、无序的、难以识别的信息进行收集处理，成为信息管理模式的关键。信息管理模式为管理者提供了一种更加高效直接的企业管理模式，充分发挥了信息技术的先进性，提高了管理效率和管理质量，具有一定的及时纠偏和动态管理能力。

随着智能建造技术的进一步发展，同时建筑业高质量发展的需求逐步提高，信息管理模式资源消耗大、人力占用多等缺点暴露出来，建筑企业越来越需要更加智慧的人机交互、更加智能的信息管理以及及时有效的动态管理，在这样的需求下，同时伴随着智能建造技术的发展，智慧管理模式应运而生。

（2）智慧管理模式的特性与作用

智能建造时代下建筑企业的管理模式创新成果是智慧管理模式，管理模式的创新是智能建造对建筑企业的核心影响，是建筑企业核心竞争力提升的关键。智慧管理模式是借助BIM、大数据、互联网、人工智能等新兴技术，结合外部环境和内部知识技术等信息，对建筑企业内部与外部进行协调管理和智慧互联，实现企业战略管理、组织管理、工程项目管理等各类管理目标，并对管理成果以具象化的形成进行技术、知识、信息等形式的交互式输出。

智慧管理模式有以下几点特性：①功能性：通过智慧工地管理平台将建设项目、企业部门、资源状况及现实环境等要素进行高效集成，实现各部门、各项目的智慧管理、高效管理。②服务性：智慧管理模式具有服务政府的特性，由于政府有关部门联合布置智慧监管平台，企业将自身的平台接口与政府监管平台联通后，便于政府部门高效监管与服务。③全局性：智慧管理平台通过设置分级授权和接口权限，有效保障各项目、各部门的信息共享，有助于管理者进行全局管理，加快应急处理的速度。④大数据性：随着新兴技术在建筑企业管理中的应用，建筑企业在企业管理、项目管理中产生的巨量数据将上传云端，并进行相关分析和运用，提高企业管理的科学性。

智慧管理模式有以下几点作用：①企业内部组织管理变革。智慧管理模式要求企业对组织框架、人力调整、资源配置等进行重新设计，对新兴技术和管理系统进行学习。②形成项目全过程监管。智慧管理模式能够构建相关的信息管理系统，保障项目标准化管理，借助相关技术对项目管理进行全过程监督。③构建新型智慧化管理系统。智慧管理模式将企业管理进行标准化、信息化处理，实现项目管理与企业管理的动态管理目标，使企业管理高效化、智慧化。

智能建造下智慧模式的产生，让建筑企业生产和管理过程中能够充分分析并利用内部企业资源、外部市场环境及智能建造技术，合理优化资源配置、调整企业战略目标，提高建筑企业的管理效率和核心竞争力。

3. 成熟阶段：综合效益提升

智能建造对建筑企业的影响首先体现在知识技术变革层面，技术积累同企业自组织优化共同作用下，建筑企业管理模式创新并形成智慧管理模式，以匹配建筑企业不同阶段的企业战略和目标。综合效益提升是建筑企业在智能建造影响下进行知识技术变革、管理模式创新及其他一系列改革、优化及提升的最终目的。综合效益一般包括企业发展进程中各阶段、各层面的效益，智能建造对建筑企业综合效益提升的影响体现在不同方面，主要包括经济效益、社会效益、管理效益、战略效益等。本节将从以上四个方面进行阐述，分析智能建造是建筑企业的综合效益提升影响，具体如下：

（1）经济效益提升

经济学中企业经营的核心目标就是追求利润最大化，长期追求企业价值最大化，建筑企业本质要求发展和生存，经济效益是建筑企业追求的首要目标，智能建造是建筑企业综合效益提升的关键要素。

智能建造能够为建筑企业带来经济效益提升，一方面是由于相关技术的应用为企业带来生产成本的降低；另一方面是由于管理模式的创新带来的生产效率的提升，降本增效以提高企业经济效益。企业生产成本的降低主要原因有：生产效率提高、生产要素减少、资源配置充分。生产效率的提高体现在通过智能化企业级监管平台，对建筑企业各个项目进行实时监测，对不合格、不合理的项目施工等情况进行及时控制，提高建筑施工企业信息综合分析能力和统筹管理能力，最终提高企业的生产效率。

（2）社会效益提升

智能建造作为新型建造技术与建筑业行业深度融合的产物，不仅仅对企业自身经济效益有提升作用，同时能够促进企业提高社会效益，助力建筑企业名誉和软实力的提高。智能建造能够为建筑企业在提高业主满意度、企业人才培养、员工职业健康等方面带来较大社会效益。

从产品服务的视角出发，智能建造下智慧平台的应用使得项目建造程序和信息更加透明，通过信息化平台，包括业主在内的广大公众可以随时要求查看工程项目的实时建设情况，并要求提供有关工程项目质量的相关信息化资料，可视化程度进一步加强，业主对工程建设情况的满意度进一步提高。

（3）管理效益提升

管理效益是智能建造对建筑企业综合效益影响最全面的体现，管理效益提升在建筑企业中主要体现在人员管理、材料与设备的管理、质量管理和进度管理等方面。智能建造应用的管理效益提升的主要途径为项目整体管理水平的提升，通过提高项目管理的水平，促进各个项目的实际效益提高，充分发挥企业现有资源的优势以提升企业管理效益。

人才与员工管理是企业管理的关键，人员管理方面，智能建造技术及相关平台的应用能够提升项目、企业层面对员工的整体管控能力。材料与设备管理方面，智能建造可以对建筑材料与机械设备的采购进行管理，记录材料与设备入库与出库的情况，管理维护材料检测报告，降低因对不合格材料处理所增加的时间成本。进度管理方面，智慧化管理平台制定进度计划，进行时间管理，对工期进行控制，依据各个构件进行任务分解，有效明确各个阶段的施工目标，生成施工进度计划，自动调整进度计划，配置时间参数和绘制进度计划图。

（4）战略效益提升

战略效益是经济、社会发展中不排斥暂时或局部负效益的长远的整体的巨大效益。智能建造对战略效益提升主要体现在企业发展水平与企业形象的提升，具体体现在企业荣誉提升、企业产品品牌力提高、战略发展目标实现等方面。当前建筑企业主要以项目为营利和运营主体的企业，即项目型建筑企业，一般情况下，以项目为营利主体的企业战略导向主要有两种：市场和技术。其中，技术导向型的建筑企业不仅需要不断开发、研发、创新建筑生产技术，同时也需要合理地运用已经研发创新出的各项智能建造技术，保证企业生产的先进性。智能建造有利于提升企业的技术导向程度，促进企业的知识创新与技术创新，降低市场动荡对企业发展的干扰程度，实现企业的平稳、长期发展。智能建造背景影响下的建筑企业通过对多个智能建造项目施工和运营的积累，使企业形象得到一定程度的提升，以此形成良性回路，促使企业信用评级不断提高，最终提高企业的战略效益。

1.1.3 我国智能建造发展中存在的问题

1. 技术能力尚有不足

就当前的形势而言，我国的智能建筑建设起步比较晚，发展还不够完善，尽管最近几年已经取得了一些进步，但是在具体的建筑建设过程中，仍然会受到各种施工条件和特殊的施工技术的限制，在一定程度上影响着技术的发展。在建筑智能化施工中，因为它的具体施工过程对专业技术的要求比较高，所以对整体施工技术要求比较高，对综合技术理念的要求也比较高。

2. 缺少系统规划理念

当前，制约建筑智能系统发展的因素很多，比如，对智能系统的建造单元缺乏足够的了解，在特定的建筑智能化管理中，没有与特定的工程建设施工相结合。

3. 设计院设计过程脱节

不管是设计院，还是集成商，在实施智能系统工程的过程中，工作人员往往存在着认知上的偏差，有些设计师在进行施工设计时，自身的专业知识与具体的建筑建设需求存在一定的差异，所以，他们的知识和设计经验的更新难以跟上建设项目的快速发展。在具体的施工设计过程中，部分设计师没有对当前主流的技术产品和技术性能要求进行及时的跟踪，导致了具体的工程实施与设计院的计划不符，进而导致了具体的项目工程建设和管理出现问题，影响项目工程的建设质量。

1.2　项目管理概论

1.2.1　项目管理的类型及知识体系

1. 项目管理的类型

随着项目管理的发展，项目管理类型逐渐多样化。根据不同的分类方法，项目管理有不同类型。

（1）按工程项目参与主体不同进行分类

工程项目管理可分为业主方、工程总承包方、设计方、施工方及物资供应方的项目管理。

1）业主方项目管理。业主方项目管理是全过程的，包括项目策划决策与建设实施（设计、施工）阶段各个环节。事实上，业主方项目管理，既包括业主或建设单位自身的项目管理，也包括受其委托的工程监理单位、工程咨询或项目管理单位的项目管理。

2）工程总承包方项目管理。在工程总承包（如设计-建造、设计-采购-施工）模式下，工程总承包单位将全面负责建设工程项目的实施过程，直至最终交付使用功能和质量标准符合合同文件规定的工程项目。因此，工程总承包方项目管理是贯穿于项目实施全过程的全面管理，既包括设计阶段，也包括施工安装阶段。

3）设计方项目管理。在传统的设计与施工分离承包模式下，工程设计单位承揽到建设工程项目设计任务后，需要根据建设工程设计合同所界定的工作目标及义务，对建设工程设计工作进行自我管理。设计单位通过项目管理，对建设工程项目的实施在技术和经济上进行全面而详尽的安排，引进先进技术和科研成果，形成设计图纸和说明书，并在工程施工过程中配合施工和参与验收。由此可见，设计项目管理不仅仅局限于工程设计阶段，而是延伸到工程施工和竣工验收阶段。

4）施工方项目管理。工程施工单位通过竞争承揽到建设工程项目施工任务后，需要根据建设工程施工合同所界定的工程范围，依靠企业技术和管理的综合实力，对工程施工全过程进行系统管理。从一般意义上讲，施工项目应是指施工总承包的完整工程项目，既包括土建工程施工，又包括机电设备安装，最终成功地形成具有独立使用功能的建筑产品。然而，由于分部工程、子单位工程、单位工程、单项工程等是构成建设工程项目的子系统，按子系统定义项目，既有其特定的约束条件和目标要求，也是一次性任务。因此，建设工程项目按专业、按部位分解发包时，施工单位仍然可将承包合同界定的局部施工任务作为项目管理对象，这就是广义的施工项目管理。

5）物资供应方项目管理。从建设工程项目管理系统角度看，建筑材料、设备供应工作也是建设工程项目实施的一个子系统，有其明确的任务和目标、明确的制约条件以及与项目实施子系统的内在联系。因此，制造商、供应商同样可将加工生产制造和供应合同所界定的任务，作为项目进行管理，以适应建设工程项目总目标控制的要求。

（2）按工程项目范围不同进行分类

工程项目管理可分为单一项目管理和多项目管理，其中，多项目管理又可分为项目群管理和项目组合管理。

1）单一项目管理（Project Management）。传统的项目管理均是单一项目管理，是指将知识、技能、工具与技术应用于项目活动，以满足项目需求。项目管理通过合理运用与整合项目管理过程，最终实现项目目标。

2）项目群管理（Program Management）。根据美国项目管理协会（PMI）制定的项目管理知识体系（PMBOK），项目群是指经过协调统一管理以便获取单独管理时无法取得的效益和进行控制的一组相互联系的项目。由多个项目组成的通信卫星系统就是一个典型的项目群实例，该项目群包括卫星和地面站的设计、卫星和地面站的施工、系统集成卫星发射等多个项目。项目群中的项目需要共享组织的资源，需要在项目之间进行资源调配。项目群管理是指为实现组织的战略目标和利益，对项目群进行的统一协调管理。项目群管理需要运用知识和资源，来界定、计划、执行和汇总客户复杂项目的各个方面。

3）项目组合管理（Portfolio Management）。根据美国项目管理协会（PMI）制定的项目管理知识体系（PMBOK），项目组合是指为实现战略目标而组合在一起进行集中管理的项目、项目群、子项目组合和运营工作。项目组合中的项目或项目群不一定彼此依赖或直接相关。例如，以投资回报最大化为战略目标的某基础设施公司，可将石油天然气、供电、供水、道路、铁路和机场等项目形成一个项目组合。在这些项目中，公司又可将相互关联的项目作为项目群来管理。所有供电项目合成供电项目群，所有供水项目合成供水项目群。如此，供电项目群和供水项目群就是该基础设施公司企业级项目组合中的基本组成部分。项目组合管理重点关注资源分配的优先顺序，并确保对项目组合的管理与组织战略协调一致。

2. 项目管理知识体系

项目管理知识体系（PMBOK）是由美国项目管理协会（PMI）制定的、适用于许多行业、可在大多数情况下用来实施项目管理的标准。PMBOK是一个大纲级别的体系，基本以纲要框架为准，目的是更好地兼容各种具体管理技术，促进各种应用型专项管理工具的开发，并与这些管理工具实现灵活对接。使用者可在PMBOK的基础上，以合适的方式与自己选择、设计、组织的各种技术或工具进行对接。

PMBOK将项目管理划分为10个知识领域，具体包括：项目整合管理、项目范围管理、项目时间管理、项目成本管理、项目质量管理、项目人力资源管理、项目沟通管理、项目风险管理、项目采购管理和项目利益相关者管理。

（1）项目整合管理

项目整合管理是协调统一各项目管理过程组的各种过程和活动而开展的过程与活动，主要包括以下内容：

1）制定项目章程：编写一份正式批准项目并授权项目经理在项目活动中使用组织资源的文件的过程。

2）制定项目管理计划：定义、准备和协调所有子计划，并把它们整合为一份综合项合项目管理计划的过程。项目管理计划包括经过整合的项目基准和子计划。

3）指导与管理项目工作：为实现项目目标而领导和执行项目管理计划中所确定的工作，并实施已批准变更的过程。

4）监控项目工作：跟踪、审查和报告项目进展，以实现项目管理计划中确定的绩效目标的过程。

5）实施整体变更控制：审查所有变更请求，批准变更，管理对可交付成果、组织过程资产、项目文件和项目管理计划的变更，并对变更处理结果进行沟通的过程。

6）结束项目或阶段：完结所有项目管理过程组的所有活动，以正式结束项目或阶段的过程。

（2）项目范围管理

项目范围管理要保证项目成功地完成所要求的全部工作，而且只完成所要求的工作。《项目管理知识体系指南》（PMBOK 指南）（第 5 版）指出，项目范围管理主要包括以下过程：

1）规划范围管理：创建范围管理计划，书面描述将如何定义、确认和控制项目范围的过程。

2）收集需求：为实现项目目标而确定、记录并管理干系人的需要和需求的过程。

3）定义范围：制定项目和产品详细描述的过程。

4）创建工作分解结构：将项目可交付成果和项目工作分解为较小的、更易于管理的组件的过程。

5）确认范围：正式验收已完成的项目可交付成果的过程。

6）控制范围：监督项目和产品的范围状态，管理范围基准变更的过程。

（3）项目时间管理

项目时间管理要保证项目按时完成，主要包括以下内容：

1）规划进度管理：为规划、编制、管理、执行和控制项目进度而制定政策、程序和文档的过程。

2）定义活动：识别和记录为完成项目可交付成果而需采取的具体行动的过程。

3）排列活动顺序：识别和记录项目活动之间的关系的过程。

4）估算活动资源：估算执行各项活动所需材料、人员、设备或用品的种类和数量的过程。

5）估算活动持续时间：根据资源估算的结果，估算完成单项活动所需工作时段数的过程。

6）制定进度计划：分析活动顺序、持续时间、资源需求和进度制约因素，创建项目进度模型的过程。

7）控制进度：监督项目活动状态，更新项目进展，管理进度基准变更，以实现计划的过程。

（4）项目成本管理

项目成本管理要保证项目在批准的预算内完成，主要包括以下内容：

1）规划成本管理：为规划、管理、花费和控制项目成本而制定政策、程序和文档过程。

2）估算成本：对完成项目活动所需资金进行近似估算的过程。

3）制定预算：汇总所有单个活动或工作包的估算成本，建立一个经批准的成本基准的过程。

4）控制成本：监督项目状态，以更新项目成本，管理成本基准变更的过程。

（5）项目质量管理

项目质量管理要保证项目完成后能够使需求得到满足，主要包括以下内容：

1）规划质量管理：识别项目及其可交付成果的质量要求和/或标准，并书面描述项目将如何证明符合质量要求的过程。

2）实施质量保证：审计质量要求和质量控制测量结果，确保采用合理的质量标准和操作性定义的过程。

3）控制质量：监督并记录质量活动执行结果，以便评估绩效，并推荐必要的变更的过程。

（6）项目人力资源管理

项目人力资源管理要尽可能有效地使用项目中涉及的人力资源，主要包括以下内容：

1）规划人力资源管理：识别和记录项目角色、职责、所需技能、报告关系，并编制人员配备管理计划的过程。

2）组建项目团队：确认人力资源的可用情况，并为开展项目活动而组建团队的过程。

3）建设项目团队：提高工作能力，促进团队成员互动，改善团队整体氛围，以提高项目绩效的过程。

4）管理项目团队：跟踪团队成员工作表现，提供反馈，解决问题并管理团队变更以优化项目绩效的过程。

（7）项目沟通管理

项目沟通管理要保证适当、及时地产生、收集、发布、储存和最终处理项目信息，主要包括以下内容：

1）规划沟通管理：根据干系人的信息需要和要求及组织的可用资产情况，制定合适的项目沟通方式和计划的过程。

2）管理沟通：根据沟通管理计划，生成、收集、分发、储存、检索及最终处置项目信息的过程。

3）控制沟通：在整个项目生命周期中对沟通进行监督和控制的过程，以确保满足项目干系人对信息的需求。

（8）项目风险管理

项目风险管理是对项目的风险进行识别、分析和响应的系统化的方法，包括使有利的事件机会和结果最大化和使不利的事件的可能和结果最小化，主要包括以下内容：

1）规划风险管理：定义如何实施项目风险管理活动的过程。

2）识别风险：判断哪些风险可能影响项目并记录其特征的过程。

3）实施定性风险分析：评估并综合分析风险的发生概率和影响，对风险进行优先排序，从而为后续分析或行动提供基础的过程。

4）实施定量风险分析：就已识别风险对项目整体目标的影响进行定量分析的过程。

5）规划风险应对：针对项目目标，制定提高机会、降低威胁的方案和措施的过程。

6）控制风险：在整个项目中实施风险应对计划、跟踪已识别风险、监督残余风险、识别新风险，以及评估风险过程有效性的过程。

（9）项目采购管理

项目采购管理是为达到项目范围的要求，从外部企业获得货物和服务的过程，主要包括以下内容：

1）规划采购管理：记录项目采购决策、明确采购方法、识别潜在卖方的过程。

2）实施采购：获取卖方应答、选择卖方并授予合同的过程。

3）控制采购：管理采购关系、监督合同执行情况，并根据需要实施变更和采取纠正措施的过程。

4）结束采购：完结单次项目采购的过程。

（10）项目利益相关者管理

项目利益相关者管理是指对项目利益相关者需要、希望和期望的识别，并通过沟通管理来满足其需要、解决其问题的过程，主要包括以下内容：

1）识别利益相关者：识别能影响项目决策、活动或结果的个人、群体或组织以及被项目决策、活动或结果所影响的个人、群体或组织，并分析和记录他们的相关信息的过程。这些信息包括他们的利益、参与度、相互依赖、影响力及对项目成功的潜在影响等。

2）规划利益相关者管理：基于对利益相关者需要、利益及对项目成功的潜在影响的分析，制定合适的管理策略，以有效调动利益相关者参与整个项目生命周期的过程。

3）管理利益相关者参与：在整个项目生命周期中，与利益相关者进行沟通和协作以满足其需要与期望，解决实际出现的问题，并促进利益相关者合理参与项目活动过程。

4）控制利益相关者参与：全面监督项目利益相关者之间的关系，调整策略和计划以调动利益相关者参与的过程。

1.2.2　项目管理规划

1. 项目管理规划大纲

（1）项目管理规划大纲的性质和作用

1）项目管理规划大纲的性质

《建设工程项目管理规划》规定"项目管理规划大纲应是项目管理工作中具有战略性、全面性和宏观性的指导文件"。所谓战略性，主要指其内容高屋建瓴，具有原则、长期、长效的指导作用。所谓全面性，是指它所考虑的是项目管理的整体而不是某一部分或局部，是全过程而不是某个阶段的。所谓宏观性，是指该规划涉及客观环境、内部管理、相关组织的关系、项目实施等，都是重要的、关键的、大范围的，而不是微观的。

2）项目管理规划大纲的作用

项目管理规划大纲的作用如下：

① 对项目管理的全过程进行规划，为全过程的项目管理提出方向和纲领。

② 作为承揽业务、编制投标文件的依据。

③ 作为中标后签订合同的依据。

④ 作为编制项目管理实施规划的依据。

⑤ 建设单位的建设工程项目管理规划还对各相关单位的项目管理和项目管理规划起指导作用。

综合上面的 5 项作用可以看出，项目管理规划大纲的作用既有对内的，也有对外的，它不但是管理性文件，也是经营性文件，所以编制者要站得高、想得宽、看得远。

（2）项目管理规划大纲的编制依据

1）项目管理规划大纲的编制依据如下：

① 项目文件、相关法律法规和标准；

② 类似项目经验资料；

③ 实施条件调查资料。

具体可包括：可行性研究报告，设计文件、标准、规范与有关规定，招标文件及有关合同文件，相关市场信息与环境信息，等等。

2）项目管理规划大纲编制依据的相关说明：

编制依据的正确与合理对于项目管理策划的影响巨大。组织应该客观把握策划依据确定，确保项目管理策划的风险处于可以接受的水平。

① 不同的项目管理组织编制项目管理规划大纲的依据不完全相同。建设单位和设计单位编制项目管理规划大纲需要可行性研究报告，而施工单位编制项目管理规划大纲则不一定需要可行性研究报告；设计单位和施工单位编制项目管理规划大纲需要其他依据，但是建设单位编制项目管理规划时尚不具备设计文件招标文件和有关合同文件，也没有必要。因此，究竟使用哪些依据要由编制组织在上述范围内具体选定，必要时，还应该寻求其他依据。

② 招标文件及发包人对招标文件的解释是除建设单位外其他单位编制项目管理规划大纲的最重要依据。在招标过程中，发包人常会以补充、说明的形式修改、补充招标文件的内容；在标前会议上发包人也会对承包人提出的问题、对招标文件不理解的地方进行解释。承包人在项目管理规划大纲的编写过程中一定要注意这些修改、变更和解释。

③ 在编制规划大纲前应进行招标文件的分析。通过对投标人须知的分析，了解投标条件、招标人招标程序安排，进一步分析投标风险；通过对合同条件的审查，分析它的完备性、合法性、单方面约束性的条款和合同风险，确定承包人总体的合同责任；对技术文件进行分析、会审，以确定招标人的工程要求、进行项目管理的工程范围、技术规范、工程量等；对在招标文件分析中发现的问题、矛盾、错误和不理解的地方，应及早向发包人提出，请给予解释，这对正确地编制规划大纲和投标文件是十分重要的。

④ 相关市场信息与环境信息：

相关市场信息主要是供求信息、价格信息和竞争信息，这对于各编制项目管理规划大纲的单位来说都是相当重要的。

环境信息范围较广，包括政策环境、经济环境、管理环境、国际环境、政治环境、自然环境、现场环境，乃至发包人提供的信息等，在项目规划大纲起草前应进行有针对性的调查。调查应有计划、系统地进行，在调查前可以列出调查提纲。由于投标过程中时间和费用的限制，应主要着眼于调查对工作方案、合同的执行、实施合同和成本有重大影响的环境因素，应充分利用企业的信息网络系统和以前曾获得的信息。

⑤ 本组织对承揽任务的投标总体战略、中标后的经营方针和策略，必须体现在项目管理规划大纲中。因此，这些也应该是项目管理规划大纲的编制依据，包括：企业在项目所在地以及项目所涉及的领域的发展战略；该项目在企业经营中的地位，项目的成败对未来经营的影响，如是否是创牌子工程、是否是形象工程；发包人的基本情况，如信用、管理能力和水平、发包人取得后续任务的可能性等。

（3）项目管理规划大纲的编制程序

项目管理规划大纲的7步编制程序：

1）明确项目需求与项目管理范围；

2）确定项目管理目标；

3）分析项目实施条件，进行项目工作结构分解；

4）确定项目管理组织模式、结构和职责；

5）规定项目管理措施；

6）编制项目资源计划；

7）汇总整理，报组织的决策层审批。

这个程序中，关键程序是第5）、6）步。前面的四步都是为它们服务的，最后一步是例行管理手续。不论哪个组织编制项目管理规划，都应该遵照这个程序。

（4）项目管理规划大纲的内容

项目管理规划大纲包括15项规划内容：项目概况；项目范围管理；项目管理目标；项目管理组织；项目采购与投标管理；项目成本管理；项目进度管理；项目质量管理；项目安全生产管理；绿色建造与环境管理；项目资源管理；项目信息管理；项目沟通与相关方管理；项目风险管理；项目收尾管理等。

1）项目概况

项目概况包括项目基本情况描述、项目实施条件分析和项目管理基本要求等。

① 项目基本情况描述：包括投资规模、工程规模、使用功能、工程结构与构造、建设地点、基本的建设条件（合同条件、场地条件、法规条件、资源条件）等。项目的基本情况可以用一些数据指标描述。

② 项目实施条件分析：包括发包人条件，相关市场条件，自然条件，政治、法律和社会条件，现场条件，招标条件等。这些资料来自于环境调查和发包人在招标过程中可能提供的资料。

③ 项目管理基本要求：包括法规要求、政治要求、政策要求、组织要求、管理模式要求、管理条件要求、管理理念要求、管理环境要求、有关支持性要求等。

2）项目范围管理

项目范围管理规划要通过工作分解结构图实现，并对分解的各单元进行编码及编码说明。既要对项目的过程范围进行描述，又要对项目的最终可交付成果进行描述。项目管理规划大纲的项目工作结构分解可以粗略一些。

3）项目管理目标

① 项目管理的目标通常包括两个部分：

一是合同要求的目标。合同规定的项目目标是必须实现的，否则投标就不能中标，中标后必须接受合同或法律规定的处罚。

二是对组织自身要完成的目标。项目管理目标规划应明确进度、质量、职业健康安全、环境、成本等的总目标，并进行可能的分解。这些目标是项目管理的努力方向，也是管理成果的体现，故必须进行可行性论证，提出纲领性的措施来。

② 有时组织的总体经营战略和本项目的实施策略会产生一些项目的目标，应一并加以规划。

③ 项目管理的目标应尽可能定量描述，是可执行的、可分解的，在项目实施过程中可以用目标进行控制，在项目结束后可以用目标对项目经理部进行考核。

④ 项目的目标水平应通过努力能够实现，不切实际的过高目标会使项目经理部失去努力的信心；过低会使项目失去优化的可能，企业经营效益会降低。

⑤ 项目管理目标规划应满足顾客的要求，赢得顾客的信任。这里的顾客主要是发包人，也可能是分包的总包人或其他项目管理任务的提供人。

4）项目管理组织

项目管理组织规划应包括组织结构形式、组织构架图，项目经理、职能部门、主要成员人选，拟建立的规章制度等。

项目的组织规划应符合本组织的项目组织策略，有利于项目管理的运作。

在项目管理规划大纲中不需详细地描述项目经理部的组成状况，仅需原则性地确定项目经理、总工程师等的人选。按照发包人招标的要求，项目经理和/或技术负责人需要在发包人的澄清会议上进行答辩，所以项目经理和/或技术负责人必须尽早任命，并尽早介入项目的投标过程。这不仅是为了中标的要求，而且能够保证项目管理的连续性。

5）项目采购与投标管理

项目采购规划应依据采购人的需求，识别与采购有关的资源和过程，包括采购什么、何时采购、询价、评价并确定参加投标的分包人，分包合同结构策划，采购文件的内容和编写等。

项目投标管理应基于投标人的角度，策划项目投标与经营活动，包括围绕项目发包人需求，编制投标文件并按照约定进行投标。投标策划活动的关键是对于风险及其自身履约能力的评估。

6）项目成本管理

① 组织应提出完成任务的预算和成本计划。成本计划应包括项目的总成本目标，按照主要成本项目进行成本分解的子目标，保证成本目标实现的技术、组织、经济和合同措施。

② 成本计划目标应留有一定的余地，并有一定的浮动区间，以便激发生产和管理的积极性。

③ 成本目标的确定应反映如下因素的要求：任务的范围、特点、性质；招标文件规

定的责任；环境条件；完成任务的实施方案。

④ 成本目标是组织投标报价的基础，将来又会作为对项目经理部的成本目标责任和考核奖励的依据。它应反映实际开支，所以在确定成本目标时不应考虑组织的经营战略。

7）项目进度管理

① 项目进度管理规划应包括进度的管理体系、管理依据、管理程序、管理计划、管理实施和控制、管理协调等内容的规划。

② 应说明招标文件要求的总工期目标，总工期目标的分解，主要的里程碑事件及主要工程活动的进度计划安排、进度计划表。应规划出保证进度目标实现的组织、经济、技术、合同措施来。

③ 项目管理规划大纲中的工期目标与总进度计划不仅应符合招标人在招标文件中出的总工期要求，而且应考虑到各种环境条件的制约、工程的规模和复杂程度、组织可能有的资源投入强度，要有可行性。在制定总进度计划时应参考已完成的当地同类项目的实际进度状况。

④ 进度计划宜主要采用横道图的形式，并注明主要的里程碑事件。

8）项目质量管理

① 项目管理规划大纲确定的质量目标应符合招标文件规定的质量标准，应符合国家（和地方）的法律、法规、规范的要求，应体现组织的质量追求。

② 项目管理工作方案、质量管理体系、质量保证措施、质量控制活动等都要进行规划，都要保证该质量目标的实现。

9）项目安全生产管理

① 应对职业健康和安全管理体系的建立和运行进行规划。

② 应对危险源进行预测，对控制方法进行粗略规划。

③ 应编制有战略性和针对性的安全技术措施计划。

④ 对于施工项目管理组织，过程的职业健康安全显得尤为重要。建设项目管理规划大纲和设计项目管理规划大纲还应特别重视项目产品的职业健康安全性。

10）绿色建造与环境管理

① 要对绿色建造与环境管理体系的建立和运行进行规划。

② 要对环境因素进行预测，对控制方法进行设计、施工一体化规划。

③ 要编制有战略性和针对性的环境技术措施计划和环境保护措施计划。

④ 对于施工项目管理组织，过程的环境保护显得十分重要。建设工程项目管理规划大纲和设计项目管理规划大纲还应特别重视项目产品环境保护性。

11）项目资源管理

项目资源管理规划要识别与工程需求有关的资源和过程，包括需要什么、何时需要，询价，评价并确定参加资源提供的分包人，分包合同结构策划，资源采购文件的内容和编写等。

项目资源管理规划包括识别、估算、分配相关资源，安排资源使用进度，进行资源控制的策划等，涉及劳务、施工机具与设施、材料等，这些资源的采购与使用成为资源管理的重点工作。

12）项目信息管理

项目信息管理规划的内容包括：信息管理体系的建立，信息流的设计，信息收集、处理、储存、调用等的构思，软件和硬件的获得及投资等。它服务于项目的过程管理。

13）项目沟通与相关方管理

项目沟通与相关方管理规划的内容包括：项目的沟通关系，项目沟通体系，项目沟通网络，项目的沟通方式和渠道，项目沟通计划，项目沟通依据，项目沟通障碍与冲突管理方式，项目协调组织、原则和方式等。

14）项目风险管理

① 应根据工程的实际情况对项目的主要风险因素做出预测，并提出相应的对策措施，提出风险管理的主要原则。

② 项目管理规划大纲阶段对风险的考虑较为宏观，着眼于市场、宏观经济、政治、竞争对手、合同、发包人资信等。

③ 在项目管理规划大纲中可选择的风险对策措施可能有如下几点：

回避风险大的项目，选择风险小或适中的项目。对于风险超过自己的承受能力、成功把握不大的项目，不参与投标。

技术措施。如选择有弹性的、抗风险能力强的技术方案，而不用新的、未经过工程实用的、不成熟的方案；对地理、地质情况进行详细勘察或鉴定，预先进行技术试验模拟，准备多套备选方案，采用各种保护措施和安全保障措施。

组织措施。对风险很大的项目加强计划工作，选派最得力的技术和管理人员，特别是项目经理；在同期实施的项目中提高它的优先级别，在实施过程中严密地控制。

购买保险。例如常见的工程损坏、第三方责任、人身伤亡、机械设备的损坏等，可以通过购买保险的办法解决。

要求对方提供担保（或反担保），出具资信证明。

在投标报价中，根据风险的大小以及发生可能性（概率）在报价中加上一笔不可预见风险费作为风险准备金。

采取合作方式共同承担风险，例如通过分包、联营承包，与分包人共同承担风险。

通过合同条款的约定分配有关风险。

15）项目收尾管理

项目的收尾管理规划包括工作成果验收和移交、费用的决算和结算、合同终结、项目审计、售后服务、项目管理组织解体和项目经理解职、文件归档、项目管理总结等。项目管理规划大纲应做出预测和原则性安排。这个阶段涉及的问题较多，不能面面俱到，但是重点问题不能忽略。

2. 项目管理实施规划

（1）项目管理实施规划的性质和作用

1）项目管理实施规划的性质

项目管理实施规划与项目管理规划大纲不同，它编制在项目实施前，为指导项目实施而编制。因此，项目管理实施规划是项目管理规划大纲的细化，应具有操作性。它以项目管理规划大纲的总体构想和决策意图为指导，具体规定各项管理业务的目标要求、职责分工和管理方法，为履行合同和项目管理目标责任书的任务做出精细的安排。它可能以整个项目为对象，也可能以某一阶段或某一部分为对象。它是项目管理的执行规划，也是项目管理的"规范"。

2）项目管理实施规划的作用

项目管理实施规划的主要作用如下：

① 执行并细化项目管理规划大纲。项目管理规划大纲毕竟是企业管理层编制的、概略性的、控制性的、粗线条的、时间较早的规划，所以要通过项目管理实施规划进行贯彻，加以细化，为项目管理提供具体的指导文件。

② 指导项目的过程管理。项目的过程管理需要目标、组织、职责、依据、计划、程序、过程、标准、方法、资源、措施、评价、认定、考核等要素，需要项目管理实施规划予以提供。

③ 将项目管理目标责任书落实到项目经理部，形成规划性文件，以便实现组织管理层给予的任务。项目管理目标责任书是组织管理层根据合同和经营管理目标要求，明确规定项目经理部应达到的控制目标的文件，是项目经理部任务的来源。项目经理部如何实现目标完成任务呢？必须通过编制项目管理实施规划做出安排，然后才能按规划实施。

④ 为项目经理指导项目管理提供依据。成功的项目管理实施规划可以告诉项目经理，在项目管理中做什么、怎么做，何时做，谁来做，依据什么做，用什么方法做，如何应对风险，怎样沟通与协调，得出什么结果，等等。所以它是项目经理可靠的依据，像项目经理的"管理手册"那样可靠。

⑤ 项目管理实施规划是项目管理的重要档案资料，存档后就是可贵的管理储备。

（2）项目管理实施规划的编制步骤和要求

1）项目管理实施规划的编制步骤

① 进行合同和实施条件分析。

② 确定项目管理实施规划的目录及框架。

③ 分工编写。项目管理实施规划必须按照专业和管理职能分别由项目经理部的各部门（或各职能人员）编写。有时需要组织管理层的一些职能部门参与。

④ 汇总协调。由项目经理协调上述各部门（人员）的编写工作，给他们以指导，最后由项目经理定人汇总编写内容，形成初稿。

⑤ 统一审查。组织管理层出于对项目控制的需要，必须对项目管理实施规划进行审查，并在执行过程中进行监督和跟踪。审查、监督和跟踪的具体工作可由组织管理层的职能部门负责。

⑥ 修改定稿。

⑦ 报批。由项目经理部报给组织的领导批准项目管理实施规划。它将作为一份有约束力的项目管理文件，不仅对项目经理部有效，而且对组织各个相关职能部门进行服务和监督也有效。

2）项目管理实施规划编制的要求

① 项目管理实施规划应在组织管理的领导下由项目经理组织编写，并监督其执行。在编写中应体现并符合现代项目管理的要求。

② 它的编制应符合合同和项目管理规划大纲的要求。

从获得招标文件到签订合同、项目实施启动，组织所掌握的信息量不断扩大，经营战略、策略也可能有修改。项目管理实施规划应反映这些变化。但是如果项目管理实施规划对项目管理规划大纲有重大的或原则性的修改，应报请企业相关权力部门（人员）批准。

（3）项目管理实施规划的编制依据

项目管理实施规划的编制依据有5项，包括：项目管理规划大纲、项目条件和环境分析资料、合同及相关文件、同类项目的相关资料、其他。

1）依据项目管理规划大纲

从原则上讲，项目管理实施规划是规划大纲的细化和具体化，但在依据规划大纲时应注意在做标、投标、开标后的澄清，以及合同谈判过程中获得的新的信息、过去所掌握的信息的错误、不完备的地方，招标人新的要求，组织本身提出的新的优惠条件等。因此项目管理实施规划肯定比项目管理规划大纲多一些新的内容。

2）依据项目条件和环境分析资料

编制项目管理实施规划的时候，项目条件和环境应当比较清晰，因此要获得这两方面的详细信息。这些信息越清楚、可靠，据以编制的项目管理实施规划越有用。因此，一是通过广泛收集和调查以获得项目条件和环境的资料；二是进行科学的去粗取精的分析，使资料和信息可用、适用、有效。

3）依据合同及相关文件

合同内容是项目管理任务的源头，是项目管理实施规划编制的背景和任务的来源，也是实施项目管理实施规划结果是否有用的判别标准，因此这项依据更具有规定性乃至强制性。

所谓相关文件是指法规文件、设计文件、标准文件、政策文件、指令文件、定额文件等，都是编制项目管理实施规划不可或缺的。

4）依据同类项目的相关资料

同类项目的相关资料具有可模仿性，因为项目具有相近性。积累资料的作用此时也得到了印证。

5）其他

其他依据还有：项目经理部的自身条件及管理水平；项目经理部掌握的新的其他信息；组织的项目管理体系；项目经理部的各个职能部门（或人员）与组织的其他职能部门的关系，工作职责的划分等。

（4）项目管理实施规划的编制内容

项目管理实施规划应包括下列内容：项目概况、总体工作计划、组织方案、技术方案、进度计划、质量计划、安全生产计划、绿色建造与环境管理计划、成本计划、资源需求计划、风险管理计划、信息管理计划、沟通管理计划、收尾管理计划、项目现场平面布置图、项目目标控制措施、项目技术经济指标。具体如下：

1）项目概况

应在项目管理规划大纲项目概况的基础上，根据项目实施的需要进一步细化。由于此时临近项目实施，项目各方面的情况进一步明朗化，故对项目管理规划大纲中的项目概况是有条件细化的，也只有细化了，实施者才能真正了解项目。

项目管理实施规划的项目概况具体如下：

项目特点具体描述，项目预算费用和合同费用，项目规模及主要任务量，项目用途具体使用要求，工程结构与构造，地上、地下层数，具体建设地点和占地面积，合同结构图、主要合同目标，现场情况，水、电、暖气、煤气、通信、道路情况，劳动力、材料设备、构件供应情况，资金供应情况，说明主要项目范围的工作清单，任务分工，项目管理组织体系及主要目标。

2）总体工作计划

总体工作计划包括项目管理工作总体目标，项目管理范围，项目管理工作总体部署，项目管理阶段划分和阶段目标，保证计划完成的资源投入、技术路线、组织路线、管理方针和路线等。

对于施工项目来说，总体工作安排近似于施工部署。在施工部署中，应明确下列内容：该项目的质量、进度、成本及安全总目标；报投入的最高人数和平均人数；劳务供应计划；物资供应计划；表示施工项目范围的项目专业工作（包）表，表中列出工作（包）编码、工作名称、工作范围、目标成本、质量标准或要求、完成时间、责任人、其他相关人；工程施工区段（或单项工程）的划分及总的施工顺序安排等。

3）组织方案

组织方案包括下列内容：

① 项目管理组织应编制出项目的项目结构图、组织结构图、合同结构图、编码结构图、重点工作流程图、任务分工表、职能分工表，并进行必要的说明。各种图应按规则编制，处理好相互之间的关系。例如，项目结构图可不画箭头，组织结构图必须有单项箭头，合同结构图要有双向箭头，编码结构图可无箭头，重点工作流程图要有单向箭头。各图都要进行编码，而编码要依据编码结构图的统一设计。

② 合同所规定的项目范围与项目管理责任。

③ 项目经理部的人员安排（主要由项目的规模和管理任务决定）。

④ 项目管理总体工作流程。

⑤ 项目经理部各部门的责任矩阵。责任矩阵的横向栏目为项目经理部的各个职能部门和主要人员；竖向栏目为项目管理的工作分解成果——工作包。项目管理的工作包可以按照项目的阶段分解或按管理的职能工作分解。在责任矩阵中应标明该工作的完成人、决策（批准）人、协调人等。

⑥ 工程分包策略和分包方案、材料供应方案、设备供应方案。

⑦ 新设置的制度一览表，引用组织已有制度一览表。

4）技术方案

技术方案指处理项目技术问题的安排，包括：项目构造与结构、工艺方法、工艺流程、工艺顺序、技术处理、设备选用、能源消耗、技术经济指标等。应辅以必要的图和表，以便表达清楚。

对于施工项目来说，技术方案就是施工方案。施工方案应对各单位工程、分部分项工程的施工方法做出说明，包括进行安全施工设计。

5）进度计划

进度计划包括进度图、进度表、进度说明，与进度计划相应的人力计划、材料计划、机械设备计划、大型机具计划及相应的说明。图与表应能反映出工艺关系和组织关系，其他内容也要尽量详细具体，以便于操作。进度计划应合理分级，注意使每份计划的范围大小适中，不要使计划范围过大或过小，也不要只用一份计划包含所有的内容。现说明以下问题：

① 应按照项目管理规划大纲与合同的要求编制详细的进度计划。进度计划的详细程度应使所包括的内容符合合同的规定或发包人的要求。

② 如果是多项目，则进度计划应分级编制。

③ 进度计划应主要使用网络计划技术，并使用计算机绘图，计算各项工作的时间参数，根据需要输出适用的计划图和表。

④ 进度计划的编制应包括以下内容：

进度计划说明：用以说明进度计划的编制依据、指导思想、编制思路及使用时应注意的事项。

进度计划表：根据总体工作计划中的进度控制目标进行编制，用以安排进度控制的实施步骤和时间。

⑤ 详细的准备工作计划包括下列内容：准备组织及时间安排、技术准备工作、作业人员和管理人员的组织准备、物资准备、资金准备。

大型项目准备工作应采用项目管理方法，确定准备工作的范围，对准备工作进行结构分解，确定各项工作的负责人、工作要求、时间安排，并可编制准备工作网络计划。

6）质量计划

质量计划要按《质量管理体系 要求》GB/T 19001—2016 中质量策划的要求实施。一是要策划质量目标，最高管理者应确保组织的相关职能和层次上建立质量目标，质量目标包括满足产品要求所需的内容（产品的质量目标和要求）。质量目标应是可测量的，与质量方针保持一致。二是要进行质量管理体系策划，最高管理者应确保质量体系满足质量目标及质量管理体系的总要求；最高管理者在对质量管理体系的变更进行策划和实施时，保证质量管理体系的完整性。

7）安全生产计划

安全生产计划在项目管理规划大纲中项目安全生产管理规划基础上细化下列内容：

项目的职业健康安全管理点。

识别危险源，判别其风险等级：可忽略风险、可容许风险、中度风险、重大风险和不容许风险。对不同等级的风险采取不同的对策。

制定安全技术措施计划。

制定安全检查计划。

8）绿色建造与环境管理计划

绿色建造与环境管理计划在项目管理规划大纲中绿色建造与环境管理规划的基础上细化下列内容：

项目的绿色建造与环境管理点。

识别环境因素，判别其影响等级：可忽略影响、一般环境影响、重大环境影响。对不同等级的风险采取不同的对策。

制定绿色建造与环境技术措施计划。

制定环境检查计划。

根据污染情况制定防治污染、保护环境措施。

9）成本计划

　　在项目管理实施规划中，成本计划是在项目目标规划的基础上，结合进度计划、成本管理措施、市场信息、组织的成本战略和策略，具体确定主要费用项目的成本数量以及降低成本的数量，确定成本控制策略与方法，确定成本核算体系，为项目经理部实施项目管理目标责任书提出实施方案和方向。

　　10）资源需求计划

　　资源需求计划的编制首先要用预算的办法得到资源需要量，列出资源计划矩阵（表1-1），然后结合进度计划进行编制，列出资源数据表（表1-2），画出资源横道图（图1-1）、资源负荷图（图1-2）和资源累积曲线图（图1-3）。

资源计划矩阵　　　　　　　　　　　　　表 1-1

WBS结果	资源需求量				备注
	资源1	资源2	……	资源 n	
工作包1 工作包2 工作包3 …… 工作包 n 合计					

资源数据表　　　　　　　　　　　　　表 1-2

需求资源种类	需求资源总量	项目阶段					备注
		1	2	3	……	n	
资源1 资源2 资源3 …… 资源 n							

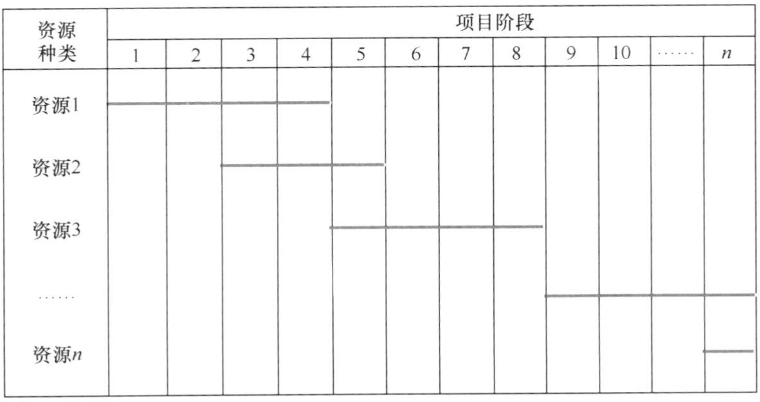

图 1-1　资源横道图

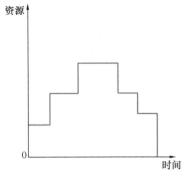

图 1-2　资源负荷图

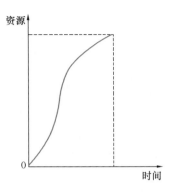

图 1-3　资源累积曲线图

资源供应计划是进度计划的支持性计划，满足资源需求。项目管理实施规划应分类编制资源供应计划，包括：劳动力的招雇、调遣、培训计划，材料采购订货、运输、进场、储存计划，设备采购订货、运输、进出场、维护保养计划，周转材料供应采购、租赁、运输保管计划，预制品订货和供应计划，大型工具、器具供应计划等。

11）风险管理计划

风险管理计划应包括以下内容：

① 列出项目过程中可能出现的风险因素清单，包括：由于环境变化导致的风险，如气候的变化、物价的上涨、不利的地质条件等；由项目工作结构分解获得的工程活动的风险；由施工项目的参加者各方产生的风险，如业主风险、分包商风险、监理工程师风险、设计单位风险。

② 对风险出现的可能性（概率）以及如果出现将会造成的损失做出估计。风险影响不仅是费用的增加，而且要考虑对项目的其他目标的影响，如工期的拖延、对组织形象的影响，由于安全、环境等问题导致的法律责任等。

③ 对各种风险做出确认，根据风险量列出风险管理的重点，或按照风险对目标的影响确定风险管理的重点。

④ 对主要风险提出防范措施。

⑤ 落实风险管理责任人。风险管理责任人通常与风险的防范措施相联系，应在上述基础上编制风险分析表，如表 1-3 所示。

风险分析表　　　　　　　　　　　　　　　　　表 1-3

风险编号	风险名称	风险影响范围	导致风险发生的条件	风险发生的损失	风险发生的可能性	损失期望	预防措施	责任人

对特别大或特别严重的风险应进行专门的风险管理规划。

12）信息管理计划

信息管理计划应包括下列内容：

① 项目管理的信息需求种类。

② 项目管理中的信息流程。

③ 信息来源和传递途径。

④ 信息管理人员的职责和工作程序。

13）沟通管理计划

沟通管理计划应包括下列内容：

① 项目的沟通方式和途径。

② 信息的使用权限规定。

③ 沟通障碍与冲突管理计划。

④ 项目协调方法。

14）收尾管理计划

收尾管理计划应主要包括下列内容：

① 项目收尾计划。

② 项目结算计划。

③ 文件归档计划。

④ 项目创新总结计划。

15）项目现场平面布置图

项目现场平面布置图对于各方项目管理组织都是重要的，应按照国家或行业规定的制图标准绘制，不得有随意性。项目现场平面布置图应包括以下内容：

① 在现场范围内现存的永久性建筑；

② 拟建的永久性建筑；

③ 永久性道路和临时道路；

④ 垂直运输机械；

⑤ 临时设施，包括办公室、仓库、配电房、宿舍、料场、搅拌站等；

⑥ 水电管网；

⑦ 平面布置图说明。

16）项目目标控制措施

① 应针对工程的具体情况提出施工技术组织措施，包括：保证进度目标的措施、保证质量目标的措施、保证安全目标的措施、保证成本目标的措施、保证季节施工的措施、保护环境的措施、文明施工措施。

② 每一种目标的控制措施均应从组织、经济、技术、合同、法规等方面考虑，务求可行、有效。

③ 组织措施的特点是与组织机构有关，与分工有关，与责任制有关，与计划工作有关，与制度有关。

④ 经济措施的特点是与资金有关，与核算有关，与价格有关，与概算、预算有关。

⑤ 技术措施的特点是与工艺有关，与技术方案有关，与工法有关。

⑥ 合同措施与谈判、招标投标、合同签订、索赔等有关。

⑦ 法规措施的特点是，制定措施时利用法规的强制性，实施中利用法规解决问题的

有效性。

17）项目技术经济指标

① 项目技术经济指标是计划目标和完成目标的数量表现，用以评价组织的项目管理实施规划的水平和质量。不同的项目管理组织的项目技术经济指标是不同的，应分别进行设计。技术经济指标的内容一般都应包括表示技术的、经济的、管理的（主要是进度量、成本、安全、节约）、效益的。既要合理使用绝对数指标，又要善于使用相对数指标，以便于对比。必要时也可通过评分进行评价。

② 在项目管理实施规划中应列出规划所达到的技术经济指标。这些指标是规划的结果，体现规划的水平；它们又是项目管理目标的进一步分解，可以验证项目目标的完成程度和完成的可能性。规划完成后作为确定项目经理部责任的依据。组织对项目经理部，及项目经理部对其职能部门或人员的责任指标应以这些指标为依据。项目完成后，应作评价项目管理业绩的内容和依据。

③ 指标的设立应符合以下原则：

A. 技术经济指标的名称、内容、统计口径应符合国家、行业、企业的统计要求；

B. 与项目目标有一致性，与合同、发包人的要求相一致；

C. 能够进行实际与计划的对比，可以进行定量考核。

④ 要进行技术经济指标的计算与分析。为此应列出规划指标，对以上指标的水平做出分析和评价，提出实施难点和对策建议。

⑤ 技术经济指标至少应包括以下方面：

A. 进度方面的指标：总工期；

B. 质量方面的指标：工程整体质量标准、分部分项工程的质量标准；

C. 成本方面的指标：工程总造价或总成本、单位工程成本、成本降低率；

D. 资源消耗方面的指标：总用工量、用料量、子项目用工量、高峰人数、节约量、机械设备使用数量。

⑥ 项目管理评价指标可以按照组织对项目管理的要求、项目的特殊性、发包人和监理工程师对信息的要求增加或减少。

（5）项目管理实施规划的管理方法

组织对项目管理实施规划的管理方法，对于保证项目管理实施规划的实施效果十分重要，应符合下列要求：由组织或项目经理组织编制，项目经理（负责人）签字后报组织管理层审批，与相关组织的工作协调一致，进行跟踪检查和必要的调整，项目结束后形成总结文件。现详述如下：

1）项目管理实施规划的编制与审批责任

项目管理规划大纲的编制权和审批权都在组织管理层。而项目管理实施规划的编制只能在项目管理层，原因是项目管理层是项目管理的具体实施者，必须先进行规划，按计划实施管理。项目经理应负责组织相关职能部门（或人员）编制。由于项目管理实施规划涉及众多的专业，故职能部门或人员应按责任制进行分工编制，由综合管理部门相关部门的工作进行协调、综合平衡后汇总，再由项目经理审核后签字。

由于项目管理实施规划贯彻项目管理规划大纲，涉及组织的整体工作、合同和经营目标的实现，故必须报企业管理层审批。

项目管理实施规划在编制过程中必须听取组织管理层相关部门的意见。如果需要，应会同这些部门共同参与编写，编写完成后再报送这些部门。这样做的目的是，使他们了解项目的实施过程；获得他们对实施规划的认同；将实施规划中涉及的内容纳入部门计划中，对这些工作预先做出安排；取得承诺，在项目的实施过程中保证按照实施规划的要求给项目提供资源，完成他们所应承担的工作责任。

项目管理实施规划的内容、式样、规格等应符合整个建设工程项目管理的要求。在项目工作结构分解、编码体系、管理流程、项目管理的方法和工具等方面与建设工程项目管理系统有一致性。这样不仅能够保证整个建设工程项目管理的一体化运作，而且项目经理可与相关组织有良好的沟通。

2）项目管理实施规划的实施

对项目管理实施规划的实施，与所有计划的实施一样，也要经过交底落实、检查、调整，也就是控制的过程。

落实就是将规划落实到相关的责任部门，明确他们的目标、指标、措施，使之承担起责任来，并在最终接受考核评价。

项目管理实施规划编制批准后应分发给项目经理部的各职能部门（或人员）、分包人、相关供应人，并向他们做交底，对其中的内容做出解释：应按专业和子项目进行交底，落实执行责任，各部门和各子项目提出保证实现的措施。在全过程中，各方面的工作都应贯彻项目管理实施规划的要求。

检查应是定期的，如按月、季进行检查，将实际情况与规划要求进行对比，判断是否有偏差，是否要纠正偏差。当无法纠正偏差或原目标无法实现时，就要对规划进行调整，改变原目标、做法或措施，使之适应新的情况，继续发挥规划的作用。制定相应的检查规定和奖罚标准，制定检查办法、协调办法、考核办法、奖惩办法。

3）项目管理实施规划总结

项目管理实施规划实施完成以后，应按 PDCA 循环原理进行总结。总结出在项目管理实施规划编制、实施中的经验教训、新技术应用成果、技术创新成果等，形成文件，作为改进后续工作的参考和管理资源的储备，也可制定工法报有关部门审查、鉴定、批准。在以后的新施工项目管理中应有效地利用这些资料，使组织的项目管理工作能够持续改进。

1.2.3　项目管理机构

1. 项目管理机构的概念及性质

（1）项目管理机构的概念

项目管理机构是项目管理组织必备的项目管理载体，由项目管理部门负责人（经理）领导，接受组织职能部门的指导、监督、检查、服务和考核，并加强对现场资源的合理使用和动态管理。项目管理机构自项目启动前建立，在项目竣工验收、审计完成后解体。项目管理机构居于整个项目组织的中心位置，以项目管理机构负责人（经理）为核心，在项目实施过程中起决定作用。建设项目能否顺利进行，取决于项目管理部门及项目管理部门负责人（经理）的管理水平。项目管理机构应按项目管理职能设置部门，按项目管理流程进行工作，一般由项目管理机构负责人（经理）、项目副经理以及其他技术和管理人员组成。项目管理部门各类人员的选聘，先由项目管理部门负责人（经理）或组织人事部门推荐，或由本人自荐，经项目管理部门负责人（经理）与组织法定代表人或组织管理组织协商同意后按组织程序聘任。中型以上项目应配备专职技术、财务、合同、预算材料等业务人员。

（2）项目管理机构的性质

项目管理机构是由项目管理机构负责人（经理）在组织职能部门的支持下组建的，直属于项目管理机构负责人（经理）领导，在项目实施过程中其管理行为应接受组织职能部门的管理，要承担现场项目管理的日常工作。其性质可归纳如下：

1）项目管理机构的相对独立性。项目管理机构的相对独立性是指项目管理部门与企业有着双层关系。一方面，项目管理机构要接受组织职能部门的领导、监督和检查，要服从组织管理层对项目进行的宏观管理和综合管理；另一方面，它又是一个建设项目机构独立利益的代表，同企业形成一种经济责任关系。

2）项目管理机构的综合性。项目管理机构是一个经济组织，主要职责是管理项目实施过程中的各种经济活动，其综合性主要表现在：一方面，其管理业务是综合性的，从纵向看包括了项目实施全过程的管理；另一方面，其管理职能是综合的，包括计划、组织控制、协调、指挥等多方面。

3）项目管理机构的临时性。项目管理部门是一次性组织机构，在项目启动前组建在项目竣工验收、审计完成后解体。

2. 项目管理机构的地位和作用

（1）项目管理机构的地位

项目管理机构是项目管理的中枢，是项目责权利的落脚点。确立项目管理机构的地位，关键在于正确处理项目管理机构负责人（经理）和项目管理部门之间的关系。项目管理部门负责人（经理）是项目管理部门的一个成员，更是项目管理部门的核心。从总体上说，项目管理部门负责人（经理）与项目管理部门的关系：项目管理机构是在项目管理机构负责人（经理）领导下的机构，要服从项目管理机构负责人（经理）的统一指挥；项目管理机构负责人（经理）是项目利益的代表和全权负责人，其行为必须符合项目管理部门的整体利益。

（2）项目管理机构的作用

为了充分发挥项目管理部门在项目管理中的主体作用，必须对项目管理部门的机构设置特别重视，设计好、组建好、运转好，从而发挥好其应有的作用。具体来说，有以下几方面作用：

1）负责自项目开工到竣工的全过程项目管理。

2）为项目管理机构负责人（经理）决策提供信息依据，当好参谋，同时又要执行项目管理部门负责人（经理）的决策意图，向项目管理机构负责人（经理）全面负责。

3）完成组织管理层赋予的基本任务。项目管理部门作为项目组织的必备部分，应完成组织所赋予的项目管理任务。项目管理部门作为一个项目团队，要凝聚管理人员的力量，调动其积极性，促进管理人员的合作，协调部门之间、管理人之间的关系，发挥每个人的岗位作用，为共同目标进行工作。

3. 项目管理机构的建立

（1）项目管理机构建立的原则

1）要根据所设计的项目组织设置项目管理机构。常见的项目组织有直线型项目组织形式、职能式项目组织形式和矩阵式项目组织形式，不同的组织形式对项目管理机构的设置要求不同。同时，项目管理机构的建设还受建设项目管理模式的影响。

2）要根据建设项目的规模、复杂程度和专业特点设置项目管理部门。例如大型建设项目管理部门可设置技术部、计划部、财务部、供应部、合同部、办公室等部门。

3）项目管理机构是一个具有弹性的一次性管理组织，在项目启动前建立，在项目竣工验收、审计完成后解体，不能搞成一级固定性组织。

4）项目管理机构的组织结构可繁可简，规模可大可小，其复杂程度和职能范围完全取决于企业管理体制、项目本身和人员素质。

（2）项目管理机构建立的步骤

1）根据项目管理规划大纲确定项目管理机构的管理任务和组织结构；

2）细化项目过程识别，根据项目管理目标责任书进行目标分解和责任划分；

3）确定项目管理部门负责人（经理）的组织设置；

4）确定人员的责任、分工和权限（特别是针对分包的管理职责）；

5）制定工作制度、考核制度与奖励措施。

（3）项目管理机构的结构

对于小型项目来说，项目管理机构一般要设置：项目管理部门负责人（经理）、专业工程师（土建、安装、各专业设置等方面的技术人员）、合同管理人员、成本管理人员、信息管理人员、库存管理人、计划人员等。

对于大型的或特大型的项目，常常在项目管理机构负责人（经理）下设置计划部、技术部、合同部、财务部、供应部、办公室等。

（4）项目管理机构管理制度的建立

项目管理机构管理制度是建筑业组织或项目管理部门制定的针对项目实施所必需的工作规定和条例的总称，是项目管理机构进行项目管理工作的标准和依据，是在组织管理制度的前提下，针对项目的具体要求而制定的，是规范项目管理行为、约束项目实施活动、保证项目目标实现的前提和基础。

1）项目管理机构管理制度的作用

管理制度是组织为保证其任务的完成和目标的实现，对例行性活动应遵循的方法、程序、要求及标准所作的规定，是根据国家和地方法规及上级部门（单位）的规定，制定的内部法规。项目管理制度是由建筑业组织或项目管理部门制定的，对项目管理部门及项目成员有约束力。项目管理制度的作用主要体现在以下两点：一是贯彻国家和组织与项目有关的法律、法规、方针、政策、标准、规程等，指导项目的管理；二是规范项目组织及项目成员的行为，使之按规定的方法、程序、要求、标准进行项目管理活动，从而保证项目组织按正常秩序运转，避免发生混乱，保证各项工程的质量和效率，防止出现事故和纰漏，从而确保施工项目目标的顺利实现。

2）项目管理机构管理制度的制定原则

项目管理机构组建以后，作为组织建设内容之一的管理制度应立即着手制定。制定管理制度必须遵循以下原则：

① 制定项目管理制度必须贯彻国家法律、法规、方针、政策以及部门规章，且不得有抵触和矛盾，不得危害公众利益。

② 制定项目管理制度必须实事求是，即符合本项目的需要。项目最需要的管理制度是有关工程技术、计划、统计、经营、核算、分配以及各项业务管理等的制度，它们应是制定管理制度的重点。

③ 管理制度要配套，不留漏洞，形成完整的管理制度和业务体系。

④ 各种管理制度之间不能产生矛盾，以免职工无所适从。

⑤ 管理制度的制定要有针对性，任何一项条款都必须具体明确，有针对性，词语表达要简洁、准确。

⑥ 管理制度的颁布、修改和废除要有严格程序。项目管理机构负责人（经理）是决策者。凡不涉及组织的管理制度，由项目管理机构负责人（经理）签字决定，报公司备案；凡涉及组织的管理制度，应由组织法定代表人批准方可生效。

3）项目管理机构管理制度的内容

项目管理机构的管理制度应包括以下各项：

① 项目管理人员的岗位责任制度

项目管理人员的岗位责任制度是规定项目管理机构各层次管理人员的职责、权限工作内容和要求的文件。具体包括项目管理部门负责人（经理）岗位责任制度、经济、财务、经营、安全和材料、设备等管理人员的岗位责任制度。通过各项制度做到分工责任具体、标准一致，便于管理。

② 项目技术管理制度

项目技术管理制度是规定项目技术管理的系列文件。

③ 项目质量管理制度

项目质量管理制度是保证项目质量的管理文件，其具体内容包括质量管理规定检查制度、质量事故处理制度以及质量管理体系等。

④ 项目安全管理制度

项目安全管理制度是规定和保证项目安全生产的管理文件，其主要内容有安全教育制度、安全保证措施、安全生产制度以及安全事故处理制度等。

⑤ 项目计划、统计与进度管理制度

项目计划、统计与进度管理制度是规定项目资源计划、统计与进度控制工作的管理文件。其内容包括生产计划和劳务、资金等的使用计划和统计工作制度，进度计划和进度控制制度等。

⑥ 项目成本核算制度

项目成本核算制度是规定项目成本核算的原则、范围、程序、方法、内容责任及要求的管理文件。

⑦ 项目材料、机械设备管理制度

项目材料、机械设备管理制度是规定项目材料和机械设备的采购、运输、仓储保修保养以及使用和回收等工作的管理文件。

⑧ 项目分配与奖励制度

项目分配与奖励制度是规定项目分配与奖励的标准、依据以及实施兑现等工作的文件。

⑨ 项目分包及劳务管理制度

项目分包管理制度是规定项目分包类型、模式、范围以及合同签订和履行等工作的管理文件。劳务管理制度是规定项目劳务的组织方式、渠道、待遇、要求等工作的管理文件。对分包的各种管理要求应该在常规要求的基础上，包括社会责任方面（如：劳务人员的工作、生活条件保障，劳动报酬的及时发放）的系统要求。

⑩ 项目组织协调制度

项目组织协调制度是规定项目内部组织关系、近外层关系和远外层关系等的沟通原则、方法以及关系处理标准等的管理文件。

⑪ 项目信息管理制度

项目信息管理制度是规定项目信息的采集、分析、归纳、总结和应用等工作的方法、原则和标准的管理文件。

4）项目管理机构管理制度的执行

项目管理机构管理制度的建立应围绕计划、责任、监理、奖惩、核算等内容。计划是为了使各方面都能协调一致地为施工项目总目标服务，它必须覆盖项目施工的全过程和所有方面；计划的制定必须有科学的依据，计划的执行和检查必须落实到人。责任制度建立的基本要求是：一个独立的职责，必须由一个人全权负责，应做到人人有责可负、事事有人负责。监理制度和奖惩制度的目的是保证计划制度和责任制度贯彻落实，对项目任务完成进行控制和激励；它应具备的条件是有一套公平的绩效评价标准和评价方法，有健全的信息管理制度，有完整的监督和奖惩体系。核算制度的目的是给上述四项制度提供基础，了解各种制度执行的情况和效果，并进行相应的控制。要求核算必须落实到最小的可控制单位，即班组中；要把按人员职责落实的核算与按生产要素落实的核算、经济效益和经济消耗结合起来，建立完整的核算工作体系。项目管理部门执行组织的管理制度，同时根据本项目管理的特殊需要建立自己的制度，主要是目标管理、核算、现场管理、对作业层管理、信息管理、资料管理等方面的制度。

项目管理制度一经制定，就应严格实施，项目管理机构负责人（经理）和项目管理部门成员应带头执行，在项目实施过程中应严格对照各项制度，检查执行情况，并对制度进行及时的修改、补充和完善，以便于更好地规范项目实施行为。

4. 项目管理机构的运行

（1）项目管理机构的运行机制

项目管理机构的工作应按制度运行，项目管理机构负责人（经理）应加强与下属的沟通。项目管理机构的运行应实行岗位责任制，明确各成员的责、权、利，设立岗位考核指标。项目管理机构负责人（经理）应根据项目管理人员岗位责任制度对管理人员的责任目标进行检查、考核和奖惩。项目管理机构应对作业队伍和分包人实行合同管理，并应加强目标控制与工作协调。项目管理机构负责人（经理）是管理机制有效运行的核心，应做好协调工作，并能够严格检查和考核责任目标的实施状况，有效调动全员积极性。

项目管理机构负责人（经理）应组织项目管理部门成员认真学习项目的规章制度，及时检查执行情况和执行效果，同时应根据各方面的信息反馈而对规章制度、管理方式等及时地进行改进和提高。

（2）项目管理机构的工作内容

项目管理机构的工作内容主要有如下几个方面：

1）在项目管理机构负责人（经理）领导下制定"项目管理实施规划"及项目管理的各项规章制度。

2）对进入项目的资源和生产要素进行优化配置和动态管理。

3）有效控制项目工期、质量、成本和安全等目标。

4）协调企业内部、项目内部以及项目与外部各系统之间的关系，增进项目有关各部门之间的沟通，提高工作效率。

5）对项目目标和管理行为进行分析、考核和评价，并对各类责任制度执行结果实施奖罚。

（3）项目管理机构的动态管理

项目管理机构是一次性组织，是项目特色和管理模式的具体反映。项目管理机构的组织和人员构成不应是一成不变的，而应随项目的进展、变化以及管理需求的改变而及时进行优化调整，从而使其更能适应项目管理新的需求，使得部门的设置始终与目标的实现相统一，这就是所谓的动态管理。项目管理部门动态管理的决策者是项目管理部门负责人（经理），项目管理部门负责人（经理）可根据项目的实施情况及时调整经理部构成，更换或任免项目管理部门成员，甚至改变其工作职能，总的原则应确保项目管理部门运行的高效化。例如在项目施工初期可加大经理部职能配置，而在后期应逐渐减少人员，合并职能，同时在实施过程中也可及时地更换不称职的管理人员或补充新需要的人才。

5. 项目管理机构的解体

（1）项目管理机构解体的必要性

项目管理部门作为一次性组织在工程项目目标实现后应及时解体，其解体的必要性主要体现在以下几个方面：

1）有利于组织公平公正地评价项目管理的实施效果。项目管理部门如果不及时解体，组织就不能对项目管理水平进行单独评价，如果一个项目管理部门连续承担工程项目的管理工作，那么就很难评价出哪一个项目管理得好，哪一个项目管理得差，而且组织也不便于进行经济核算和审计，不能正确反映项目管理部门的管理水平，也不便于项目管理人员正确地总结经验、吸取教训。

2）有利于适应不同类型项目对管理层的需求，便于项目管理层的重组和匹配。

3）有利于打破传统的管理模式，改变传统的思想观念。传统的固定建制式管理模式在很大程度上体现了因人设岗，甚至因人设事，从而使得管理工作效率低、人浮于事。如果项目管理部门不及时解体就会形成固定式组织，使得项目管理工作失去活力，使经理部成员缺乏竞争意识，更谈不上进取，久而久之，其管理行为就逐渐背离了项目管理初衷。

4）有利于促进项目管理的发展和项目管理人才的职业化。项目管理部门的解体，规范了项目管理活动，提高了项目管理效率，使得管理工作从无形到有形，管理绩效的表现由模糊变得更加清晰，从总体上促进了项目管理的发展。同时，由于项目管理部门的一次性，使得管理人才改变了一贯制的工作性质和工作方法，提高了其项目管理的全面性和适应性，有利于我国项目管理人才逐渐向职业化方向发展。

（2）项目管理机构解体的基本条件

项目管理机构的解体必须具备以下基本条件后才能具体运行。

1）工程项目已经竣工验收，已经验收单位确认并形成书面材料。

2）与各分包单位已经结算完毕。在工程实施过程中，涉及许许多多的分包和外层关系单位，如分包商及材料供应、劳务、设备租赁、技术转让、科技服务等单位。在项目管理部门解体之前，必须做好与这些单位的债权债务清结工作，使得项目及时终结，避免出现遗留问题。

3）已协助组织管理层与发包人签订了"工程质量保修书"。工程质量的保修工作既是一项比较单一的工作，同时又是一项带有不确定性和职责范围模糊性的工作。因此，为了确保施工组织的信誉和发包人的项目利益，双方应以公正、客观、实事求是的原则签订"工程质量保修书"。该文件既是常规性文件，同时也是特征单一性文件，它与工程竣工验收期间的有关现象认定有着密切的联系，因此，必须由项目组织负责代表企业与发包人做好保修书的签订工作。

4）"项目管理目标责任书"已经履行完成，经过计算合格。"项目管理目标责任书"是项目管理部门的项目管理责任状，项目管理部门必须按照"项目管理目标责任书"所确定的各项目标准完成各项目标要求，并由企业管理层对其实施效果进行综合评定，尤其是对其经济效果进行严密的审计认定后才能进行解体工作。

5）项目管理机构在解体之前应与组织职能部门和相关管理机构办妥各种交接手续，例如在各种终结性文件上签字，工程档案资料的封存移交，财会账目的清结，资金、原材料、设备等的回收，人事手续的办理以及其他善后工作的处理。

6）项目管理机构在解体之前应做好现场清理工作。现场清理工作主要包括临时设施的撤回，材料的清点分类和回收，设备的清洗、润滑保养及收回，人员的遣散，现场管理手续的移交以及现场环境卫生工作。

项目管理部门在做好以上工作后，即可进一步办理解体手续。

1.2.4　项目团队建设

1. 项目团队概念

项目团队主要指项目管理机构负责人及其领导下的项目管理部门和各职能管理部门。由于项目的特殊性，特别需要强调项目团队的团队精神，团队精神对项目管理部门的成功运作起关键性作用。

项目团队的精神具体体现在：

（1）有明确共同的目标，这里的目标一定是所有项目成员的共同愿景。

（2）有合理的分工和合作。通过责任矩阵明确每一个成员的职责，各成员间是相互合作的关系。

（3）有不同层次的权利和责任。

（4）组织有高度的凝聚力，能使大家积极地参与。

（5）团队成员全身心投入项目团队工作中。

（6）成员相互信任。

（7）有效的沟通，成员交流经常化，团队中有民主气氛，大家能够感到团队的存在。

（8）学习和创新是项目管理部门经常的活动。

2. 项目团队对组织的意义

项目组织应树立项目团队意识，要满足：

（1）围绕项目目标而形成和谐一致、高效运行的项目团队。

（2）建立协同工作的管理机制和工作模式。

（3）建立畅通的信息沟通渠道和各方共享的信息工作平台，保证信息准确、及时和有效地传递。

3. 项目管理机构负责人在项目团队建设中的主导作用

项目管理机构负责人对项目团队建设负责，尽早地培育团队、个别成员的工程积极性和责任感。项目管理机构负责人应通过奖励、表彰、集中办公、召开会议、学习培训等方式和谐团队氛围，统一团队思想，加强集体观念，处理管理冲突，提高项目运作效率。

4. 项目管理机构负责人职责、权力和管理

（1）项目管理机构负责人的职责

项目管理机构负责人（经理）应履行下列职责：

1）项目管理目标责任书规定的职责。

2）主持编制项目管理实施规划，并对项目目标进行系统管理。

3）对资源进行动态管理。

4）建立各种专业管理体系并组织实施。

5）进行授权范围内的利益分配。

6）收集工程资料，准备结算资料，参与工程竣工验收。

7）接受审计，处理项目管理部门解体后的善后工作。

8）协助组织进行项目的检查、鉴定和评奖申报工作。

（2）项目管理机构负责人的权力

1）参与项目招标投标和合同签订

为了工程项目的顺利实施，项目管理机构负责人有权参与项目的投标和合同的签订过程。

2）参与组建项目管理部门

项目管理机构负责人在企业的领导和支持下组建项目管理部门，并把项目部成员组织起来共同实现项目目标，项目管理机构负责人应创造条件使项目部成员经常沟通交流，营造和谐融洽的工作氛围。

3）主持项目管理部门工作

项目管理机构负责人有权对项目组的组成人员进行选择、任务分配、考核、聘任和解聘，有权根据项目需要对项目组成员进行调配、指挥，并且有权根据项目组成员在项目过程中的表现进行奖励和惩罚。

4）决定授权范围内资金的投入和使用

在财务制度允许的范围内，项目管理机构负责人根据工作需要和计划安排，有权对项目预算内的款项进行安排和支配，决定项目资金的投入和使用。

5）制定内部计酬办法

项目管理机构负责人是项目管理的直接组织实施者，有权制定内部的计酬方式、分配方法、分配原则，进行合理的经济分配。

6）参与选择并使用具有相应资质的分包人

项目管理机构负责人参与选择分包人是配合企业进行工作的。使用分包人则是自主进行的。

7）参与选择物资供应单位

8）在授权范围内协调与项目有关的内外部关系

9）其他权利

组织的法定代表人授予项目管理机构负责人的其他权利。

（3）项目管理机构负责人的管理

1）项目管理机构负责人的地位

项目管理机构负责人是根据组织法定代表人授权的范围、时间和内容，对项目实施全过程、全面的管理，是组织法定代表人在该项目上的全权委托代理人。项目管理机构负责人是项目管理的直接组织实施者，是工程项目管理的核心和灵魂，在项目管理中起到决定性的作用。实践证明，项目管理的成败，与项目管理机构负责人关系极大。一个好的工程项目背后，必定有一个好的项目管理机构负责人，只有好的项目管理机构负责人才能完成好的项目。

① 合同履约的负责人：项目合同是规定承、发包双方责、权、利具有法律约束力的契约文件，是处理双方关系的主要依据，也是市场经济条件下规范双方行为的准则。项目管理机构负责人是公司在合同项目上的全权委托代理人，代表公司处理执行合同中的一切重大事宜，包括执行合同条款、变更合同内容、处理合同纠纷且对合同负主要责任。

② 项目计划的制定和执行监督人：为了做好项目工作、达到预定的目标，项目管理机构负责人需要事前制定周全而且符合实际情况的计划，包括工作的目标、原则、程序和方法。使项目组全体成员围绕共同的目标、执行统一的原则、遵循规范的程序、按照科学的方法协调一致地工作，取得最好的效果。

③ 项目组织的指挥员：项目管理涉及众多的项目相关方，是一项庞大的系统工程。为了提高项目管理的工作效率并节省项目的管理费用，要进行良好的组织和分工。项目管理机构负责人要确定项目的组织原则和形式，为项目组人员提出明确的目标和要求，充分发挥每个成员的作用。

④ 项目协调工作的纽带：项目建设的成功依靠项目相关方的协作配合，甚至还有政府及社会各方面的指导与支持。项目管理机构负责人处在上下各方的核心地位，是负责沟通、协商、解决各种矛盾、冲突、纠纷的关键人物，应该充分考虑各方面的合理的潜在的利益，建立良好的关系。因此项目管理机构负责人是协调各方面关系使之相互紧密协作配合的桥梁与纽带。

⑤ 项目信息的集散中心：自上、自下、自外而来的信息，通过各种渠道汇集到项目管理机构负责人，项目管理机构负责人又通过报告、指令、计划和协议等形式，对上反馈信息，对下、对外发布信息。通过信息的集散达到控制的目的，使项目管理取得成功。

2）项目管理机构负责人的培养

项目管理机构负责人的培养主要靠工作实践，这是由项目管理机构负责人的成长规律决定的。成熟的项目管理机构负责人都是从项目管理的实际工作中选拔、培养而成长起来的。

① 项目管理机构负责人的选拔

项目管理机构负责人首先应从参加过项目的工程师中选拔，通过考察其个人的详细信息包括个人简历、学术成就、工作成绩评估、心理素质、领导能力的测试等，注意发现那些不但专业技术水平较高，而且组织管理能力、社会交际能力较强等综合素质较高、能力全面的人，他们可作为项目管理机构负责人的候选人来进行有目的的培养。在他们取得一定的工作经验之后，分配具有一定难度和挑战的任务，在实践中进一步锻炼其独立工作的能力。

一般来说，作为项目管理机构负责人候选人，应具备基层实际工作的阅历，以打下坚实的实践经验基础。没有足够深度和广度的项目管理实际阅历，将给项目管理工作的开展埋下隐患。

② 项目管理机构负责人的培养

A. 增强实际管理能力，积累经验

取得了基本技能训练之后，对符合项目管理机构负责人条件的候选人，应在经验丰富的项目管理机构负责人的带领下，委任其以助理的身份以协助项目管理机构负责人工作，或者令其独立主持单项专业项目或小项目的项目管理，并给予适时的指导。这是锻炼项目管理机构负责人才干和考察其项目管理能力的重要阶段，要想成为项目管理机构负责人，必须过好这一关。对在小项目管理机构负责人或助理岗位上表现出较强组织管理能力者可让其挑起大型项目管理机构负责人的重担。

B. 参加组织或有关协会举办的培训

给项目管理机构负责人提供足够的机会去参加组织内部和行业有关协会举办的正规培训。项目管理机构负责人也要争取每一个难得的机会，吸收最新专业讯息，不断丰富项目管理知识，提高项目管理理论修为，进而理论联系实际，以更好地指导工作实践。组织内部和行业有关协会还有大量的非正规训练的机会，包括观摩他人作业、聆听别人的经验介绍等，项目管理机构负责人也应尽量参与交流，博人之所长，不断充实和提高自己。

C. 自我学习和改进

有人说，一个人的成就关键看他的业余时间用来做什么。自我学习是项目管理机构负责人提高自身能力的重要途径。自我学习的目的应是自我的改进。自我学习的方式有：阅读相关书籍、专业杂志、报刊，并认真学习有关领导的重要讲话；主动向其他经验丰富的项目管理机构负责人或前辈请教，虚心学习，聆听教诲，寻找工作技巧和捷径，少走弯路；有效利用网络资源，因为它突破了人们交流方面的时间和空间束缚，使大量信息在很小的空间中聚集，可以在更大范围内直接互动、讨论和交流，有利于拓展想象力、从他人的发言中获得启发、及时克服谬误和思维惯性并相互提供心理支持，如经常登录行业相关网站，了解行业发展动态，寻找新知识、新技术，利用电子邮件向其他专业人士请教、沟通、交换意见，或在相关论坛上交流，寻求帮助。

以上途径将有助于项目管理机构负责人的自我改进和提升，通过多种方式的合理搭配和交叉，逐渐成长为优秀的项目管理机构负责人。

5. 项目团队建设

（1）团队形成的阶段

1）形成阶段

在这一过程中，主要依靠项目管理机构负责人来指导和构建团队。团队形成需要两个基础，它们是：

① 以整个运行的组织为基础，即一个组织构成一个团队的基础框架，团队的目标为组织的目标，团队的成员为组织的全体成员。

② 在组织内的一个有限范围内完成某一特定任务或为一共同目标等形成的团队。

2）磨合阶段

磨合阶段是团队从组建到规范阶段的过渡过程。主要指团队成员之间，成员与内外环境之间，团队与所在组织、上级、客户之间进行的磨合。

① 成员与成员间的磨合

由于项目团队成员之间的文化、教育、性格、专业等各方面的差别，在项目团队建设初期必然会产生成员之间的冲突。这种冲突随着项目成员间的相互了解逐渐达到磨合。

其中应该特别注意将员工的心理沟通与辅导有机地结合起来，应用心理学的方法将员工之间的情感不断地融和，使员工之间的关系逐步协调，这样才能尽快地减少人为的问题，缩短磨合期。

② 成员与内外环境的磨合

项目团队作为一个系统不是孤立的，要受到团队外界环境和团队内部环境的影响。作为一名项目成员，要熟悉所承担的具体任务和专业技术知识，熟悉团队内部的管理规则制度，明确各相关单位之间的关系。

③ 项目团队与其所在组织、上级和客户间的磨合

对于一个新的团队，其所在组织会有一个观察、评价与调整的过程，二者之间的关系有一个衔接、建立、调整、接受、确认的过程。同样，与其上级和其客户来说也有一个类似的过程。

在这个阶段，由于项目任务比预计的更加繁重、更加困难，成本或进度的计划限制可能比预计的更加紧张，项目管理部门成员会产生激动、希望、怀疑、焦急和犹豫的情绪，会有许多矛盾。而且，在以上的磨合阶段中，可能有的团队成员因不适应而退出团队，为此，团队要进行重新调整与补充。在实际工作中应尽可能地缩短磨合时间，以便使团队早日形成合力。

3）规范阶段

经过磨合阶段，团队的工作开始进入有序化状态，团队的各项规则经过建立、补充与完善，成员之间经过认识、了解与相互定位，形成了自己的团队文化、新的工作规范，培养了初步的团队精神。

这一阶段的团队建设要注意以下几点：

① 团队工作规则的调整与完善。工作规则要在使工作高效率完成，工作规范合情合理，成员乐于接受之间寻找最佳的平衡点。

② 团队价值趋向的倡导。也就是说在团队成员之间创建共同的价值观。

③ 团队文化的培养。注意鼓励团队成员个性的发挥，为个人成长创造条件。

④ 团队精神的奠定。团队成员需要相互信任、互相帮助，尽职尽责，才能形成具有合力的团队精神。

4）表现阶段

经过上述三个阶段，团队进入了表现阶段，这是团队的最佳状态时期。团队成员彼此高度信任，相互默契，工作效率有大的提高，工作效果明显，这时团队已经比较成熟，但是也需要注意以下两个问题：

① 牢记团队的目标与工作任务。不能单纯地讲团队的建设而抛弃团队的组建目的。团队的组建是为项目服务的，抛弃项目团队的组建目的，团队的存在就没有任何意义。

② 警惕一种情况，即有的团队在经过前三个阶段后，在第四个阶段很可能并没有形成高效的团队状态，团队成员之间迫于工作规范的要求与管理者权威而出现一些成熟的假象，团队没有达到最佳状态，无法完成预期的目标。

5）休整阶段

休整阶段包括休止与整顿两个方面的内容。

团队休止是指团队经过一段时期的工作，工作任务即将结束，这时团队面临着总结、表彰等工作，所有这些暗示着团队前一时期的工作已经基本结束，团队可能面临马上解散的状况，团队成员要为自己的下一步工作进行考虑。

团队整顿是指原工作任务结束后，团队也可能准备接受新的任务。为此团队要进行调整和整顿，包括工作作风、工作规范、人员结构等各方面。如果这种调整比较大，那么实际上是构建成一个新的团队。

（2）项目团队能力的持续改进方法

1）改善工作环境

工作环境是指团队成员工作地点的周围情况和工作条件。工作环境的状况可以影响人的工作情绪、工作效率、工作的主动性和创造性，进而影响工作质量与工作进度。也就是说，工作环境可以影响团队成员的能力的发挥与调动。一个良好的工作环境可以使团队成员有良好、健康的工作热情，可以使人产生工作的愿望，是使团队保持和发展工作动力一个很重要的方面。因此，项目的负责人应注意通过改善团队的工作环境来提高团队的整体工作质量与效率，特别是对于工作周期较长的项目。

2）人员培训与文化管理

培训包括为提高项目团队技能、知识和能力而设计的所有活动。通过培训将有效地推进项目文化的建设和管理。项目培训可以是正式的，也可以是非正式的。工程项目管理中对团队成员的培训，相对于单位人力资源部门的培训而言要更简单，但是更为实用。主要分为工作初期培训以及工作中培训。

在项目工作正式开展之前，对项目团队成员进行短期培训。这种培训可能是几天，也可能是几小时。培训的目的主要是加强对项目的认识，了解项目的工作方法、工作要求、工作计划、相互分工、如何相互合作等等。具体的培训时间与工作量、培训内容等要根据项目的具体情况来确定。这种工作前培训的负责人一般是项目管理部门负责人（经理），有时也请项目委托方进行必要的说明与讲解。对于新手的培训还要安排一些基础知识及工作要求的内容。

项目工作中的培训是指在项目进行当中针对工作中遇到的问题而进行的短期而富有针对性的培训。这种培训的主讲人往往是请来的专家，也可能是团队内部成员。对于工作中的项目培训要注意一点，即在这种培训中要注重实际成效，切忌只讲形式，不求效果，否则不但增加项目费用支出，还可能对项目团队文化与团队精神的形成产生不利影响，进而影响项目工作效率和项目的工作质量。

在培训中应该重点引导各种人员的文化及价值导向，要逐步形成项目文化管理的基础架构，包括：各种制度和程序的制定应该定期地根据惯例、文化的发展进行修订，惯例文化的发展也必须将各种制度、程序的要求囊括其中，这样使培训与文化管理有机地结合起来，大大提高项目管理的效果。

3）团队的评价、表彰与奖励

团队的评价是对员工的工作业绩、工作能力、工作态度等方面进行调查与评定。评价是激励的方式之一。正确地开展评价可以使团队内形成良好的团队精神和团队文化，可以树立正确的是非标准，可以让人产生成就与荣誉感，从而使团队成员能够在一种竞争的激励中产生工作动力，提高团队的整体能力。团队评价的具体方式可以采取指标考核、团队评议、自我评价等多种方式，表彰与奖励体系是正式管理活动的重要组成部分之一。在取得的成绩与奖励之间建立起清晰、明确、有效的联系，有助于表彰与奖励成为行之有效的工具。否则，一旦表彰与奖励让人产生模糊的甚至是错误的理解，就可能产生反向的引导，使表彰与奖励活动对整个项目团队士气与团队精神产生消极的影响。在建立和运用表彰与奖励体系时还要注意，项目团队有必要建立自己的表彰与奖励标准体系以便使这一工具更容易执行。

4）反馈与调整

项目人员配备、项目计划、项目执行报告等都只是反映了项目内部对团队发展的要求、除此之外，项目团队还应该对照项目之外的期望进行定期的检查，使项目团队建设尽可能符合团队外部对其发展的期望。外部反馈的信息中主要包括委托方的要求、项目团队领导层的意见，以及其他相关客户的评价与建议等。

当项目团队成员的表现不能满足项目的要求或者不适应团队的环境时，项目管理部门负责人（经理）不得不对项目团队成员进行调整。对这样的调整，项目管理部门负责人（经理）要及早准备，及早发现问题，早做备选方案，以免影响项目工作的顺利开展。

除上面的内容外，项目团队调整的另一项内容是对团队内的分工进行调整，这种调整有时是为了更好地发挥团队成员的专长，或为了解决项目中的某一问题，也可能是为了化解团队成员之间出现的矛盾。调整的目的都是为了使团队更适合项目工作的要求。

6. 项目团队管理

（1）项目团队管理的意义

在项目管理活动中，项目团队的管理是需要引起重视的内容，拥有好的团队建设对整个管理活动和管理目标都是非常有利的。

1）能够保障工作的效率与安全。项目团队负责整个项目的各个活动，比如项目资金、技术、设计等多个方面，团队工作的态度和能力如何则关系到管理活动的优劣，因此，在项目管理中首先要使项目团队工作分工明确、有效安全，在工作中充分调动团队人员工作的积极性，端正工作态度，保证工作中的每个细节都能落实到位。

2）能够切实提高项目管理的水平。当前，我国工程类项目管理面临的竞争压力较大，这种压力不仅仅来源于国内企业的增加和同行业的竞争，更多的是来自于国外的竞争。随着我国加入 WTO，国际化知识经济时代已经来临，如果不能在人才方面取得先机，那么项目管理的整体链条都会受到影响。有效的项目团队管理能够切实提高团队的管理水平和知识水平，更好地适应经济时代面临的考验，为我国相关项目管理提供保障。

3）能够有效地推动我国项目队伍管理的改革。在项目管理中，一个非常重要的因素就是人才的管理和建设问题。现阶段我国经济发展面临着重要改革，人才的储备和建设需要加大力度，这也是继续保持我国经济发展势头，进一步提高人们生活水平的关键因素。因此，加强项目团队建设正是我国经济发展改革的一个推动力，通过团队管理能够实现团队建设的有序和高水平，加快我国项目管理向技术、智力密集型转变。

（2）项目团队管理的影响因素

项目团队的管理直接影响项目的成败，在项目团队管理过程中，项目团队的成功主要取决于以下影响因素：

1）项目团队负责人是项目团队的领导者，是核心人物，对于项目管理的效果起着至关重要的作用。一个合格的项目团队负责人，除了要具有系统的项目管理方面知识，还应该具有优秀的领导、管理和沟通协调能力，能够发现每位项目团队成员的特长，并能够通过有效的方法使各成员在项目执行过程中发挥自己最大的作用。另外，项目团队负责人在项目出现问题时要勇于承担责任，积极主动地与项目团队成员进行沟通，尊重项目团队成员的个性，能够将相关项目资源和权力适当地授权给团队成员，发挥团队成员的积极性组织团队活动，起到榜样模范作用。

2）项目必须具有非常明确具体的目标。明确具体的目标可以为项目团队成员的工作指明方向，项目团队负责人根据项目的目标可以进行项目任务的分配。每位项目团队成员的任务和目标是不同的，团队成员应该清晰地了解自己的项目任务和目标，使得个人的目标与项目团队的总目标一致。同时团队成员应该清楚了解个人目标与项目总目标之间关系的重要性以及与其他团队成员目标之间的相关性。只有这样，项目团队成员才可以清楚地了解个人目标的实现对总体目标的实现以及对其他团队成员目标实现的影响，从而有效地防止项目团队成员的任务与项目目标之间的冲突和重复。如果存在重复的任务，当任务没有按时完成或出现问题时，团队成员之间往往会相互指责，推脱责任，项目的执行效率和协调性就会受到严重影响。

3）良好的团队文化对于项目团队的成功是非常重要的。团队文化是项目团队成员在相互合作完成项目团队总体目标的过程中形成的一种潜意识文化，它对于实现每一位团队成员的人生价值具有非常重要的作用。团队文化对于项目团队的成员都有着非常重要的影响，积极向上的团队文化可以激发团队成员的工作积极性，而且促使他们的工作能力得到充分发挥，从而实现项目与个人利益的最大化。

4）项目团队成员之间的相互信任对于一个项目团队是至关重要的。对于一个复杂的项目，每位项目团队成员的任务都依赖于其他团队成员的信息和任务的完成。项目团队成员要认识到相互之间的依赖性和差异性，需要意识到信任其他团队成员对项目成功的重要性。如果在项目团队成员之间没有信任，那么交流合作与信息的分享将不会顺利进行，因此整个项目执行过程就会受到阻碍，项目的执行效率就会下降。另外，信任也包含了信任项目团队成员的能力，每位团队成员都应该相信其他成员能够很好地完成他们的任务。

5）有效的沟通与合作是项目团队成功的决定因素。在一个项目团队中，每位团队成员都有自己的技术与特长，沟通与合作能够取长补短，充分发挥团队成员的特长，使得团队的效率得到极大的提高。因此，每一位团队成员都要看到其他成员的优势，相互合作，认识到团队利益高于个人利益，团队的合作是项目质量的保证。除此之外，沟通和交流能够还能避免信息的不准确性。在交流和沟通的过程中，不同的团队成员用不同的方式表达和理解项目的任务，难免会存在一些误解与偏差。如果一个团队成员表达了错误的项目计划与任务，将会影响其他成员，使他们不能获得正确的信息，从而导致错误的项目结果。为了避免这种情况发生，进行充分及时的交流是非常必要的。

6）必要的奖励是项目团队管理的重要措施。通过奖励可以更好地激励项目团队成员的积极性和工作热情，从而提高项目完成的质量和效率。对于项目工作的成果和效果，每位项目团队成员都希望得到别人的肯定和奖励，最好的奖励方式是物质奖励和精神奖励相结合。物质奖励可以是礼品和奖金，这对于激励团队成员的工作热情具有重要的作用，但是物质奖励的作用是有限的，特别是项目经费不足时，需要从精神上给予奖励，如名誉称号，在例会或项目聚会、活动等场合公开表扬和夸奖都是很好的方式。每一位项目团队成员都希望自己的工作对别人有帮助，自己的工作是有价值的，能够获得肯定。精神奖励是物质奖励的有益补充，只有物质和精神奖励结合在一起，才能对各种类型的项目团队成员都起到最大的激励作用。

（3）项目团队管理的对策

塑造高效团队应遵循以下原则：

第一，团队成员多样化。高效团队应由各种不同技能、知识、经验、专长的成员组成。

第二，保持最佳规模。成员过多会造成协调困难，太少则会导致负担过重。一般而言，理想的人数是10～12人。

第三，正确选拔成员。有些个体不喜欢团队工作，应避免把他们选入团队。同样重要的是，应根据技能来确定人选，同时注意互补。这里的技能不仅是作业技能，还包括人际交往技能。

第四，重视培训。为了团队运作，成员必须具备所有相关工作技能和人际交往技能。为此，应该重视培训工作。

第五，澄清目标。只有当团队成员明了团队使命与目标，他们才能为之奋斗，所以要强调团队目标。

第六，个人报酬与团队绩效相连。应当根据每位成员对团队的贡献来确定个体的报酬，否则他们不会关心团队的成败得失。

第七，运用适当的绩效考核。需要开发一套具体办法与指标来测量团队绩效。这些测量工具不仅应该考虑团队的工作结果，还应该注重团队完成任务的过程。

第八，鼓励参加。团队成员参与决策的程度影响着他们对决策的理解与承诺。为使决策得到顺利执行，必须允许成员参与各项决策。

第九，提供支持。应让成员相信自己能够成功，为此，上级领导得提供各种物质、精神支持。如果成员得不到支持与鼓励，他们就不可能全力以赴地工作。

第十，重视沟通。为完成共同的目标与任务，团队成员必须及时沟通、相互合作，应当千方百计地促进沟通。

第十一，激发士气。当团队面临挑战时，成员会焕发斗志，取得优异成绩。所以，团队完成某项任务时，可为团队设置更具有挑战性的目标。

第十二，制定行为规则。有效的团队都有明确的准则，告诉成员允许做什么，禁止做什么，因此必须事先制定详细、具体的行为规则。

第十三，定期告知新信息。新的信息可能代表一种挑战，使团队保持创新状态。同时，常与外界交往，团队不会失去进取精神。

第十四，承认并回报重大贡献的成员。对于那些为团队成功做出重大贡献的成员，必须给予重奖。当然，奖励既可以是物质的，也可以是精神的。

1.3 智能建造为工程项目管理带来的革新与改变

在我国大规模城市化进程中，建筑业高消耗、高风险、高投入、低利润的问题日益突出。如何加强建筑企业、施工现场标准化、信息化、精细化管理，是建筑行业面临的一个重要研究课题。这其中，以信息化、数字化为特征和手段的智慧建造成为建筑企业蜕变升级的主要方向。

随着人们对建筑产品质量、环境效益、社会效益的要求越来越高，建筑业正面临着信息化和数字化的新形势、新机遇、新挑战。近年来，物联网、云计算大数据、移动互联网、人工智能、BIM等信息技术的蓬勃发展，给建筑业信息化带来新的发展机遇，建筑施工企业的生产方式和管理模式也随之发生了重大变革。只有抓住机遇迎接挑战，积极探索信息技术和信息化管理方法在建筑产业化中的有效应用，才能实现我国未来建筑产业化与信息化的深度融合。

1.3.1 智能建筑工程项目管理的基本目标

各种类型工程建设项目的项目管理都具有共性，但也有其固有的特点，建筑智能化工程项目也不例外。首先，智能化系统工程在实施过程中往往要求配合主建筑体工程的进度要求；其次，智能化系统依附于建筑体内，与建筑的其他系统具有相关性，需要配合其他工程项目，如强电和装修工程等，同时需要其他工程项目的配合，因此建筑智能化工程是协调配合性要求高的项目，必须进行广泛、有效的沟通和协调；再次，建筑智能化系统属于高科技领域的项目，其技术综合性强，系统结构和功能复杂，其科技内涵涉及的领域包括计算机学、电子学、控制理论、通信理论、声光学、系统集成理论等不同的学科，具有高科技特征和目标复杂的特点。所有这些都表明，建筑智能化工程的项目管理应从管理体系、技术、计划、组织、实施和控制、沟通和协调、验收等各个环节入手，与其特点相匹配，才能保证达到项目的最终目标。

建筑智能化工程项目建设是我国信息化建设和国民经济基本建设的重要组成部分，其固有的高科技、高难度、高风险、系统复杂、软件危机、协调困难等特性，决定了项目管理对智能建筑工程项目要比其他工程项目更加重要。要保证项目的正常进行和最终实施成功，必须要有严谨清晰的项目管理。

智能建筑工程项目管理的基本目标主要从项目微观角度出发，研究项目投资的规划决策、方案设计、实施和微观经济效果等问题。其项目管理的任务是研究生产关系、运动规律在项目建设领域中的具体作用和表现形式，以及建筑智能化工程项目建设领域内特有的经济现象和规律。例如项目投资的方向、项目建设进度的安排必须符合基本经济规律和国民经济计划，项目的可行性研究、总体策划、项目的投资决策、工程的发包建设等必须反映价值规律的客观要求。

与此同时，还要相应研究智能建筑工程项目建设领域内生产力组织的规律性，如项目建设进程必须根据建设工程及其建设活动的技术经济特点所决定的顺序规律来安排，承包人和监理单位的选择、项目总体方案设计和实施必须符合生产力组织的规律性等。其核心就是运用现代管理技术，对智能建筑工程项目建设进行有效的管理与控制，从而保证建设项目"质量、进度、费用"三大目标控制实现，提高建设项目的投资效益。

1.3.2　智能建筑工程项目管理的重要特点

软件是智能建筑工程项目建设的基础，它决定了智能建筑工程项目管理的一些重要特点。软件是计算机系统中与硬件相互依存的另一部分，包括计算机运行时所需要的各种程序、相关数据及其说明文档。其中程序是按照事先设计的功能和性能要求执行的指令序列；数据是使程序能正常操纵信息的数据结构；文档是与程序开发维护和使用有关的各种图文资料。

1. 软件开发的特性

软件开发同一般工程建设及传统的工业产品相比，有其独特的特性：

（1）软件是一种逻辑实体，具有抽象性。这个特点使它与其他工程对象有着明显的差异。人们可以把它记录在纸上、内存和磁盘、光盘上，但却无法看到软件本身的形态，必须通过观察、分析、思考、判断，才能了解它的功能、性能等特性。

（2）软件没有明显的制造过程。软件一旦研制开发成功，就可以大量拷贝同一内容的副本。所以对软件的质量控制，必须着重在软件开发过程方面下功夫。

（3）软件存在退化、过时和淘汰问题。软件在使用过程中，没有磨损、老化的问题。虽然软件在其生存期的后期不会因为磨损而老化，但会为了适应硬件、系统环境以及需求的变化而进行修改，而这些修改往往会不可避免地引入错误，导致软件失效率升高，类似于软件退化。当修改的成本变得难以接受时，软件过时了，就会被淘汰掉。

（4）软件对硬件环境有不同程度的依赖性，导致了软件移植的问题。

（5）软件开发过程至今未完全摆脱手工作坊式的开发方式，生产效率低。

（6）软件是复杂的，而且以后会更加复杂。软件是人类有史以来生产的复杂度最高的产品之一。软件涉及人类社会的各行各业、方方面面，软件开发涉及其他领域的专门知识，这对软件开发工程师提出了很高的要求。

（7）软件的成本相当昂贵。软件开发需要投入大量、高强度的脑力劳动，成本非常高、风险也大。现在软件的开销已大大超过了硬件的开销。

（8）软件工作牵涉很多社会因素。许多软件的开发和运行涉及机构、体制和管理方式等问题，还会涉及人们的观念和心理。这些人的因素，常常成为软件开发的困难所在，直接影响到软件项目的成败。

综上所述，由于软件是计算机系统中的逻辑部件而不是物理部件，软件开发是逻辑思维过程，软件的工作量很难估计，进度难于衡量，度量也难于评价，成本高、维护工作繁重。同时软件的复杂度随规模按指数增加，这就需要许多人共同开发一个大型系统。团队开发软件虽然增加了开发力量，但也增加了额外的工作量，组织不严密，管理不善，常是造成软件开发失败多、费用高的重要原因。人们面临的不仅是技术问题，更重要的项目管理问题。

2. 软件开发项目实施的关键

在智能建筑工程项目实施过程中，项目经理要特别强调并随时检查开发人员在软件工程技术的两个关键方面所采取的措施，以及实际实施的情况：

（1）强调规范化：为了使由许多人共同开发的软件系统能准确无误地工作，开发人必须遵守相同的约束规范，就是用统一的软件开发模型来规范软件开发步骤和应该进行的工作，用产品描述模型来规范文档格式，使其具有一致性和兼容性。规范化可以使软件生产摆脱个人生产方式，进入了标准化、工程化的生产阶段。

（2）强调文档化：一个复杂的软件要想让其他人员读懂，除程序代码外，还应有完备的设计文档来说明开发者的设计思想、设计过程和设计的具体实现技术等一系列相关信息。因此，文档是十分重要的，它是开发人员相互沟通，以达到协同一致工作的有力工具。而且，开发人员按要求进度提交指定内容的文档，能使软件生产过程的不可见性变为部分可见，从而便于项目经理对软件生产进度和软件开发过程进行管理。最后，可以通过对提交的文档进行技术审查和管理审查，保证软件的质量和有效的管理。

1.3.3 智能建筑工程项目管理的要求

为了发展我国的智能建筑工程项目管理，迎接 21 世纪我国智能建筑工程建设新的高潮，适应国际国内建筑市场更加激烈的竞争环境，把我国的智能建筑市场发展得更加完善，使市场机制能够有效发挥它应有的作用，我国的智能建筑工程项目管理必须科学化。其科学化的要求主要有以下几个方面：

1. 项目管理要与工程建设管理方式改革相结合

智能建筑工程项目管理是一种新的工程建设管理方式，这种管理方式与工程建设的目的相一致，是以工程项目为出发点、为中心、为归宿的管理方式，它改变了传统的以政府集中管理为中心的计划管理方式。项目管理与工程建设管理方式改革相结合，这一改革极大地解放和提高了我国智能建筑工程建设的生产力。

2. 项目管理要与我国智能建筑市场的建设与发展相结合

我国智能建筑市场的建设与发展首先是围绕建立合格的市场主体展开的，即形成合格的项目法人、承包人和专业监理单位。这三者是围绕智能建筑工程项目管理这个中心联系在一起的，并由此形成了我国智能建筑工程建设管理体制的四大主要内容：项目法人责任制、招标投标制、工程监理制、合同管理制，这四项制度是围绕智能建筑工程项目管理施的。要大力培育、发展和完善我国的智能建筑市场，把项目管理和智能建筑市场结合来，智能建筑市场运行的正常化能为智能建筑工程项目管理提供外部环境，其所涉及的因素是多方面的，但最重要的还是做到法制完善、管理得力和主体健全。

3. 要大力培养智能建筑工程项目管理人才

项目管理是以人为中心的管理，人力资源是项目经理部最宝贵的资源，人力资源所具有的创造性和可持续利用性，是世界上任何一种物质资源所无法比拟和替代的。一个项目要想取得成功必须要有充足的人力资源，以及对人力资源良好的管理。

对于智能建筑工程项目而言，一方面良好的人力资源管理特别重要，因为智能建筑工程项目十分需要有经验的项目管理和专业人员通力合作、齐心协力地工作。另一方面智能建筑工程项目管理人才十分缺乏，合格的、优秀的项目管理人才更是奇缺。因此，尽快培养出一批智能建筑工程项目管理人才乃当务之急。除了在大学里设置对应专业培养造项目管理人才以外，在继续教育方面，要在全国大力开展项目管理知识的培训学习，以及开展有关项目管理的学术讲座和讨论，多刊登发表有关项目管理研究学术论文、科研成果，加强我国与国外工程界关于工程项目管理的学术交流活动等。

4. 项目管理要规范化

开展智能建筑工程项目管理，必须严格按有关法律法规、规程、规范和标准办事。规范化的目的是在总结成功经验的基础上做到统一方向、促进发展。规范化以后，可以形成合力，实施科学管理，强化管理绩效。在主体之中，要使发包人真正成为项目法人，依法办事，按建设程序办事，按规范化要求进行智能建筑工程项目管理。

5. 在思想上要有创新观念

创新观念就是敢于创造、敢于改革，要根据我国的国情敢于做外国人没有做到的事。只有具备创新观念，才能把我国智能建筑工程项目管理发展为国际领先水平，而不是总跟在发达国家的后面跑。

6. 要坚持使用科学的项目管理方法

智能建筑工程项目管理要以实现目标为宗旨而开展科学化、程序化、制度化、责任明确化的活动，实行三全管理，即"全员、全企业和全过程的管理"。目标管理方法要求进行"目标控制"，即控制投资、进度和质量三大目标。这三大目标的关系是矛盾的，也是统一的，每个智能建筑工程项目的三大目标之间都有最佳结合点，不可能三者都优，更不能偏废某个目标而片面强调另一个目标，应做到综合系统优化，以用户满意为原则。

7. 项目管理手段要实现计算机化

智能建筑工程项目管理是一个大的复杂系统，各子系统之间具有强关联性，管理业务又十分复杂，有大量的数据计算，有各种复杂关系的处理，需要使用和存储大量信息，没有先进的信息处理手段是难以实现科学、高效管理的。因此要大力开发和使用智能建筑工程项目管理的应用软件，做到资源共享、操作简便、安全可靠、速度快、效果好，真正用好网络计划，实现网络计划应用的全过程计算机化。

思考与练习

一、单选题

1. 智能建造是将传统建筑施工与数字技术相结合的一种新型建筑模式，是一种基于（　　）的建筑设计、建造和管理方法，其目标是通过数字化的方法将建筑设计与建造过程完全融合。

    A. 现代数字技术　　　B. 信息技术　　　　C. 人工智能　　　　D. 先进技术

2. BIM技术即建筑信息模型技术，主要是指建筑企业以建筑工程的各项（　　）为基础，对建筑进行信息建模和仿真模拟，据此进行相关的设计、施工和运维等管理过程。

    A. 材料　　　　　　　B. 信息　　　　　　　C. 设备　　　　　　D. 人工

3. 物联网技术是指通过传感器、机器人技术、通信技术等一系列关键技术，借助互联网将世界万物进行链接并上网的技术，其中（　　）是最具代表性的关键技术。

A. 机器人技术　　　　B. 通信技术　　　　C. 传感器　　　　D. 射频识别技术

4. 通过智慧工地管理平台将建设项目、企业部门、资源状况及现实环境等要素进行高效集成，实现各部门、各项目的智慧管理、高效管理，是指智慧管理模式的（　　）。

A. 服务性　　　　B. 全局性　　　　C. 大数据性　　　　D. 功能性

5. 业主方项目管理是全过程的，包括项目策划决策与建设实施（设计、施工）阶段各个环节，这是（　　）项目管理。

A. 业主方　　　　　　　　　　　B. 工程总承包方

C. 设计方　　　　　　　　　　　D. 物资供应方

6. 协调统一各项目管理过程组的各种过程和活动而开展的过程与活动，是指项目（　　）。

A. 项目整合管理　　　　　　　　B. 项目范围管理

C. 项目时间管理　　　　　　　　D. 项目成本管理

7. 以下塑造高效团队应遵循的原则不正确的是（　　）。

A. 团队成员单一化　　　　　　　B. 保持最佳规模

C. 正确选拔成员　　　　　　　　D. 重视培训

8. 以下关于项目团队的精神，正确的是（　　）。

A. 有不同的目标　　　　　　　　B. 无分工和合作

C. 有同一层次的权利和责任　　　D. 成员相互信任

9. 软件开发同一般工程建设及传统的工业产品相比，有其独特的特性，以下说法正确的是（　　）。

A. 软件是一种逻辑实体，具有实体性　　B. 软件有明显的制造过程

C. 软件存在退化、过时和淘汰问题　　　D. 软件对硬件环境无依赖性

10. 项目团队的管理直接影响项目的成败，在项目团队管理过程中，下列不属于项目团队成功的决定性因素的是（　　）。

A. 项目团队负责人　　　　　　　B. 项目有非常明确具体的目标

C. 良好的团队文化　　　　　　　D. 重视培训

二、多选题

1. 智能建造主要表现在（　　）。

A. 是从施工角度出发，面向全要素和全参与方

B. 是新一代信息技术，为整个建造过程提供支持

C. 实现建筑产业链的集成化、系统化

D. 减少在整个建造过程中资源的浪费和环境的污染

E. 让建筑产品更加安全、绿色、优质

2. 智慧管理模式的特性有（　　）。

A. 功能性　　　　　　　　　　　B. 服务性

C. 全局性　　　　　　　　　　　D. 大数据性

E. 共享性

3. 下列属于休整阶段内容的有（　　）。

A. 休止
B. 整顿
C. 改善工作环境
D. 人员培训与文化管理
E. 团队的评价、表彰与奖励

4. 塑造高效团队应遵循的原则有（　　）。

A. 正确选拔成员
B. 鼓励参加
C. 重视沟通
D. 激发士气
E. 不定期告知新信息

5. 我国的智能建筑工程项目管理必须科学化，其科学化的要求主要有（　　）。

A. 项目管理要与工程建设管理方式改革相结合
B. 项目管理要与我国智能建筑市场的建设与发展相结合
C. 要大力培养智能建筑工程项目管理人才
D. 项目管理要规范化
E. 项目管理手段要实现手工化

三、简答题

1. 什么是智能建造工程？
2. 项目管理机构负责人的权力有哪些？
3. 项目管理规划大纲的内容有哪些？
4. 项目管理实施规划的编制依据有哪些？
5. 智能建筑工程项目管理的要求是什么？

智能建造工程项目质量管理

⊘ **教学目标：**

1. 知识目标：

了解智能建造工程项目质量管理的方法；熟悉质量管理的概念；掌握基于智慧工地的质量与管理控制措施。

2. 能力目标：

能编制工程质量管理方案和措施；能根据质量管理统计方法对工程项目质量管理进行应用；能借助智能化措施对工程项目质量进行控制和验收。

3. 素养目标：

建立质量安全的职业意识；培养学生系统分析问题的习惯，树立全局意识；培养学生精益求精的工匠精神，激发学生科技报国的家国情怀。

⊘ **思想映射点：** 质量安全意识、责任感、责任心。

⊘ **实现方式：** 课堂讲解，案例分析。

⊘ **参考案例：** 黄河小浪底水利枢纽、长江三峡水利枢纽等。

在各方共同努力，以及严格的质量规划和质量保证体制下，黄河小浪底水利枢纽工程主体大坝于 2000 年 6 月填筑到顶，比合同目标计划提前 13 个月，创造了我国土石坝施工史上的新纪录。这座宏伟的大坝雄踞在黄河中游最后一段峡谷出口的小浪底村附近，是迄今我国大江大河上最大的上空心墙堆石坝。为了防止大坝底部渗透水，施工者采取将垂直防渗同水平防渗相结合的办法，修筑了主坝混凝土防渗墙和上游围堰高压旋喷防渗墙。主体大坝的封顶，标志着小浪底水库的规模基本形成。据介绍，2000 年汛期其防洪标准可达 500 年一遇，同时在减淤、供水等方面已经发挥并将继续发挥更大效益。

⊘ **思维导图：**

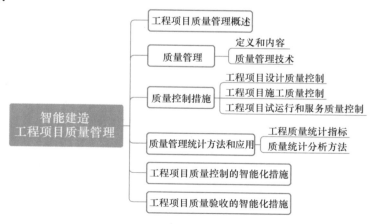

智能化质量管理装备介绍

⊙ **引文**：本单元主要内容包括工程项目质量管理概述、质量控制措施、质量管理统计方法和应用、工程项目质量控制的智能化措施、工程项目质量验收的智能化措施。

2.1　工程项目质量管理概述

工程质量管理是指为保证和提高工程质量，运用一整套质量管理体系、手段和方法所进行的系统管理活动。工程质量好与坏，是一个根本性的问题。工程项目建设投资大，建成及使用时期长，只有合乎质量标准，才能投入生产和交付使用，发挥投资效益，结合专业技术、经营管理和数理统计，满足社会需要。世界上许多国家对工程质量的要求，都有一套严密的监督检查办法。工程项目质量的特性主要表现在以下六个方面：

1. 适用性：适用性是指工程项目是否满足其预期用途并符合相关标准和要求。这涉及对用户需求的彻底理解与项目设计和施工的仔细规划。

2. 耐久性：耐久性是指工程项目承受环境条件和使用磨损的能力。这涉及选择耐用材料、适当的维护和定期检查。

3. 安全性：安全性是至关重要的，因为工程项目必须设计和建造得安全可靠，以保护用户和公众免受伤害或危险。这包括考虑地震、火灾、洪水和其他自然灾害或事故的风险。

4. 可靠性：可靠性对于确保工程项目按预期运行并满足其设计目的至关重要。这涉及使用高质量的材料、遵循最佳实践和进行彻底的测试和检查。

5. 经济性：经济性是指在满足安全性、可靠性和适用性要求的同时，以具有较好经济效益的方式设计和建造工程项目。这涉及材料优化和设计选择，并考虑项目的生命周期成本。

6. 与环境的协调性：与环境的协调性是指工程项目对环境的影响以及它与周围环境的融合程度。这涉及选择可持续材料和工艺，并考虑项目对当地生态系统和社区的影响。这些考虑因素相互关联，在工程项目的设计和实施中需要进行权衡。例如，安全性可能需要使用更昂贵的材料或设计，而经济性可能需要使用寿命较短或对环境影响较大的材料。因此，工程师必须仔细考虑这些因素之间的权衡，以找到最佳解决方案。

2.2　质　量　管　理

2.2.1　定义和内容

质量管理是指组织或企业为了确保产品、服务或流程符合特定要求和标准而采取的一系列策略、方法和活动。它旨在确保产品或服务的质量达到或超过客户的期望，并通过持续改进来提高组织的整体绩效。工程项目质量管理主要内容可按阶段划分为：

1. 决策阶段的质量管理

此阶段质量管理主要内容是在广泛搜集资料、调查研究的基础上研究、分析、比较，决定项目的可行性和最佳方案。

2. 施工前的质量管理

施工前的质量管理主要内容为：

（1）对施工队伍的资质进行重新审查，包括各个分包商的资质的审查。如果发现施工单位与投标时的情况不符，必须采取有效措施予以纠正。

（2）对所有的合同和技术文件、报告进行详细的审阅。如图纸是否完备，有无错漏空缺，各个设计文件之间有无矛盾之处，技术标准是否齐全等。应该重点审查的技术文件除合同以外，主要包括：

1）审核有关单位的技术资质证明文件；

2）审核开工报告，并经现场核实；

3）审核施工方案、施工组织设计和技术措施；

4）审核有关材料、半成品的质量检验报告；

5）审核反映工序质量的统计资料；

6）审核设计变更、图纸修改和技术核定书；

7）审核有关质量问题的处理报告；

8）审核有关应用新工艺、新材料、新技术、新结构的技术鉴定书；

9）审核有关工序交接检查，分项、分部工程质量检查报告；

10）审核并签署现场有关技术签证、文件等；

11）配备检测实验手段、设备和仪器，审查合同中关于检验的方法、标准、次数和取样的规定；

12）审阅进度计划和施工方案；

13）对施工中将要采取的新技术、新材料、新工艺进行审核，核查鉴定书和实验报告；

14）对材料和工程设备的采购进行检查，检查采购是否符合规定的要求；

15）协助完善质量保证体系；

16）对工地各方面负责人和主要的施工机械进行进一步的审核；

17）做好设计技术交底，明确工程各个部分的质量要求；

18）准备好简历、质量管理表格；

19）准备好担保和保险工作；

20）签发动员预付款支付证书；

21）全面检查开工条件。

3. 施工过程中的质量管理

（1）工序质量控制，包括施工操作质量和施工技术管理质量。确定工程质量控制的流程；主动控制工序活动条件，主要指影响工序质量的因素；及时检查工序质量，提出对后续工作的要求和措施；设置工序质量的控制点。

（2）设置质量控制点，对技术要求高、施工难度大的某个工序或环节，设置技术和监理的重点，重点控制操作人员、材料、设备、施工工艺等；针对质量通病或容易产生不合格产品的工序，提前制定有效的措施，重点控制；对于新工艺、新材料、新技术也需要特别引起重视。

（3）工程质量的预控，是指在工程项目实施之前采取措施，以防止或减少缺陷和不合格的情况。它涉及以下关键步骤：

1）质量规划

制定全面的质量计划，概述质量目标、责任和程序，识别潜在的质量风险并制定缓解计划。

2）设计审查

对设计文件进行彻底审查，以识别和纠正潜在的缺陷，确保设计符合相关标准和规范。

3）材料和设备控制

制定材料和设备采购和检验程序，确保使用的材料和设备符合规格。

4）施工过程控制

制定施工程序，概述施工方法和质量控制措施。对施工过程进行监控和检查，以确保符合程序和规范。

5）人员培训和资格

为参与项目的人员提供适当的培训和资格，确保人员了解质量要求并具备所需的技能。

6）文件和记录

维护所有质量相关文件和记录，包括检查报告、测试结果和变更请求。定期审查文件和记录，以识别趋势并采取纠正措施。

7）质量审计和检查

定期进行质量审计和检查，以评估质量管理体系的有效性，识别改进领域并实施纠正措施。

8）供应商管理

建立与供应商的合作关系，以确保他们提供符合质量要求的产品和服务。对供应商进行评估和审核，以确保他们的质量管理体系符合要求。预控的好处包括：减少缺陷和不合格，从而降低返工和返修成本；提高客户满意度和声誉；提高生产效率和降低总体成本，确保工程项目满足预期用途和相关法规。

（4）质量检查，包括操作者的自检、班组内互检、各个工序之间的交接检查、施工员的检查和质检员的巡视检查、监理和政府质检部门的检查，具体包括：

1）装饰材料、半成品、构配件、设备的质量检查，并检查相应的合格证、质量保证书和实验报告。

2）分项工程施工前的预检。

3）施工操作质量检查，隐蔽工程的质量检查。

4）分项分部工程的质检验收。

5）单位工程的质检验收。

6）成品保护质量检查。

（5）成品保护，具体包括：

1）合理安排施工顺序，避免破坏已有产品。

2）采用适当的保护措施。

3）加强成品保护的检查工作。

（6）交工技术资料，主要包括以下的文件：材料和产品出厂合格证或者检验证明，设备维修证明；施工记录；隐蔽工程验收记录；设计变更，技术核定，技术洽商；水、暖、电、设备的安装记录；质检报告；竣工图，竣工验收表等。

（7）质量事故处理，一般质量事故由总监理工程师组织进行事故分析，并责成有关单位提出解决办法。重大质量事故，须报告业主、监理主管部门和有关单位，由各方共同解决。

4. 工程完成后的质量管理

按合同的要求进行竣工检验，检查未完成的工作和缺陷，及时解决质量问题。制作竣工图和竣工资料。维修期内负责相应的维修责任。

按主要影响因素划分：

（1）人员因素

1）要选配技术水平高，管理能力强的项目经理及其领导班子成员。这种"选配"可通过招标投标、亲自考察等方式，尤其要考察近几年的业绩，并广泛听取有关人员的反映。

2）要严格审查分包单位的资质。审查对象包括企业整体素质、领导班子素质以及职工队伍个人素质，尤其要认真核查技术负责人的综合素质。

3）技术工人要持证上岗。技术人员的技术等级和相关证件要真实有效，有必要时应认真查验原件。

4）要制订完善的管理制度，做到自上而下层层抓紧。

5）贯彻执行奖罚制度。适当的奖励比一味的罚款更具有积极作用。

6）现场管理者要定期召开质量分析会，及时掌握现场工、料、机等实际情况，对每个分项工程、每个工序定出质量要求，对可能发生的质量问题进行分析研究，做到提前预测。

（2）材料构配件质量因素

1）首先要把好材料采购关。成立由各相关部门参加的材料评议采购小组，充分调研原材料供应市场，利用冬闲和开工前期对各种原材料进行现场调查，对原材质量、价格和厂家资质、信誉度等做全面的了解，最好组织有关人员去厂家实地考察，以确定招标投标厂家，为招标投标做好准备。

2）做好材料招标投标工作，严格招标投标程序，以质量好、价位合理、信誉度高为中标原则，实行公开、公正招标投标。

3）必须针对工程的特点，根据材料的性能、质量标准、适用范围和对施工要求等方面进行综合考虑，慎重地选择和使用材料。

4）材料的试验和检验。要求承包单位对主要原材料复试，并对复试结果妥善保管。对于材料的试验和检验单位也要认真考察。

5）对新材料新产品要核查、鉴定其证明和确认的文件。

6）加强材料进场后的管理。要合理堆放，并有明显标志；要有专人负责，经常检查；要严格贯彻执行《建设工程质量管理条例》，不合格的建筑材料、构配件和设备不得在工程中使用或安装。

（3）施工机械设备因素

1) 对于主要施工设备应审查其规格、型号是否符合施工组织设计的要求。设备进场并调试合格后，上报审核，需要定期检查的设备，应有鉴定证明。

2) 检查承包商提供的项目施工机械配备表是否综合考虑了施工现场的条件、机械设备性能、施工工艺和方法、施工组织和管理等各种因素，是否使之合理装备、配备使用、有机联系，以充分发挥机械设备的效能，力求获得较好的综合经济效益。例如在场地施工中，推土机由于工作效率高，具有操纵灵活、运转方便的特点，所以用途较广，但其推运距离宜在100m以内；铲运机能独立完成铲土、运土、卸土、填筑、压实等工作，适用于大面积场地平整、开挖大型基坑、沟槽等。

2.2.2　质量管理技术

工程质量管理技术是指应用于工程项目中的各种方法、工具和策略，旨在确保工程项目的质量符合或超过预期标准。它涵盖了从设计阶段到施工和交付阶段的全过程质量管理活动。这些技术包括设计评审、工艺控制、质量检查和测试、工程变更控制、故障诊断和纠正、工程质量审计等。通过应用这些技术，工程项目可以实现质量的控制、改进和持续优化，最终达到项目成功交付的目标。

施工项目管理技术主要是针对管理对象和施工项目的管理工作，工作过程中，要遵循工程施工的基本规律，对项目施工活动进行全方位和全过程的组织计划，并且进行科学指导，对工程项目资源进行优化配置，最终为企业带来最佳经济效益结果。相应施工项目管理技术需结合合同规定，将项目经理责任制度作为中心，从而对建筑工程施工过程进行管理。施工项目管理技术主要是促进项目建设预期目标的实现。建筑施工管理属于一门应用性科学管理方式，根据相应实践经验，针对项目管理和运作具体规律进行反映和总结，此后对实际活动进行指导。总之，建筑项目管理技术的科学应用，能够在确保工程质量的基础上，促使项目成本控制在预算范围内。因为在具体施工过程中，涉及的施工技术较多，同时花费的工期比较长，在对露天工程具体实施过程中，涉及的施工内容相对复杂。同时因为参与项目人员流动相对较大，可以采用分段流水方式。施工项目管理具有复杂性和多变性，因此需使用强化组织管理手段，从而保障工程的顺利进行。建筑项目管理，在一段时期内，能够针对施工具体情况作出有序管理，不同工程项目均需结合施工工序以及建设程序进行，伴随着施工项目管理时间的进一步推移，相应施工内容会发生变化，管理者对施工活动进行设计，并且提出相对科学的措施，此后签订相应合同，对资源进行优化配置，有针对性地对工程实施动态化管理，最终促使施工效益和施工效率均得到有效提升。

1. 建筑工程技术管理

在建筑工程技术管理方面，产品类的新技术能够通过实物来观察其功能和特点。在它的推广过程中，可采用演示和图片广告宣传的方法，还可以通过开展交易会、展览会来显示其功能，展示其优点。值得一提的是，产品类新技术具有广阔的改进、发展空间。目前，已经出现了很多关于建筑工程质量管理的产品类新技术，如激光测距仪等。技术类的成果主要表现为工艺、方法、手段等，相比于产品类成果，它的推广使用难度较大。在技术类成果的推广过程中，要掌握好公开的程度，把握住关键部分，既不能和盘托出，也不能太含糊；还要注意要有详细的技术、经济分析报告，特别是对于建筑而言，其周期很长，用户很难在短时间内很明显地看到工期缩短、质量提高、成本节约等效果，因此，这就要求要有详细的技术、经济分析报告，将预期投入、回收期等全部罗列出来，使用户能清晰、直观地明白将这项技术应用于工程中的具体作用。

2. 质量管理技术推广

建立"政府推动与市场引导有效结合"的建筑工程质量管理新技术推广机制。由于建筑工程质量管理技术成果保密性差、风险较高，难以吸引私人和企业投资，限制了其推广应用，因此必须坚持政府推动与市场引导有效结合的发展思路。首先，将建筑工程质量管理技术推广列为政府重点扶持项目；其次，积极改革，改善建筑工程质量管理新技术推广体系，保障工程质量管理新技术推广工作；最后，借助政府力量，积极组织建筑工程质量管理新技术推广工作，促进产品研究向建筑工程质量管理新技术成果的转化。对于那些推广难度大、直接经济效益不显著但社会和生态效益好的质量管理新技术，要充分发挥国家推广机构的作用；而对于那些推广效益高、可控性强的建筑工程质量管理新技术，要充分发挥市场的作用。对于政府推动与市场引导结合的机制，政府和市场是主要的推动力量。政府能够进行宏观调控或提供特有的建筑工程质量管理技术服务来稳定市场；后者是指在市场运行法则的基础上，再以经济效益为目标，为建筑企业提供工程质量管理新技术。所以，"政府推动与市场引导有效结合"的建筑工程质量管理新技术推广，是在政府推动下，按照市场化需求的多元化立体模式。积极改革建筑工程质量管理技术的推广体制，加强产品、教学、科研之间的联系。我国存在科技推广体系重复浪费、效率低下的严重问题，对于建筑工程质量管理技术推广没有一个专门的负责部门。因此，必须发挥政府的作用，强制性地对制度进行改革、创新，积极推进建筑工程质量管理技术的科教体制改革，鼓励建筑院校、科研单位、推广单位之间的联合，开展多种形式的项目合作。首先，国家在经济上支持建筑工程质量管理新技术推广项目之间的联合；其次，对于可以市场化运作的推广项目，可以采取各种行之有效的方式，把建筑企业组织人员、技术科研人员、教育人员联合起来；最后，通过建立激励机制，鼓励各方参与，实现互利共赢的目标。

3. 加强质量管理的技术措施

坚持不懈地加强质量意识的宣传，提高从业人员对于工程质量问题的认识。治理建筑工程的质量问题关键在于预防，因此各单位必须要教育相关的管理人员，在思想上侧重工程质量的重要性教育。要让大家都能够掌握一定的防控质量问题的基本方法，并能够严格地按照批准的施工组织设计、施工方案以及技术措施进行细致、周到的系统化操作与管理，真正实现内业指导外业。施工组织设计、施工方案以及技术措施要兼顾不同专业的不同问题，特别是要重视各专业工种间的有效配合。工程监理人员的针对性要强，在监理措施上务必要周到具体。

2.3 质量控制措施

1. 质量控制的概念

质量控制是指在明确的质量目标条件下通过行动方案和资源配置的计划、实施、检查和监督来实现预期目标的过程。

工程项目质量控制则是指在工程项目质量目标的指导下通过对项目各阶段的资源、过程和成果所进行的计划、实施、检查和监督过程以判定它们是否符合有关的质量标准并找出方法消除造成项目成果不令人满意的原因。该过程贯穿于项目执行的全过程。质量控制与质量管理的关系和区别在于质量控制是质量管理的一部分，致力于满足质量要求，如适用性、可靠性、安全性等。质量控制属于为了达到质量要求所采取的作业技术和管理活动，是在有明确的质量目标条件下进行的控制过程。工程项目质量管理是工程项目各项管理工作的重要组成部分，它是工程项目从施工准备到交付使用的全过程中为保证和提高工程质量所进行的各项组织管理工作。

2. 工程项目的质量总目标

工程项目的质量总目标由业主提出，是对工程项目质量提出的总要求，包括项目范围的定义、系统构成、使用功能与价值、规格以及应达到的质量等级等。这一总目标是在工程项目策划阶段进行目标决策时确定的。从微观上讲，工程项目的质量总目标还要满足国家对建设项目规定的各项工程质量验收标准以及使用方（客户）提出的其他质量方面的要求。

3. 工程项目质量控制的范围

工程项目质量控制的范围包括勘察设计、招标投标、施工安装和竣工验收四个阶段的质量控制。在不同的阶段，质量控制的对象和重点不完全相同，需要在实施过程中加以选择和确定。

4. 工程项目质量控制与产品质量控制的区别

项目质量控制相对产品来说，由于是一个复杂的非周期性过程，各种不同类型的项目，其区域环境、施工方法、技术要求和工艺过程可能不尽相同。因此，工程项目的质量控制更加困难，主要的区别有：

（1）影响因素多样性

工程项目的实施是一个动态过程，影响项目质量的因素因此也是动态变化的。项目在不同阶段、不同施工过程，其影响因素也不完全相同。这就造成工程项目质量控制的因素众多、复杂，使工程项目的质量控制比产品的质量控制要困难得多。

（2）项目质量变异性

工程项目施工与工业产品生产不同，产品生产有固定的生产线以及相应的自动控制系统、规范化的生产工艺和完善的检测技术，有成套的生产设备和稳定的生产环境，有相同系列规格和相同功能的产品，同时，由于影响工程项目质量的偶然性因素和系统性因素都较多，因此，很容易产生质量变异。

（3）质量判断难易性

工程项目在施工中由于工序交接多、中间产品和隐蔽工程多，造成质量检测数据的采集、处理和判断的难度加大，由此容易导致对项目的质量状况作出错误判断。而产品生产具有相对固定的生产线和较为准确、可靠的检测控制手段，因此相对来说，更容易对产品质量作出正确的判断。

（4）项目构造分解性

项目建成后构成一项建筑（或土木）工程产品的整体，一般不能解体和拆分。其中，有的隐蔽工程的内部质量，在项目完成后很难再进行检查。对已加工完成的工业产品，一般都能一定程度上予以分解、拆卸，进而可再对各零部件的质量进行检查，达到产品质量控制的目的。

（5）项目质量的制约性

工程项目的质量受费用、工期的制约较大，三者之间的协调关系不能简单地偏顾一方，要正确处理质量、费用、工期三方关系。在保证适当、可行的项目质量基础上，使工程项目整体最优。而产品的质量标准是国家或行业规定的，只需完全按照有关质量规范要求进行控制，不受生产时间、费用的限制。

2.3.1 工程项目设计质量控制

1. 设计质量控制的概念

工程项目设计质量控制是指在工程项目的设计阶段，通过一系列的措施和方法来确保设计方案的质量达到预期的要求。设计质量控制的目标是保证设计的科学性、合理性、可行性和安全性，以及满足相关标准和规范的要求。设计质量控制通常包括以下方面的内容：

（1）项目的决策

项目决策阶段是项目整个生命周期的起始阶段，这一阶段工作的质量关系到全局。主要是确定项目的可行性，对项目所涉及的领域、投融资、技术可行性、社会与环境影响等进行全面的评估。在项目质量控制方面的工作是在项目总体方案策划基础上确定项目的总体质量水平。因此可以说，这一阶段是从总体上明确了项目的质量控制方向，其成果将影响项目总体质量，属于项目质量控制工作的一种质量战略管理。

（2）项目的勘察

工程项目勘察包括技术经济条件勘察和工程岩土地质条件勘察。前者是对工程项目所在区域环境的技术经济条件进行的实际状况调查、数据收集以及实证分析等。后者是直接获取工程项目所需原始场地资料的工作，其工作质量的好坏对后续工程项目各阶段的质量控制起着重要的影响，包括钻探、野外测试、土工实验、工程水文地质、测绘及勘察成果等内容的质量控制。这些质量结果均影响工程项目质量的形成。

（3）项目的总体规划和设计

总体规划和设计是工程项目建设中的一个关键环节。工程项目的资源利用是否合理，总体布局是否达到最优，施工组织是否科学、严谨，能否以较少的投资取得较高的效益在很大程度上取决于规划与设计质量的好坏及水平的高低。工程项目设计首先应满足建设单位所需的功能和使用价值，符合建设单位投资的目的。但这些功能和目的可能受到资金、资源、技术与环境等因素的制约，均会使工程项目的质量受到限制。同时，工程项目规划与设计必须遵守国家有关城市规划、环境保护、质量安全等一系列技术规范和标准。因此要将适用、经济、美观融为一体，考虑这些复杂、综合的因素来满足工程项目的设计合理性、可靠性以及可施工性，这些必然与工程质量有关。

（4）项目的施工方案

工程项目的施工方案指施工技术方案和施工组织方案。施工技术方案包括施工的技术、工艺、方法和相应的施工机械、设备和工具等资源的配置。因此，组织设计、施工工艺、施工技术措施、检测方法、处理措施等内容都直接影响工程项目的质量形成，其正确与否、水平高低不仅影响到施工质量，还对施工的进度和费用产生重大影响。因此，对工程项目施工方案应从技术、组织、管理、经济等方面进行全面分析与论证，确保施工方案既能保证工程项目质量，又能加快施工进度、降低成本。

2.3.2　工程项目施工质量控制

工程项目施工质量控制是指在工程项目的实际施工阶段，通过一系列的措施和方法来确保施工工作的质量达到预期的要求。施工质量控制的目标是保证施工的安全性、合理性，符合设计要求，并满足相关标准和规范的要求。在工程项目施工阶段，根据项目设计文件和施工图纸的要求，制定施工质量计划及相应的质量控制措施，形成实体的质量或实现质量控制的结果。因此，施工阶段的质量控制是项目质量控制的最后形成阶段，因而对保证工程项目的最终质量具有重大意义。

1. 项目施工质量控制内容划分

工程项目施工阶段的质量控制从不同的角度来描述，可以有不同的划分，企业可根据自己的侧重点不同采用适合自己的划分方法，主要有以下四种。

（1）按工程项目施工质量管理主体划分为建设方的质量控制、施工方的质量控制和监理方的质量控制。

（2）按工程项目施工阶段划分为施工准备阶段质量控制、施工阶段质量控制和竣工验收阶段质量控制。

（3）按工程项目施工分部工程划分为地基与基础工程的质量控制、主体结构工程的质量控制、屋面工程的质量控制、安装（含给水排水、采暖、电气、智能建筑、通风与空调、电梯等）工程的质量控制和装饰装修工程的质量控制。

（4）按工程项目施工要素划分为材料因素的质量控制、人员因素的质量控制、设备因素的质量控制、方案因素的质量控制和环境因素的质量控制。

2. 项目施工质量控制的目标

项目施工阶段质量控制的目标可分为施工质量控制总目标、建设单位的质量控制目标、设计单位的质量控制目标、施工单位的质量控制目标、监理单位的质量控制目标。

（1）施工质量控制总目标

施工质量控制总目标就是对工程项目施工阶段的总体质量要求，也是建设项目各参与方一致的责任和目标，即要使工程项目满足有关质量法规和标准，正确配置施工生产要素，采用科学管理的方法，实现工程项目预期的使用功能和质量标准。

（2）建设单位的质量控制目标

建设单位的施工质量控制目标是通过对施工阶段全过程的全面质量监督管理、协调和决策，保证竣工验收项目达到投资决策时所确定的质量标准。

（3）设计单位的质量控制目标

设计单位施工阶段的质量控制目标是通过对施工质量的验收签证、设计变更控制及纠正施工中所发现的设计问题，采纳变更设计的合理化建议等，保证验收竣工项目的各项施工结果与最终设计文件所规定的标准一致。

（4）施工单位的质量控制目标

施工单位的质量控制目标是通过施工全过程的全面质量自控，保证交付满足施工合同及设计文件所规定的质量标准，包括工程质量创优要求的工程项目产品。

（5）监理单位的质量控制目标

监理单位在施工阶段的质量控制目标，是通过审核施工质量文件、报告报表及现场旁站检查、平行检测、施工指令和结算支付控制等手段，监控施工承包单位的质量活动行为，协调施工关系，正确履行工程质量的监督责任，以保证工程质量达到施工合同和设计文件所规定的质量标准。

3. 施工质量控制的依据

施工质量控制的依据主要指适用于工程项目施工阶段与质量控制有关的、具有指导意义和必须遵守（强制性）的基本文件，包括国家法律法规、行业技术标准与规范、企业标准、设计文件及合同等。

4. 施工质量持续改进理念

持续改进的概念来自于《质量管理体系 基础和术语》，是指"增强满足要求的能力的循环活动"。阐明组织为了改进其整体业绩，应不断改进产品质量，提高质量管理体系及过程的有效性和效率。对工程项目来说，由于其属于一次性活动，面临的经济、环境条件在不断地变化，技术水平也日新月异，因此工程项目的质量要求也需要持续提高，而持续改进是永无止境的。

在工程项目施工阶段，质量控制的持续改进必须是主动、有计划和系统地进行质量改进的活动，要做到积极、主动，首先需要树立施工质量持续改进的理念，才能在行动中变成自觉行为；其次要有永恒的决心，坚持不懈；最后关注改进的结果，持续改进要保证是更有效、更完善的结果，改进的结果还能在工程项目的下一个工程质量循环活动中加以应用。概括地说，施工质量持续改进理念包括了以下四个过程：

（1）渐进过程

工程质量持续改进是对传统工程质量管理模式的一种改进，是对传统工程质量管理的理论、观点、方法的一种根本性变革，是起源于传统工程质量管理但又与之不同的一种创新模式。工程质量持续改进是一种适合性质量管理，即工程质量要适合用户不断变化的要求和期望，适合工程环境、工程条件的不断变化，这些要求、期望、环境、条件等不是静止的，而是动态的。工程质量持续改进是一个完整的系统，它是通过系统分析、系统工程、系统管理实现对工程质量的持续改进。工程质量持续改进应考虑各相关方的作用，由工程的参与各方共同努力构成工程质量保证体。持续改进所考虑的用户是广义的，它包括投资方、使用方、代表使用方或投资方利益的第三方、社会等与工程项目有关的各方，也包括工程项目本身上下工序或前后过程之间的关系，持续改进机会识别的途径之一就是对用户的要求和期望的分析。工程质量的提高是无止境的，而持续改进所追求的是工程的最佳质量，而不是最高质量；追求的是工程质量管理的有效性和效率，确保工程质量预期目标的实现，工程相关方的满意和期望。

（2）主动过程

工程质量持续改进的主要对象包括三个方面：对工程产品本身的改进，对工程实施过程的改进，对管理过程的改进。对工程产品本身的改进是一种工程技术改进，这种改进可能会使工程产品的质量提高，也可能会使工程产品的成本下降，甚至可以促成工程产品的创新。对工程实施过程的改进，是对工程实施方案、实施环节及实施过程中各种生产要素等方面的改进，这种改进可能会使工程质量提高，也可能会使工程成本下降，还可能提高实施过程的有效性。对管理过程的改进，是工程质量持续改进的最主要方面，它包括对质量方针、质量目标、组织机构、管理制度、管理方法等各方面的改进，这种改进会使工程质量保证能力得到增强，从而能使工程质量得以提高，可以提高质量管理效率，增强组织的活力。

（3）系统过程

工程质量持续改进重在实施。为了保证持续改进能达到预期效果，必须采用科学的实施方法，并在实施过程中加强监督和控制。工程质量持续改进需要在适应的环境条件下进行，也就是说，环境条件应有利于工程质量持续改进的进行。而这种环境条件主要是指人的因素和物的因素的组合。这些因素影响员工的能动性、满意度和业绩，进而影响工程质量的持续改进。人的因素是影响持续改进的主要因素。工程质量持续改进需要何种环境条件，如何创造这样的环境条件等问题还有待进一步研究。

（4）有效过程

质量改进是无终点的，任何一项质量改进都不可能终止改进的机会，"有效过程"就是一次一次不断进行的过程，而绝不是"毕其功于一役"。其具体应用和产生效果还有待于在工程实践中验证，从而得到进一步改进和完善。

2.3.3　工程项目试运行和服务质量控制

工程项目试运行是指在工程项目完成施工后，进行一段时间的试验性运行和测试，以验证工程设施的性能和功能是否符合设计要求，并进行必要的调整和改进。试运行是确保工程项目顺利投入使用的关键环节。工程项目质量控制系统建立后将进入运行状态，运行正常与成功的关键是系统的机制设计，成功的机制设计还需要严格的执行和实施。工程项目质量控制系统的运行与其他任何系统的运行一样，都需要在运行过程中不断地修正和完善。任何特定的工程项目质量控制系统都随工程项目本身不同、所处环境条件不同而在控制参数、特征及控制条件方面有所不同，但系统运行的基本方式、机制是基本相同的。

1. 控制系统运行的基本方式

工程项目质量控制系统的基本运行方式是按照 PDCA 循环原理，一是制定详细的项目质量计划，作为系统控制的依据；二是实施质量计划时，包含两个环节，即计划行动方案的交底和按计划规定的方法展开作业技术活动；三是对质量计划实施过程进行自我检查、相互检查和监督检查；四是针对检查结果进行分析，采取纠正措施，保证产品或服务质量的形成和控制系统的正常运行。

2. 控制系统运行机制

（1）控制系统运行的动力机制

工程项目质量控制系统的活力在于它的运行机制，而运行机制的核心是动力机制，动力机制则来源于利益机制，因此利益机制是关键。由于建设工程项目一般是由多个主体参加，其质量控制的动力是受由其利益分配影响的，遵循这一原则来激励和形成工程项目质量控制系统的动力机制是非常重要的。

（2）控制系统运行的约束机制

工程项目质量控制系统的约束机制取决于自我约束能力和外部监控效力，外部监控效力是来自于实施主体外部的推动和检查监督，自我约束能力则指质量责任主体和质量活动主体的经营理念、质量意识、职业道德及技术能力的发挥。这两方面的约束机制是质量控制系统正确运行的保障。自我约束能力要靠提高员工素质，加强质量文化建设等来形成；外部监控效力则需严格执行有关建设法规来保证。

（3）控制系统运行的反馈机制

工程项目质量控制系统的运行状态和运行结果信息，需要及时反馈来对系统的控制能力进行评价，以便使系统控制主体进一步做出处理决策，调整或修改系统控制参数，达到预定的控制目标。对此，质量管理人员应力求系统反馈信息准确、及时和不失真。

3. 服务质量控制

工程服务质量控制是指监测、评估和改善服务质量以满足客户期望的过程。它涉及识别和衡量服务质量的各个方面，并实施策略以提高性能。工程服务质量是衡量工程服务满足客户期望和要求的程度，它涉及可靠性、响应能力、有效性、安全性和客户满意度等要素，通过建立明确的流程、聘用合格人员、持续监控绩效并根据反馈进行改进，可以提高工程服务质量，从而提高客户满意度、增强声誉、降低风险和提高竞争力。

2.4 质量管理统计方法和应用

工程质量管理统计方法和应用是指在工程项目中应用统计学原理和方法，通过数据收集、分析和解释，评估和改进工程质量的过程。它涉及建立合适的质量指标体系、收集和分析工程数据、进行故障分析与预防、评估过程能力以及应用控制图等方法。这些方法和应用的目标是提高工程质量的可靠性、稳定性和一致性，确保工程项目按照规定要求进行，并及时采取改进措施以减少质量风险。通过统计分析和数据驱动的方法，工程质量管理可以更加科学和有效地监控和管理工程质量，促进工程项目的成功实施。工程质量管理统计方法和应用可以涵盖以下方面：

1. 建立质量指标体系

建立适合工程项目的质量指标体系，明确各项指标的定义和计量方法。这些指标可以包括工程结构的尺寸精度、材料的物理性能、施工工艺的合规性等等。通过对这些指标进行统计分析，可以评估工程质量的达标情况，并及时采取措施进行改进。

2. 数据收集和分析

收集工程项目中产生的各项数据，并进行统计分析。可以利用统计方法计算平均值、标准差、偏度、峰度等统计指标，了解数据的分布情况和变异程度。同时，还可以应用回归分析、相关分析等方法，探索不同因素之间的关系，并找出对工程质量影响较大的关键因素。

3. 故障分析与预防

通过故障分析方法，如故障树分析（Fault Tree Analysis，FTA）和事故模式与影响分析（Failure Mode and Effects Analysis，FMEA），识别潜在的故障模式和影响，以及导致故障的根本原因。通过分析故障数据和相关信息，可以采取相应的预防控制措施，从而提高工程质量的可靠性和稳定性。

4. 过程能力评估

利用过程能力指数和过程能力指数偏差等指标，对工程施工过程的能力和稳定性进行评估。通过分析过程的实际产出与规定要求之间的差异，判断过程是否能够满足质量标准，并采取相应的改进措施。

5. 控制图应用

应用控制图对工程项目中的关键过程参数进行实时监控。例如，通过绘制均值图和范围图，可以判断过程是否处于控制状态，并及时采取纠正措施。控制图的应用可以帮助识别特殊因素和异常情况，确保工程质量的稳定性和一致性。

2.4.1　工程质量统计指标

工程质量统计指标是用于评估和监控工程项目质量的量化指标。这些指标可以帮助工程团队了解工程质量的水平、变异程度以及与规定要求的符合程度。以下是一些常见的工程质量统计指标：

1. 均值（Mean）：用于表示一组数据的平均值，通过计算数据的总和并除以数据的数量得到。标准差（Standard Deviation）：用于度量数据的离散程度或变异程度。标准差越大，表示数据的离散程度越高。偏度（Skewness）：用于描述数据分布的偏斜程度。正偏度表示数据分布向右偏离，负偏度表示数据分布向左偏离。峰度（Kurtosis）：用于描述数据分布的峰态或尖锐程度。峰度高表示数据分布较为集中，峰度低表示数据分布较为平坦。过程能力指数（Process Capability Index，Cp）：用于评估工程过程是否能够满足规定的质量要求。Cp 值大于 1 表示过程能够满足要求。过程能力指数偏差（Process Capability Index Deviation，Cpk）：考虑了过程中心偏移的影响，用于评估工程过程的能力和稳定性。

2. 总体：一定目的下研究的整体，是由客观存在的具有相同性质的许多个别要素组成的集合。构成总体的个体就是总体单位。当总体单位数可以计数时，称之为有限总体。反之，当总体单位数很多且无法计数时，称之为无限总体。对于有限总体可以根据具体情况选择统计方法；对于无限总体只能采用抽样的方法进行推断。对于单位数很多的有限总体，也可以视为无限总体，通过抽样方法加以估计。总体单位的总数称为总体容量，通常用 N 表示。

3. 样本：从总体中随机抽取的部分单位的整体，它是总体的一个子集。样本中所包含的单位数量称为样本容量，通常用 n 表示。样本个数即样本可能的数目。一个总体有多少个可能样本数，统计量就有多少种取值。因此样本个数取决于样本容量和抽样方法。

4. 指标：综合反映总体数量特征的范畴，由指标名称和指标指数组成。按指标数值的表现形式不同，可以将指标分为绝对数指标、相对数指标和平均数指标。绝对数指标是反映客观现象总体规模和水平的指标。相对数指标是反映客观现象总体之间数量联系及其内部结构的指标（如产品合格率）。而反映客观现象总体一般水平的指标则是平均数指标。质量指标是反映客观现象相对水平或一般水平的指标。

5. 变量：可以取不同值的量。可变的统计指标就是变量。变量按其所受影响因素不同可分为确定性变量和随机变量。确定性变量是受确定性因素影响的变量，其变量值将发生多大的变化及变化的方向均可确定。随机变量是受不确定性或偶然因素影响的变量，其变量值变化的大小及方向无法准确确定。

6. 统计量：根据样本数据计算的指标，是样本的一个不依赖于任何未知参数的量，通常用小写字母表示。如样本均值、样本标准差等。参数是反映总体的指标，基本上是由样本统计量推断而得，通常用大写字母表示，如总体均值、总体标准差等。

通过以上方式收集的质量数据是分散、零碎的，很难找出其规律性。因此，还必须根据统计研究的目的，将收集到的质量数据进行加工整理，使之系统化、条理化，并以图或表的形式描述出来。

质量统计数据的收集方法主要有：

（1）全数检验

全数检验是对总体中的全部个体逐一观察、测量、计数、登记，从而获得对总体质量水平进行评价的方法。全数检验能提供大量的质量信息，一般情况下是比较可靠的，但它需要消耗很多的人力、物力、财力和时间。这种方法不能用于具有破坏性的检验和过程的质量控制，因此，在应用上具有一定的局限性：在有限总体中，对于重要的检测项目，如果可以采用不破坏检验方法时，可选用全数检验方案。

（2）抽样检验

抽样检验是指按照随机原则，从统计总体中抽取一定数量的单位作为样本，进行调查检测，用以推断总体质量水平的方法。常用的抽样检验方法如下：

① 简单随机抽样

简单随机抽样又称纯随机抽样，是最基本的抽样组织方式，它对总体单位不进行任何分组和排队，而是随机地直接从总体中抽取样本单位。一般的做法是对全部个体进行编号，然后采取抽签、用随机号码表等方法确定中选号码，选中的个体即为样品。这种方法理论上最符合随机原则，但实际应用时对每个个体进行编号、抽签几乎是不可能同时的，当总体离散程度较大时，这种抽样方法会造成很大的误差。

② 分层抽样

分层抽样又称分类抽样或类型抽样，是指先按某一标志将主体分成若干组，然后再从各组中随机抽取若干个单位组成样本的方法，分层抽样的前提条件是对总体事先有一定的认识，了解与所研究变量值关系密切的相关信息以此作为分类的标准。分层抽样将差异较大的总体划分为若干个内部差异较小的子总体，再从各子总体中抽取样本单位，从而有利于提高样本的代表性，能得到比简单抽样更为准确的结果，在实际工程中应用较广。

③ 系统抽样

系统抽样又称等距抽样、机械抽样，是先将总体单位按一定顺序排队，计算出抽样间隔，然后按固定的顺序和间隔抽取样本的方法。例如：假设总体有单位 N，将总体各单位依次排队，然后依固定顺序和间隔，按样本容量 n 将所有总体单位 N 分为 i 个相等的部分（抽样距离），这时每个部分有 $K = N/n$ 个个体。再用随机抽样方法确定在每个部分中的抽样序号（$i = 1, 2, 3, \cdots, k$）从每个部分的在个单位中抽取排序为 i 的那一个单位组成一种抽样形式。

④ 整群抽样

整群抽样也称集团抽样。它是将总体按自然形态分为若干群，并从中抽取样品群组成样本，然后在中选群中进行全数检验的方法。前面三种抽样方法都是从总体中逐个地抽取单位组成样本，而整群抽样则是一群群地从总体中抽取单位组成样本。所以，当检验单位很集中时，采用整群抽样可以大大简化抽样的组织工作，节省人力、物力、财力和时间。但是，由于整群抽样选取单位比较集中，样本单位在总体中的分布不够均匀，所以，在其他条件相同的情况下，整群抽样的样本代表性可能较差。这可以通过增加抽选群数、减少每群内总体单位数的方法来弥补。

⑤ 多阶段抽样

多阶段抽样是指把抽样过程分为若干个阶段，通过多个阶段抽样后才产生完整的样本的抽样方法。它是将各个阶段的抽样方法结合使用，通过多次随机抽样来实现的抽样方法。多阶段抽样方法在大规模抽样调查中应用较多，但组织工作复杂，推断计算也较麻烦，在实行多阶段抽样时，各阶段采用的抽样方式可以相同，也可以不同，但必须使样本尽可能具有充分的代表性。

2.4.2   质量统计分析方法

在生产现场，存在构件、原材料、设备参数、产量、合格率等各种数据，统计方法就是基于这些数据进行质量波动分析、控制和改进提高的活动。在质量管理的各种统计方法中，许多数学方程式的计算是困难而复杂的，但如果能正确使用一些常用且容易实施的统计工具，就可以避开较为复杂的数学计算而进行客观判断。

近些年来随着施工技术的不断改进，总结出了新的建筑工程质量统计的方法，我们称为"7种"方法，不管什么方法都是为了确保工程质量，从而控制施工时间以及工期，保证工程不出现过大的偏差。统计技术的作用包括 4 点：①可帮助测量、表述、分析在产品寿命周期的各个阶段中客观存在的变异；②通过对数据的统计分析，能更好地理解变异的性质、程度和原因，有助于解决因变异引起的问题；③有助于提高质量管理体系的有效性和管理效率；④有利于更好地利用数据并作为决策的依据。

1. 排列图统计方法的使用

有的工程采用排列图法进行统计（图 2-1），可以有效地寻找影响质量主次因素，在实际工程应用中，按收集数据的累计频率可分为 A 类（0～80％）、B 类（80％～90％）、C 类（90％～100％）这 3 个部分，A 类因素称为主要的因素，B 类因素称为次要的因素，C 类因素称为一般的因素。先在实际情况中去整理收集数据，然后根据整理的数据来绘制排列图，最后判断哪些为 A 类因素，哪些为 B 类因素，哪些是 C 类因素。排列图由 2 个纵坐标、1 个横坐标、几个长方形和 1 条曲线组成。左侧的纵坐标是频数或件数，右侧的纵坐标是累计频率，横轴则是项目（或因素），按项目频数的大小顺序在横轴上自左而右绘制长方形，其高度为频数，根据右侧纵坐标绘制出累计频率曲线。

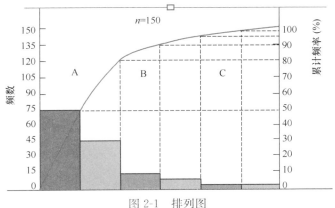

图 2-1   排列图

绘制排列图时的注意事项：

（1）左侧的纵坐标可以是件数、频数；

（2）要注意分层，主要因素不要超过 3 个，否则没有抓住主要矛盾；

（3）可以将频数很少的项目归入"其他"项并将其放在最后，以免横轴过长；

（4）针对 A 类因素采取措施后，需收集数据并重新绘制排列图，若新排列图与原排列图主次换位，总质量缺陷率有所下降，说明措施得当，反之说明措施不力，未取得预期的效果，应进一步改进。

2. 因果分析图法的使用

可以用因果分析图来表示某一分部工程与分项工程的因果关系，这个图形绘制出来很像一个鱼骨，所以也称鱼骨图，建筑工程有复杂性且周期长，所以工程中有很多分项容易被忽略，各分项工程与分部工程关系复杂，不容易梳理出来，利用鱼骨图不但可以一目了然，而且因果关系非常明了，有很多监理工程师常常在实际工程中运用这一方法来进行质量控制。因果图的绘制：将要分析的问题放在图形的右侧，用一条带箭头的主线指向要分析的主要问题，一般从影响质量的五大要素（人、机器、材料、方法、环境）进行分析。要找到解决问题的办法，还需要对各要素作进一步的分解，寻找中原因、小原因或更小原因，它们之间的关系也用带箭头的线表示（图 2-2）。

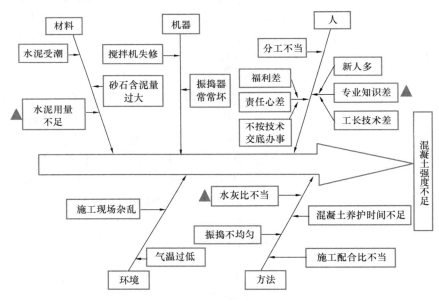

图 2-2　因果分析图

使用因果分析图应注意 3 个事项：

（1）由于因果分析图一般用于生产一线，要召集有关人员（操作者、班组长、质量检查员、技术人员、设备保养人员等）开会，广泛征集并采纳生产第一线人员的意见，以取得好的效果。

（2）原因分析要尽可能细，细到便于采取措施。

（3）可采取措施的主要原因一般为 3~5 个，根据质量统计资料决定，在集思广益的基础上确定。主要原因应用特定的标记表示出来。

3. 直方图法

直方图法即频数分布直方图法，它是将收集到的质量数据进行分组整理，绘制成频数分布直方图，用以描述质量分布状态的一种分析方法，所以又称质量分布图法。通过直方图的观察与分析，可了解工程质量的波动情况，掌握质量特性的分布规律，以便对质量状况进行分析判断。同时可通过质量数据特征值的计算，估算施工生产过程总体的不合格产品率，评价过程能力等。该图是对数据加工整理、观察分析和掌握质量分布规律、判断生产过程是否正常的有效方法。直方图还可用来估计工序不合格率的高低、制定质量标准、确定公差范围、评价施工管理水平。以大型模板边长尺寸误差的测量为例，可按分组范围，统计各组的频数，根据统计数据，可绘制出直方图(图 2-3)。

对直方图的分布状态进行分析，可以判断生产过程是否正常，质量是否稳定，一般呈现 7 种状态分布。

（1）对称分布（正态分布）。说明生产过程正常，质量稳定。

（2）偏态分布。一般形位公差分布是偏态分布，属于正常生产情况，但由于技术上、习惯上的原因而出现大的偏态分布，属于异常生产情况。

（3）锯齿分布。造成这种状态的原因可能是分组的组数不当、组距不是测量单位的整数倍，或测试时所用方法和读数有问题。

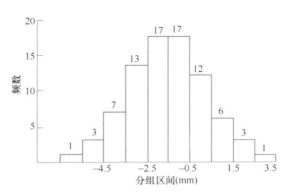

图 2-3　直方图

（4）孤岛分布。这种状态往往是不熟练工人替班造成的。

（5）陡壁分布。往往是剔除不合格品、等外品或超差返修造成的。

（6）双峰分布。将 2 种不同分布混在一起检查的结果（如果把 2 台设备或 2 个班组的数据混在一起就会出现这种情况）。

（7）平峰分布。这是生产过程中有缓慢变化的因素起作用的结果。

绘制直方图及观察分析直方图时，应注意 4 个问题：直方图是静态的，不能反映质量特性动态的变化。绘制直方图时，数据不能太少，一般应大于 50 个，否则难以正确反映总体的分布状态。当直方图出现异常，特别是出现双峰分布时，应注意将收集的数据分层，然后分别绘制直方图进行分析。直方图呈正态分布时，为了得到更多的信息，可以计算出样本的平均值和样本的标准偏差。

4. 分层法

分层法又叫分类法，是将调查收集的原始数据，根据不同的目的和要求，按某一性质进行分组、整理的分析方法。分层的结果使数据各层间的差异突出地显示出来，层内的数据差异减小了，在此基础上再进行层间、层内的比较分析，可以更深入地发现和认识质量问题的原因。由于产品质量是多方面因素共同作用的结果，因而对同一批数据，可以按不同性质分层，使我们能从不同角度来考虑、分析产品存在的质量问题和影响因素。分层法是质量控制统计分析方法中最基本的一种方法。其他统计方法一般都要与分层法配合使用，如排列图法、直方图法、控制图法、相关图法等，常常是首先利用分层法将原始数据分门别类，然后再进行统计分析。

5. 控制图法

控制图又称管理图，它是直角坐标系内画有控制界限，描述生产过程中产品质量波动状态的图形。利用控制图区分质量波动原因，判明生产过程是否处于稳定状态的方法称为控制图法。其用途为：过程分析，即分析生产过程是否稳定，应随机连续收集数据，绘制控制图，观察数据点分布情况并判断生产过程状态；过程控制，即控制生产过程质量状态，要定时抽样取得数据，将其变为点子描在图上，发现并及时消除生产过程中的失调现象，预防不合格的产品产生。

6. 统计调查表法

统计调查表法又称统计调查分析法，它是利用专门设计的统计表对质量数据进行收集、整理和粗略分析质量状态的一种方法。在质量控制活动中，利用统计调查表收集数据，简便灵活，便于整理，使用有效。它没有固定的格式，可根据具体的需要和情况，设计出不同的调查表。常用的有分项工程作业质量分布调查表、不合格项目调查表、不合格原因调查表、施工质量检查评定用调查表。统计调查表一般同分层法结合起来应用，可以更好、更快地找出问题的原因，以便采取改进的措施。

7. 相关图法

有关图又称散布图，在质量控制中它是用来显示两种质量数据之间关系的一种图形。质量数据之间的关系多属相关关系，一般有三种类型：一是质量特征和影响因素之间的关系；二是质量特性和质量特性之间的关系；三是影响因素和影响因素之间的关系。用质量特性值和影响因素，通过绘制散布图，计算相关系数等，分析研究两个变量之间是否存在相关关系，以及这种关系密切程度如何，进而对相关程度密切的两个变量，通过对其中一个变量的观察控制，去估计控制另一个变量的数值，以达到保证质量的目的。

在应用统计方法时，应注意以下几点：

（1）正确把握事实，不能忽略每天现场工作的琐碎细节，应视为质量改进的基础数据严肃对待，通过因果分析图找到产生质量问题的各种原因以便采取措施加以纠正，通过直方图可以预测或判断生产是否正常，但在实际应用中一定要强调数据的收集及准确性。"一切用数据说话"是质量控制的原则之一，数据是进行质量控制的基础。为了将收集的数据变为有用的质量信息，必须对数据进行整理，经过统计分析发现存在的质量问题和原因，以便采取相应的对策与措施，使工程质量处于受控状态，以实现工程质量的持续改进和提高，确实让统计技术成为我们质量管理中的有力工具。

（2）采取措施应以数据为基础，验证措施效果也应用数据"说话"。工程质量控制的统计分析方法是否可行、完善、切合实际，具体内容应具体分析，在进行统计分析的过程中，其使用的方法、程序、步骤，须与工程的进度、质量结合起来，总共有多少工作量，一步步如何统计分析须表述清楚；从而进一步提出保证工程质量、进度、安全保障等的措施，使方案成为真正能够指导工程的一个文件。

（3）正确选择统计方法，且应考虑需要获取数据的多少以及范围。

2.5　工程项目质量控制的智能化措施

工程项目质量控制的智能化措施是指利用先进的信息技术和智能化工具来提升质量管理效率和质量控制水平。这些措施包括数据分析和预测、智能巡检和监测、质量管理软件和平台、虚拟仿真和模拟、自动化施工和质量控制，以及智能质量检测设备等。通过数据分析和预测，工程项目可以收集和分析大量的数据，利用数据挖掘和机器学习等技术，发现潜在的质量问题和趋势，并预测可能出现的风险和异常情况，这有助于及时采取相应的措施，防止质量问题的发生或进一步扩大。智能巡检和监测利用传感器、无人机、机器视觉等技术，实现对工程项目的实时巡检和监测。智能巡检设备可以自动收集和分析数据，并通过图像识别、结构健康监测等功能，快速发现结构缺陷、材料问题等质量隐患，从而提前采取纠正措施。质量管理软件和平台的应用可以实现工程项目质量管理的信息化和集中化。这些软件和平台涵盖质量计划管理、问题追踪、文档管理、协作和沟通等功能，提供全面的质量管理支持，使得工程项目的质量控制更加规范和高效。虚拟仿真和模拟技术在工程项目的设计和规划阶段发挥作用。通过建立数字模型和进行虚拟测试，可以预测和评估不同设计方案或施工方法的质量效果，并减少实际施工过程中的错误和调整，从而提高工程项目的整体质量。自动化施工和质量控制引入自动化设备和机器人技术，提高施工过程的质量控制和一致性。自动化设备能够进行精确的混凝土浇筑、焊接和装配，减少人为因素对质量的影响，提高施工精度和效率。智能质量检测设备则利用智能化的传感器、无损检测设备等，实时监测和评估工程项目的质量状况。这些设备能够自动收集数据，并通过算法和模型进行实时分析和判断，提供准确的质量评估结果。总而言之，工程项目质量控制的智能化措施利用先进的信息技术和智能化工具，提高了质量管理的效率、准确性和可靠性。这些措施使得工程质量管理更加科学化、精细化，有助于提升工程项目的整体质量水平，并确保项目能够按时交付高质量的成果。

2.6　工程项目质量验收的智能化措施

1. 质量验收的概念

工程项目质量的评定验收，是对工程项目整体而言，工程项目质量的等级分为"合格"和"优良"，凡不合格的项目不予验收，凡验收通过的项目必有等级的评定。因此，对工程项目整体的质量验收，可称为工程项目质量的评定验收，或简称工程质量验收。

工程质量验收可分为过程验收和竣工验收。过程验收按项目阶段分，有勘察设计质量验收、施工质量验收；按项目构成分，有单位工程、分部工程、分项工程和检验批四种层次的验收，其中检验批是指施工过程中条件相同并含有一定数量材料、构配件或安装项目的施工内容，由于其质量基本均匀一致，所以可作为检验的基础单位并按批验收。与检验批有关的另一个概念是主控项目和一般检验项目。主控项目是指对检验批的基本质量起决定性影响的检验项目，一般项目检验是除主控项目以外的其他检验项目。

施工质量验收是指对已完工的工程实体的外观质量及内在质量按规定程序检查后，确认其是否符合设计及各项验收标准要求的质量控制过程，也是确认是否可交付使用的一个重要环节。正确地进行工程施工质量的检查评定和验收是保证工程项目质量的重要手段。

2. 质量验收项目的划分

为了便于施工质量的检验和验收，保证施工质量符合设计、合同和技术标准的规定，同时也更有利于衡量承包单位的施工质量水平，全面评价工程项目的综合施工质量。

施工质量验收属于过程验收，其程序包括：

（1）施工过程中隐蔽工程在隐蔽前通知建设单位（或工程监理）进行验收，并形成验收文件。

（2）分部分项施工完成后应在施工单位自行验收合格后，通知建设单位（或工程监理）验收，重要的分部分项应请设计单位参加验收。

（3）单位工程完工后，施工单位应自行组织检查、评定，符合验收标准后，向建设单位提交验收申请。

（4）建设单位收到验收申请后，应组织施工、勘察、设计、监理单位等方面人员进行单位工程验收，明确验收结果并形成验收报告。

（5）按国家现行管理制度，房屋建筑工程及市政基础设施工程验收合格后，尚需在规定时间内，将验收文件报政府管理部门备案。

3. 施工质量的评定验收

（1）分部分项工程内容的抽样检查

分项工程所含的检验批的质量均应符合质量合格的规定，分部（子分部）工程所含分项工程的质量均应验收合格，单位（子单位）工程所含分部工程的质量均应验收合格。

（2）施工质量保证资料的检查

包括施工全过程的技术质量管理资料，其中又以原材料、施工检测、测量复核及材性试验资料为重点检查内容。

（3）主要功能项目的抽查

使用功能的抽查是对建筑工程和设备安装工程最终质量的综合检验，也是用户最为关心的内容。因此，在分项分部工程验收合格的基础上，竣工验收时应再做一定数量的抽样检查，抽查结果应符合相关专业质量验收规范的规定。

（4）工程外观质量的检查

竣工验收时，须由参加验收的各方人员共同进行外观质量检查，可采用观察、触摸或简单测量的方式对外观质量综合给出评价，最后共同确定是否通过验收。

4. 质量验收的智能化措施

智能建筑是指通过对建筑物的结构、系统、服务和管理四项基本要求以及它们之间的内在联系进行最优化，提供一个投资合理的，具有高效、舒适、便利的环境的建筑物。要想建成高水准的智能建筑，需要相当周密、谨慎、全面的设计和计划，需要多专业、多学科、多工种的共同努力与配合，作为智能系统赖以依靠的建（构）筑物本身，则需要在设计中考虑对智能系统的支持与适应，为智能系统发挥最大潜能奠定良好的基础。智能建筑工程的出现对建筑设计、施工和管理提出了新的更高的要求，这里存在着建筑工程领域设计、施工、监理、管理等单位对智能建筑工程及其产品、设计方法以及集成思想等诸多方面的熟悉、理解和掌握的问题，但是同时存在着系统集成商对建筑工程的陌生，对智能建筑工程从勘察、设计、产品应用、工程实施、系统功能的实现等这样一个庞大的系统工程的认识，以及与建筑结构的物理接口和如何通过建筑环境来实现信息化、智能化系统的功能等问题。系统集成商作为进入建筑行业的新军已成为必然，然而大部分集成商从电信、信息、工业控制等产业进入建筑行业后才发现，只是掌握了新产品和新技术不等于能做好智能建筑工程，工程有其自身的规律和其深刻的内涵，包括其技术内涵和管理内涵。工程要包括现场勘查、工程设计、工程实施、各方接口、质量控制、系统调试、完整的工程文档、试运行符合规范的工程验收、维护和服务等诸多环节，遵循工程的规律，遵守工程的规范，符合工程设计的要求，严格进行工程的验收，保证工程质量，才有可能做出好的工程。将智能建筑工程纳入建筑工程统一标准，其指导性明确，意义深远。将智能建筑工程当作工程来做，引入建筑工程管理的理念，规范管理，加强工程质量控制及法制化管理，对智能建筑工程的发展都会起到重要的作用。

智能建筑的好坏绝不是单单由设备的优与劣决定的，智能化水平的高低与建筑的设计、施工、运营、服务等方面息息相关。工程项目质量验收的智能化措施可以包括以下几个方面的应用：

智能检测设备：利用智能化的检测设备进行施工过程中的质量监测和验收。这些设备可以通过传感器、摄像头、激光扫描等技术手段，实时获取施工现场的数据和图像，并进行自动化分析和评估。例如，智能激光扫描仪可以用于快速获取工程结构的三维形状和尺寸信息，与设计模型进行比对，检测是否存在偏差和缺陷。

数据分析和决策支持系统：利用数据分析和决策支持系统对施工过程中的数据进行整合和分析，帮助评估工程项目的质量。这些系统可以通过机器学习和人工智能算法，识别出潜在的质量问题和风险，并提供相应的决策支持。例如，通过对施工过程中的传感器数据进行实时监测和分析，可以及时发现异常情况，并采取措施进行调整和修正。

虚拟现实和增强现实技术：利用虚拟现实和增强现实技术进行质量验收的辅助。虚拟现实技术可以创建逼真的虚拟施工场景，使验收人员能够在虚拟环境中进行模拟操作和检查，以评估工程项目的质量。增强现实技术可以将虚拟对象叠加到真实场景中，提供实时的指导和反馈，帮助验收人员准确判断和评估质量。

无人机和遥感技术：利用无人机和遥感技术进行工程项目的巡检和监测。无人机可以搭载高分辨率相机或激光扫描仪，对工程项目进行航拍和三维扫描，获取大范围、高精度的数据和图像。遥感技术可以利用卫星或航空平台获取工程项目的遥感影像，用于监测施工进度、土地利用变化、环境影响等方面的质量验收。

这些智能化措施能够提高工程项目质量验收的效率和准确性，减少人为主观因素的干扰，提升工程质量的监控和管理水平。然而，在应用智能化措施时，仍需综合考虑技术的可行性、成本效益以及人员培训等因素，确保其能够有效支持和促进工程项目的质量验收工作。

5. BIM 应用与成本化管理

现场施工管理是建筑工程管理的核心工作，在电子信息技术的应用下，可以通过在施工现场布置传感器、高清摄像设备，实现对施工现场的动态监管，解决传统现场施工管理人员不足、巡检不到位的问题。在完成基础数据采集后，可以利用 BIM 技术构建 3D 建筑模型，并添加构件属性信息，随时掌握现场施工情况。目前较为成熟的 BIM 应用软件也具有较强的智能化处理功能，包括碰撞检测、结构优化功能等，可以为现场施工提供科学指导。还可以通过加入成本要素、进度要素，构建 5D 管理模型，确保建筑工程施工管理工作的全面开展。此外，在电子信息与智能化技术的支持下，可以有效提升各部门人员的沟通效率，包括施工班组、设计单位、监理单位等。针对实际施工中出现的问题，通过由相关技术人员共同协商解决方案，可以确保现场施工的顺利进行。

在市场化发展趋势下，现代建筑工程建设活动越来越强调成本控制的重要性。只有实现预期的成本目标，才能确保工程建设效益，从而促进建筑企业的健康发展。但是在传统技术条件下，开展建筑工程成本控制管理面临着许多不可控的影响因素，容易出现成本损失。通过采用电子信息与智能化技术，从投资估算阶段开展，对建筑工程成本进行合理分析，综合考虑政策、市场、实际施工等各方面影响因素，制定科学的成本计划，有利于提升建筑工程利润水平。在实际操作过程中，可以通过采用专用信息技术软件，开展预算和结算工作，并比较出现的偏差，利用大数据技术深入分析原因，找到成本控制改进措施。其中，材料成本在建筑工程成本中占比较高，一般占总成本的70%以上。在先进的信息技术支持下，可以实现对各类材料的限额管理，综合运用物联网、射频识别等技术，实现对材料利用过程的有效监管，从而减少不必要的材料成本浪费。

安全生产监督管理是建筑工程管理的重中之重，而且建筑工程施工本身具有较高的安全风险，涉及高处作业、带电作业、大型机械设备作业等多种危险施工作业项目。在电子信息与智能化技术的应用下，可以对施工现场安全防护水平进行综合评价，采用建模方法反映施工现场的安全部署情况，包括临边安全护栏、安全网的设置，临时用电线路部署情况，大型机械设备作业面划分情况等，从而提前发现安全隐患，采取调整措施。另一方面，电子信息技术可以为建筑工程安全教育培训工作的开展提供有力支持。通过采用先进的VR技术，让施工人员通过模拟操作，提前认识在实际施工中可能出现的风险问题，并引导其掌握正确的施工操作方法，提高自身安全防护能力。安全管理人员在开展安全监督工作的过程中，可以实现远程监管，并利用移动通信设备，及时对现场施工进行指导，全面提升建筑施工安全水平。

在建筑工程质量验收工作的开展过程中，需要全面搜集相关资料，包括施工图纸、现场勘察资料、现场施工记录、各种签证文件等。特别是在隐蔽工程质量验收工作中，必须确保资料的完整性才能通过审批。以往在质量验收工作的开展过程中，容易因资料搜集整理不及时、不完整，影响验收工作正常开展。在电子信息与智能化技术的应用下，不仅可以实现对各类文件资料的高效管理，还可以通过现场摄像等方式，对施工过程进行真实记录，为质量验收提供更加丰富的参考依据。施工单位还可以自行开展预验收工作，提前发现问题，避免出现大规模的工程变更。

6. 电子信息技术

质量验收是保障建设工程质量的主要手段，但因质量验收手段的滞后传统，部分工程质量验收效果不佳，影响到后期建筑使用寿命。而施行电子信息技术后，可实现质量验收水平的提升，进而实现对工程建设的质量保障。例如开展混凝土结构质量验收，作为建筑工程主体，混凝土结构质量的验收关乎建筑整体质量，并且当前混凝土结构质量有着更高的技术标准与要求。而通过应用电子信息技术，可依托于逻辑器件编程，将混凝土结构相关参数导入程序中，实现利用计算机软件进行混凝土结构参数的科学性、准确性计算，判断混凝土结构各项参数是否符合标准技术要求，达到质量验收强化开展的目的。分析当前建筑工程建设，工程审计在建设全过程中均有体现，该工作主要内容体现为对工程竣工财务情况的全面审计以及工程造价审计等；主要作用体现为对工程建设的全过程进行资金审计与监控，判断建设周期内是否存在资金浪费、虚假资金支出、预算超标等问题。以现代建筑工程信息管理系统的应用为例，系统包括项目成本控制功能，具体涵盖对发货单控制与支付记录、成本预算与投标书的比较；成本问题的分析与解决；现金流预测；变更通知估算与控制；成本类别划分与数据输入；成本与估算记录的档案文件等功能。纵观现阶段建筑工程事业发展，高层、超高层建筑项目数量逐年增多，这就使得工程审计任务量、难度增大，复杂性不断提高。如何开展高质量工程审计，成为各个建设企业关注的问题。而通过施行电子信息技术，可实现借助仿真、大数据技术来提升工程水平。结合工程建设情况的分析，构建全面且完善的工程数据库。以工程参数为依据，借助仿真技术构建工程审计模型，在保障工程审计高效率开展的同时，提升审计结果的真实性与精准性。例如工程竣工结算模型的构建，依据对合同信息、技术条件等方面的分析，融合竣工决算、成本核算、结算期望值、技术经济分析等要素构建结算模型，实现依托模型提升工程竣工结算水平。工程管理是保障建筑工程顺利施工建设的重要手段，而因工程管理手段的滞后传统，当前工程管理仍存在管理不到位、不全面、不及时的问题，无法满足工程建设的实际需求。而借助电子信息技术构建完善工程管理系统，可实现对工程管理水平的显著提升，依据工程实际情况开展全周期动态管理，对工程施工全过程开展高质量管理，第一时间发现并解决工程施工中存在的问题及其安全隐患，在合理控制施工进度的同时，保障工程建设质量与安全。

智能化、电子信息技术应用于建筑工程建设，可实现工程设计、工程管理水平的大幅度提升，为工程建设质量提供保障。所以，企业需加大对智能化、电子信息技术的应用力度，以期对建筑工程进度与质量进行合理控制，帮助企业创造更大经济效益，并为建筑行业智能化、自动化、科技化发展作出贡献。

7. 智能监控

多种因素的存在使得现阶段工程建设仍有潜在的安全隐患，而依托于智能化技术构建全面智能化监控系统，可实现对建筑工程安全隐患的全面排查。具体施工中，智能监控系统会依托于监控设备，进行工程施工情况的全天候拍摄，所拍摄图像信息会通过线路传送至控制中心，然后通过中央控制模块将拍摄的视频数据存储于数据库中。通过智能监控系统的应用，可实现对施工现场实时情况的管理与监督，明确施工具体进度、监督施工人员相关工艺技术的应用，通过对现场情况的随时调取，达到有效排查和消除现场安全隐患的目的。例如在某市级行政服务中心项目中引入智慧工地监管平台，采用云计算、物联网、移动互联、人工智能等新技术，并依托"数字中台"，将工地人、物、场接入云端，有效打通并沉淀工地各个环节的数据，用互联网思维重构工地场景中的工作方式，从而更智慧地服务于政府监管部门、业主单位、施工单位、建筑工人。在工程建设期间，可借助智能化技术构建智能通信网络来实现信息的快速、高效传递。依托传感器、物联网技术对突发事件实行预警的云控机制，设置应急处置预案标准流程，联动现场感知设备，及时排除安全隐患，降低安全事故的发生率，实现资源整合、科学决策、智慧化管理。同时为人员进行施工管理、施工信息的交流提供平台，进一步提升信息传递的及时性与高效性，避免出现因信息传递不及时而影响建筑工程质量的情况。智能通信网络的运行需要依托计算机设备，运行期间利用计算机进行网络信息的转换，然后再借助计算机将完成转换的数据传送到各个区域。此外，智能监控系统可通过智能通信来构建完善且全面的监控网络，将原本分散化的智能监控进行结合，为建筑不同区域开展高质量的内部通信打下良好基础。传统办公的形式无法适用于现代化建筑工程施工，无法为工程建设质量的控制提供保障。而依托于智能化技术实施智能化办公，可实现传统办公方式的转变，大幅度缩减人员工作量，提升人员办公精准性与合理性。所谓智能化办公，是指借助网络技术、智能技术构建智能化的网络办公环境，进一步提升办公系统的自动化、智能化、高效化以及规范化。避免在办公期间因人为因素导致操作失误。针对办公智能化系统的构建，具有信息准备、保存、分发、输入、处理、传播等功能。若为室内办公环境，智能化办公系统的构建，可提升综合布线效果，在接头、插座设置方面更为灵活与便捷。

思考与练习 🔍

一、单选题

1. 哪一项不是工程项目设计质量控制的阶段？（　　　）

    A. 项目的决策阶段　　　　　　　　　B. 项目的勘察阶段

    C. 项目的总体规划和设计阶段　　　　D. 竣工阶段

2. 哪一项不是工程质量的预控关键步骤？（　　　）

    A. 质量规划　　　　　　　　　　　　B. 设计审查

    C. 施工图预算　　　　　　　　　　　D. 材料和设备控制

3. 如何加强质量管理技术措施？（　　　）

    A. 加强安全教育宣传　　　　　　　　B. 加强质量意识宣传

    C. 提高监管水平　　　　　　　　　　D. 协调施工组织

4. 哪一项不是施工质量持续改进理念包含的阶段？（　　　）

    A. 渐进过程　　　　　　　　　　　　B. 主动过程

    C. 有效过程　　　　　　　　　　　　D. 分项过程

5. 工程质量管理统计方法和应用中，（　　　）是通过分析故障数据和相关信息，采取相应的预防控制措施，从而提高工程质量的可靠性和稳定性。

    A. 故障分析与预防　　　　　　　　　B. 建立质量指标体系

    C. 数据收集和分析　　　　　　　　　D. 过程能力评估

6. （　　　）可以用来表示某一分部工程与分项工程的因果关系，这个图形绘制出来很像一个鱼骨，所以也称鱼骨图。

    A. 排列图　　　　　　　　　　　　　B. 因果分析图

    C. 直方图　　　　　　　　　　　　　D. 控制图

7. （　　　）可以利用卫星或航空平台获取工程项目的遥感影像，用于监测施工进度、土地利用变化、环境影响等方面的质量验收。

    A. 虚拟现实和增强现实技术　　　　　B. 智能检测设备

    C. 无人机遥感技术　　　　　　　　　D. 数据分析和决策支持系统工程

8. 智能建筑工程检测验收现存的主要问题是（　　　）。

    A. 专业的技术人员稀缺　　　　　　　B. 涉及范围广

C. 设计有缺陷　　　　　　　　　　　D. 检测项目复杂

9. 直方图的分布状态(　　)属于异常状态。

A. 正态分布　　　　　　　　　　　　B. 偏态分布

C. 平峰分布　　　　　　　　　　　　D. 双峰分布

10. 控制系统运行机制中(　　　)需要通过及时反馈来对系统的控制能力进行评价，以便使系统控制主体进一步做出处理决策，调整或修改系统控制参数，达到预定的控制目标。

A. 控制系统运行的约束机制　　　　　B. 控制系统运行的反馈机制

C. 控制系统运行的动力机制　　　　　D. 控制系统运行的检测机制

二、简答题

1. 质量统计指标是什么？

2. 智能化验收措施有哪些？举例说明。

3. 说一说你身边有哪些场景应用了智能化验收措施。

4. 工程项目质量智能化验收措施有哪些？

5. 工程项目质量验收应用了哪些智能化措施？

教学单元 3

智能建造工程项目成本管理

⊙ **教学目标：**

1. 知识目标：

了解工程项目成本管理的概念与整体宏观把控；熟悉工程项目成本预测与计划；掌握工程项目成本控制的方法、体系和程序。

2. 能力目标：

能编制工程项目成本的整体管控思路方案；会对工程项目成本进行简单的预测和计划铺排；能借助工程项目成本管理模式进行简单的编制及使其程序化；能运用 BIM 技术进行成本控制。

智能化成本
控制介绍

3. 素质目标：

建立"工程成本管理需贯穿项目全周期"的职业素养；培养学生系统预测工程项目成本的能力

⊙ **思政映射点：** 家国情怀，精益求精，实事求是。

⊙ **实现方式：** 课堂讲解，案例分析。

⊙ **参考案例：** 中国移动长三角（南京）科创中心项目。

中国移动长三角（南京）科创中心一期工程 A、B 片区总建筑面积约 22.1 万 m^2，其中地上建筑面积约 14 万 m^2，地下建筑面积约 8.1 万 m^2。地上共有 7 栋单体，包括 A1、A2、A3、B1、B2、B3 六栋研发办公用房和 A4 栋配套用房，是中国移动在长三角区域着力打造的自主创新先导区和现代产业集聚区。

⊙ **思维导图：**

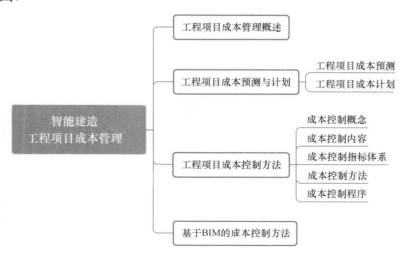

⊙ **引文**：本单元主要内容包括工程项目成本管理概述、工程项目成本预测与计划、工程项目成本控制方法、基于 BIM 的成本控制方法。

3.1 工程项目成本管理概述

项目的成本管理贯穿于项目运作的全过程，每一阶段都不同程度地影响到房地产开发项目的成本、费用、利润。结合管理学的角度，通过分析房地产开发项目全过程中各个环节的成本控制方法，分析成本运作管理机制，提供成本管理优化措施。目前，随着经济全球化的发展，项目管理犹如狂潮席卷了整个经济领域，而且在越来越多的行业中发挥着巨大的作用。在中国，随着经济体制的转换，对外开放水平的提高，国内企业纷纷转变经营模式，外商以多种形式抢占中国市场。与此同时，项目管理的模式也逐渐传入中国。早在20 世纪末期，我国的部分重点项目建设就开始采用项目管理，例如：二滩水电站、三峡水电站、小浪底工程都是采用国际标准项目管理进行建设，并取得了成功。最近几年，项目管理已逐渐深入我国的各行各业中，得到越来越广泛的应用。

项目是需要组织来实施完成的工作。通常项目都具有一次性、独特性、目标的确定性、组织的临时性和开放性、成果的不可挽回性等特性。项目管理是为了满足甚至超越项目涉及人员对项目的需求和期望，而将理论知识、技能、工具和技巧应用到项目的活动中去。要想满足或超过项目涉及人员的需求和期望，我们需要在下面这些相互间有冲突的要求中寻求平衡：范围、时间、成本和质量；有不同需求和期望的项目涉及人员；明确表示出来的要求（需求）和未明确表达的要求（期望）。

1. 项目管理包括九大知识领域：

（1）项目范围管理

项目范围管理是项目管理的一部分，其基本内容是定义和控制列入或未列入项目的事项。主要内容包括：启动、范围规划、范围定义、范围核实以及范围变更控制。

（2）项目时间管理

项目时间管理也是项目管理的一部分，是为了确保项目按时完成的过程。主要内容包括：活动定义、活动排序、时间估算、制定时间进度表以及时间控制。

（3）项目成本管理（费用管理）

项目成本管理是为了保证在批准的预算内完成项目所必需的诸过程的全体。主要内容包括：资源规划、费用估算、费用预算以及费用控制。

（4）项目质量管理

项目质量管理是为了保证项目能够满足原来设定的各种要求。其中主要的过程有：质量规划、质量控制、质量保证。

（5）项目人力资源管理

项目人力资源管理是为了保证最有效地使用参加项目者的个别能力。主要内容包括：组织规划、招聘人员、班子建设。

（6）项目沟通管理

项目沟通管理是在人、思想和信息之间建立联系，这些联系对于取得成功是必不可少的。参与项目的每一个人都必须用项目"语言"进行沟通，并且要明白，他们个人所参与的沟通将如何影响到项目的整体。项目沟通管理目的是保证项目信息及时、准确地提取、收集、传播、存贮以及最终进行处置。其中主要内容包括：沟通规划、信息分发、进度报告、收尾善后。

（7）项目采购管理

项目采购管理是为了从项目组织外部获取货物或服务（统称为"产品"）的过程。主要内容包括：采购规划、询价规划、询价、选择来源、合同管理、合同收尾。

（8）项目风险管理

项目风险管理是识别、分析不确定的因素，并对这些因素采取应对措施。项目风险管理要把有利事件的积极结果尽量扩大，而把不利事件的后果降到最低程度。主要过程有：风险识别、风险量化、提出应对措施、应对措施控制。

（9）项目综合管理

项目综合管理是为了正确地协调项目所有组成部分而进行的各个过程的集成，是一个综合性过程。其核心就是在多个互相冲突的目标和方案之间做出权衡，以便满足项目利害关系者的要求。项目综合管理由以下三个关键性的子过程组成：第一个是规划的子过程，是制定项目计划；第二个是执行的子过程，叫项目计划执行；第三个是控制的子过程，叫整体变更控制。虽然所有的项目管理过程都在某种程度上贯穿于项目全过程，但这三个过程却是完全贯穿于项目始终的。

在企业的发展中，项目和运作是企业发展过程中密切相关的两类活动。企业的创立本身就是一个项目的开始，通过一个新建设项目使企业形成了提供某种产品或服务的能力，以满足市场或顾客的需要，从而获取盈利并得以生存和发展，并在此基础上重复运作。经过一段时间的运作之后，由于企业设备陈旧老化或环境及市场变化等原因，企业原有的设备可能已无法生产出更高品质的产品或者原有的产品或服务可能已不适应市场需求，企业因此可能无法生存或发展下去，这时就需要通过设备的大修改造项目、新产品开发项目或企业的改扩建项目来使企业恢复原有的生产能力或上升到一个新的运作平台。在企业的整个发展过程中，总是如此不断地重复着项目与运作的交替过程，运作导致企业的量变，项目使得企业出现了质变，是企业跳跃式发展的动力。以今天处于高速发展的 IT 企业为例，其正处于以项目为主导的环境中。企业每天所面对的不仅仅是几个大型项目，而将是成百上千不断发生和进行的项目。产生这种变化的因素是多方面的，包括：客户需求的不断提高导致产品生命周期缩短，产品开发项目数量大增；新技术导致了对研究和开发项目需求的增加；为了提高业务赢利能力，改进业务模式的项目需求大增等。在这种多项目并发、高技术、快速变化、资源有限的环境下，失败和挫折是经常发生的。由于企业总是需要努力满足不断变化的市场需求和面对各种挑战，因此需要考虑实施新的管理方法，可采取的方法之一就是按项目进行管理。

在新的不断变化的市场环境下，项目管理已成为企业发展的有力保障，而企业项目管理也将成为未来长期性组织管理的一种发展趋势。

2. 通过实施企业项目管理可以保证：

（1）组织的灵活性。企业项目管理采取面向对象（即项目）的管理模式，把项目本身作为一个组织单元，围绕项目来组织资源，打破了传统的固定制的组织形式，根据项目生命周期各个阶段的具体需要适时地配备来自不同部门的工作人员，项目成员共同工作，为项目目标的实现而努力。组织具有较大的灵活性。

（2）管理责任的分散。按项目进行管理，把企业的管理责任分散为一个一个具体项目的管理责任，由各项目经理具体对各项目负责，确保各项目的执行及完成。此外，各项目经理可以将项目分解为许多小的责任单元。而管理责任被细分为一个个细小的责任单元，有利于组织对项目执行情况及成员工作的考核、监督，有利于企业整体目标的实现。

（3）以目标为导向解决问题的过程。企业负责人根据项目实施的目标和情况来考核项目经理，而项目经理只要求项目成员在约束条件下实现项目目标，强调项目实施的结果，项目成员根据协商确定的目标及时间、经费、工作标准等限定条件，独自处理具体工作，灵活地选择有利于实现各自目标的方法，以目标为导向逐一地解决问题，最终来确保项目总体目标的实现，保证企业战略的实现。

（4）有利于对复杂问题的集中攻关。企业项目管理关注项目整体目标的实现，保证企业战略的实现，有利于对复杂问题的集中攻关。企业项目管理关注项目整体目标的实现，关注客户对项目实现程度的满意度，并且在项目的实施过程中，团队成员能以项目目标的实现为动力，相互之间充分交流和合作，不断做出科学决策，力争高质量按时在预算内完成全部项目范围，保证了问题解决方案的质量和接受的可能性。

企业项目管理可以使企业不断地完成一个一个的项目，以实现企业的目标，促使企业不断上升到一个一个新的作业平台，使企业始终处在发展前进中。对于个人的发展，传统的职能模式使人们追求的是数量有限的职能部门经理，而项目管理为企业每位员工的发展提供了更加广阔的空间，员工责任的界定可以从小项目开始，员工的成长也就从小项目的经理逐渐发展为大项目的经理，同时有利于员工发展为综合性的管理人才。

成本的概念是："企业为生产经营商品和提供劳务等发生的各项直接支出，包括直接工资、直接材料、商品进价以及其他直接支出，直接计入生产经营成本。企业为生产经营商品和提供劳务而发生的各项间接费用，分配计入生产经营成本。"建筑工程项目成本，是成本的一种具体形式，是建筑企业在生产经营中为获取和完成工程所支付的一切代价，即广义的建筑成本。在项目管理中，更多接触的是狭义建筑成本的概念，即在项目施工现场所耗费的人工费、材料费、施工机械使用费、现场其他直接费及项目经理为组织工程施工所发生的管理费用之和。狭义建筑成本，将成本的发生范围局限在某一项目范围内，不包括建筑企业期间经营费用、利润和税金，是项目经理进行成本核算和控制的主要内容。

与成本相对应，建筑工程项目成本管理，就是在完成一个工程项目过程中，对所发生的成本费用支出，有组织、有系统地进行预测、计划、控制、核算、考核、分析等科学管理的工作，它是以降低成本为宗旨的一项综合性管理工作。成本与利润是两个互相制约的变量，因此，合理降低成本，必然增加利润，就能提供更多的资金满足单位扩大再生产的资金需要，就可以提高单位的经营管理水平，提高企业的竞争能力。因此，可以说，进行成本管理是建筑企业改善经营管理，提高企业管理水平，进而提高企业竞争力的重要手段之一。施工企业只有对项目在安全、质量、工期保证的前提下，不断加强管理，严格控制工程成本，挖掘潜力降低工程成本，才能取得较多的施工效益，才能使企业在市场竞争中永立不败之地。

3. 建筑工程项目成本的构成

（1）按生产费用计入成本划分

按生产费用计入成本的方法划分，可分为直接成本和间接成本，其构成如图 3-1 所示。

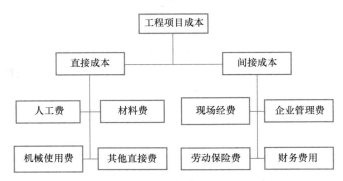

图 3-1　建筑工程项目成本的主要构成

直接成本是指施工过程直接耗费的构成工程形成的各项支出，包括人工费、材料费、机械使用费和其他直接费。所谓其他直接费是指直接费以外施工过程发生的其他费用。

间接成本是指企业的各项目经理部为施工准备，组织和管理施工生产所发生的全部施工间接费支出。它包括现场经费、企业管理费、劳动保险费、财务费用等。

（2）按成本发生时间划分

按成本控制需要，从成本发生的时间来划分，可分为：预算成本、计划成本和实际成本。

工程预算成本反映各地区建筑业的平均成本水平。它根据施工图由全国统一的建筑、安装工程基础定额和由各地区的市场劳务价格、材料价格信息及价差系数，并按有关取费的指导性费率进行计算。预算成本是确定工程造价的基础，也是编制计划成本和评价实际成本的依据。

建筑工程项目计划成本是指建筑工程项目经理部根据计划期的有关资料，在实际成本发生前预先计算的成本。如果计划成本做得更细、更周全，最终的实际成本降低的效果会更好。

实际成本是建筑工程项目在报告期内实际发生的各项生产费用的总和。不管计划成本做得怎么细致周全，如果实际成本未能及时得到编制，那么根本无法对计划成本与实际成本加以比较，也无法得出真正成本的节约或超支，也就无法反映各种技术水平和技术组织措施的贯彻执行情况和企业的经营效果。所以，项目应在各阶段快速准确地列出各项实际成本，从计划与实际的对比中找出原因，并分析原因，最终找出更好地节约成本的途径。另外，将实际成本与预算成本进行比较，可以反映工程盈亏情况。

（3）建筑工程项目成本管理的作用

1）建筑工程项目成本管理是项目成功的关键

建筑工程项目成本管理是项目成功的关键，是贯穿项目全寿命周期各阶段的重要工作。对于任何项目，其最终的目的都是想要通过一系列的管理工作来取得良好的经济效益。而任何项目都具有一个从概念、开发、实施到收尾的生命周期，其间会涉及业主、设计、施工、监理等众多的单位和部门，它们有各自的经济利益。例如，在概念阶段，业主要进行投资估算并进行项目经济评价，从而做出是否立项的决策。在招标投标阶段，业主方要根据设计图纸和有关部门规定来计算发包造价；承包方要通过成本估算来获得具有竞争力的报价。在设计和实施阶段，项目成本控制是确保将项目实际成本控制在项目预算范围内的有力措施。这些工作都属于项目成本管理的范畴。

2）有利于对不确定性成本的全面管理和控制

受到各种因素的影响，项目的总成本一般都包含三种成分。其一是确定性成本，它的数额大小以及发生与否都是确定的；其二是风险性成本，对此人们只知道它发生的概率，但不能肯定它是否一定会发生；另外还有一部分是完全不确定性成本，对它们既不知道其是否会发生，也不知道其发生的概率分布情况。这三部分不同性质的成本合在一起，就构成了一个项目的总成本。由此可见，项目成本的不确定性是绝对的，确定性是相对的。这就要求在项目的成本管理中除了要考虑对确定性成本的管理外，还必须同时考虑对风险性成本和完全不确定性成本的管理。对于不确定性成本，可以依赖于加强预测和制定附加计划法或用不可预见费来加以弥补，从而实现整个项目的成本管理目标。

（4）当前我国建筑企业工程项目成本管理的现状

项目成本管理是一个复杂的过程，近几年来我国的施工企业以建筑工程项目管理为中心，提高工程质量，保证进度，降低工程成本，提高经济效益。尤其在我国加入 WTO 后，建筑市场全面开放，市场竞争更加激烈，这些建筑施工企业对工程项目在安全、质量、工期保证的情况下，加强工程成本管理，严格控制工程成本，争取降低工程成本，才能在市场竞争中立于不败之地。

建筑业是国民经济中一个独立的、重要的物质生产部门，是国民经济的主要支柱之一。世界发达国家将建筑工程项目咨询机构、设计部门、建筑公司、国家建筑管理监督部门、建筑科研与教育部门，有效地综合在建筑整体内。而我国目前建筑还未与国际惯例接轨，施工承包企业对建筑工程项目成本的管理较国外的先进水平还有很大差距。因此，中国的建筑企业要在世界舞台上逐渐成熟，就必须要在技术经济、管理和法规上不断完善，从方法、观念、组织和手段入手，为接轨创造条件。

3.2　工程项目成本预测与计划

3.2.1　工程项目成本预测

项目成本的发生贯穿项目成本形成的全过程，因此需及时对工程项目的成本进行预测。从施工准备开始，经施工过程至竣工移交后的保修期结束。工程项目成本管理的过程可以分为事前管理、事中管理、事后管理三个阶段，具体包括了成本预测、成本计划、成本控制、成本核算、成本分析、成本考核等流程。

在工程项目成本管理流程图中，每个环节都是相互联系和相互作用的。成本预测是成本计划的编制基础；成本计划是开展成本控制和核算的基础；成本控制能对成本计划的实施进行监督，保证成本计划的实现；而成本核算又是成本计划能否实现的最后检查，它所提供的成本信息又是成本预测、成本计划、成本控制和成本考核等的依据；成本分析为成本考核提供依据，也为未来的成本预测与编制成本计划指明方向；成本考核是实现成本目标责任制的保证和手段。

建筑工程项目成本管理的阶段分析：

1. 事前管理：成本的事前管理是指工程项目开工前，对影响工程成本的经济活动所进行的事前规划、审核与监督。工程项目成本的事前管理主要包括以下几个方面：

（1）成本预测：成本预测是根据有关成本费用资料和各种相关因素，采用经验总结、统计分析及数学模型的方法对成本进行判断和推测。通过项目成本预测，可以为企业经营决策层和项目经理部编制成本计划等提供相关数据。

（2）成本决策：成本决策是企业对工程项目未来成本进行计划和控制的一个重要步骤，根据成本预测情况，由决策人员认真细致地分析研究而做出的决策。正确决策能够指导人们顺利完成预定的成本目标，可以避免盲目性和减少风险性。

（3）成本计划：成本计划是对成本实行计划管理的重要环节，是以货币形式编制施工项目在计划期内的生产费用、成本水平、降低成本率和降低成本额所采取的主要措施和规划的方案，它是建立施工项目成本管理责任制、开展成本控制和成本核算的基础。

2. 事中管理：在事中管理阶段，成本管理人员需要严格地按照费用计划和各项消耗定额，对一切施工费用进行经常审核，把可能导致损失或浪费的苗头，消灭在萌芽状态；而且随时运用成本核算信息进行分析研究，把偏离目标的差异，及时反馈给责任单位和个人，以便及时采取有效措施，纠正偏差，使成本控制在预定的目标之内。成本的事中管理的内容，主要包括以下几方面：

（1）费用开支的控制。一方面要按计划开支，从金额上严格控制，不得随意突破。另一方面要检查各项开支是否符合规定，严防违法乱纪。

（2）人工耗费的控制。对人工费的控制，要采取"量价分离"的原则，主要通过对用工数量和用工单价的控制来实现。通过控制定员、定额、出勤率、工时利用率、劳动生产率等情况，及时发现并解决停工、窝工等问题。

（3）材料耗费的控制。在工程造价中，材料费要占总价的 $50\% \sim 60\%$，甚至更多。要搞好材料成本的控制工作，必须对采购、收料、验收、库管、发料、使用六个环节进行重点控制，严格手续制度，实行定额领料，加强施工现场管理，及时发现和解决采购不合理、领发无手续、现场混乱丢失浪费等问题。

（4）机械费的控制。对机械费的控制，主要是正确选配和合理利用机械设备，搞好机械设备的维修保养，提高机械的完好率、利用率和使用效率，从而加快施工进度，增加产量，降低机械使用费。

3. 事后管理：成本的事后管理是指在某项工程任务完成时，对成本计划的执行情况进行检查、分析。目的是对实际成本与标准成本的偏差进行分析，查明差异的原因，确定经济责任的归属，借以考核责任部门和单位的业绩。对薄弱环节及可能发生的偏差，提出改进措施，并通过调整下一阶段的工程成本计划指标进行反馈控制，进一步降低成本。成本的事后分析控制，一般按以下程序进行：

（1）通过成本核算环节，掌握工程实际成本情况。

（2）将工程实际成本与标准成本进行比较，计算成本差异，确定成本节约或浪费数额。

（3）分析工程成本节超的原因，确定经济责任的归属。

（4）针对存在问题，采取有效措施，改进成本控制工作。

（5）对成本责任部门和单位进行业绩的评价和考核。

3.2.2　工程项目成本计划

工程项目成本计划是以货币形式预先规定工程项目进行中的施工生产耗费的水平，确定对比项目总投资（或中标额）应实现的计划成本降低额与降低率，提出保证成本计划实施的主要措施方案。工程项目成本计划一经确定，就应按成本管理层次、有关成本项目以及项目进展的逐阶段对成本计划加以分解，层层落实到部门、班组，并制定各级成本实施方案。

工程项目成本计划是工程项目成本管理的一个重要环节，许多施工单位仅单纯重视项目成本管理的事中控制及事后考核，却忽视甚至省略了至关重要的事前计划，使得成本管理从一开始就缺乏目标。成本计划是对生产耗费进行事前预计、事中检查控制和事后考核评价的重要依据。经常将实际生产耗费与成本计划指标进行对比分析，揭露执行过程中存在的问题，及时采取措施，可以改进和完善成本管理工作，保证施工项目成本计划各项指标得以实现。

1. 工程项目成本计划编制过程中应遵循的原则

（1）从实际出发的原则：编制成本计划必须从企业的实际情况出发，充分挖掘企业内部潜力，正确选择施工方案，合理组织施工；提高劳动生产率；改善材料供应，降低材料消耗，提高机械利用率；节约施工管理费用等。使降低成本指标既积极可靠，又切实可行。

（2）与其他计划结合的原则：一方面成本计划要根据施工项目的生产、技术组织措施、劳动工资、材料供应等计划来编制，另一方面编制其他各种计划都应考虑适应降低成本的要求，因此，编制成本计划，必须与施工项目的其他各项计划如施工方案、生产进度、财务计划、材料供应及耗费计划等密切结合，保持平衡。

（3）采用先进的技术经济定额的原则：编制成本计划，必须以各种先进的技术经济定额为依据，并针对工程的具体特点，采取切实可行的技术组织措施作保证。只有这样，才能编制出既有科学根据，又有实现的可能，起到促进和激励作用的成本计划。

（4）统一领导、分级管理的原则：编制成本计划，应实行统一领导、分级管理的原则，应在项目经理的领导下，以财务、计划部门为中心，发动全体职工共同进行，总结降低成本的经验，找出降低成本的正确途径，使成本计划的制定和执行具有广泛的群众基础。

（5）弹性原则：在项目施工过程中很可能发生一些在编制计划时所未预料的变化，尤其是材料供应，市场价格千变万化，因此，在编制计划时应充分考虑各种变化因素，留有余地，使计划保持一定的适应能力。

2. 施工项目成本计划编制的程序

编制成本计划的程序，因项目的规模大小、管理要求不同而不同，大中型项目一般采用分级编制的方式，即先由各部门提出部门成本计划，再由项目经理部汇总编制全项目的成本计划；小型项目一般采用集中编制方式，即由项目经理部先编制各部门成本计划，再汇总编制全项目的成本计划。无论采用哪种方式，其编制的基本程序如下：

（1）收集和整理资料。

（2）广泛收集资料并进行归纳整理是编制成本计划的必要步骤。所需收集的资料也即是编制成本计划的依据。这些资料主要包括：项目经理部与企业签订的承包合同及企业下达的成本降低额、降低率和其他有关技术经济指标，有关成本预测、决策的资料，施工项目的施工图预算、施工预算、施工项目管理规划，施工项目使用的机械设备生产能力及其利用情况，施工项目的材料消耗、物资供应、劳动工资及劳动效率等计划资料，计划期内的物资消耗定额、劳动定额、费用定额等资料，以往同类项目成本计划的实际执行情况及有关技术经济指标完成情况的分析资料，同行业同类项目的成本、定额，技术经济指标资料及增产节约的经验和有效措施。此外，还应深入分析当前情况和未来的发展趋势，了解影响成本升降的各种有利和不利因素，研究如何克服不利因素和降低成本的具体措施，为编制成本计划提供丰富、具体和可靠的资料。

（3）估算计划成本，确定目标成本。对所收集到的各种资料进行整理分析，根据有关的设计、施工等计划，按照工程项目应投入的物资、材料、劳动力、机械、能源及各种设施等，结合计划期内各种因素的变化和准备采取的各种增产节约措施，进行反复测算、修订、平衡后，占生产费用支出的总水平，进而提出全项目的成本计划控制指标，最终确定目标成本。所谓目标成本即是项目（或企业）对未来期望产品成本规定的奋斗目标。目标成本有很多形式，在制定目标成本作为编制施工项目成本计划和预算的依据时，可能以计划成本或标准成本为目标成本，这将随成本计划编制方法的不同而变化。

（4）编制成本计划草案。对大中型项目，各职能部门根据项目经理下达的成本计划指标，结合计划期的实际情况，挖掘潜力，提出降低成本的具体措施，编制各部门的成本计划和费用预算。

（5）综合平衡，编制正式的成本计划。在各职能部门上报了部门成本计划和费用预算后，项目经理部首先应结合各项技术组织措施，检查各计划和费用预算是否合理可行，并进行综合平衡，使各部门计划和费用预算之间相互协调、衔接；其次，要从全局出发，在保证企业下达的成本降低任务或本项目目标成本实现的情况下，分析研究成本计划与生产计划、劳动力计划、材料成本与物资供应计划、工资成本与工资基金计划、资金计划等的相互协调平衡。经反复讨论多次综合平衡，最后确定的成本计划指标，即可作为编制成本计划的依据，项目经理部正式编制的成本计划，上报企业有关部门后即可正式下达至各职能部门执行。

3.3 工程项目成本控制方法

3.3.1 成本控制概念

工程项目成本控制指的是在工程项目施工的过程中，对于可能会使工程项目成本产生变化的各种因素进行有效的管理与控制，通过合理的控制措施，将各种因素的实际消耗和支出的比例控制在合理的范围内，并且按照该控制结果对各项费用的实际消耗与计划成本进行对比，这样便能够有效地降低在工程施工中出现浪费和损失的现象，保证各项费用都控制在计划的范围内。在市场经济不断发展过程中，有效的成本控制是建筑施工企业提升其自身综合竞争力的关键因素，也是提高经济效益和社会效益的根本途径。

施工企业项目成本控制与建筑项目成本控制是相辅相成的，只有加强施工企业项目成本控制，才能控制建筑项目成本；也只有达到建筑项目成本控制的目的，加强施工企业项目成本控制才有意义。

施工企业项目成本控制，指在施工企业项目成本的形成过程中，对生产经营所消耗的人力资源、物质资源和费用开支进行指导、监督、调节和限制，及时纠正将要发生和已经发生的偏差，把各项生产费用控制在计划成本的范围之内，保证成本目标的实现。施工企业项目成本控制的对象是工程项目，由于项目是一次性的，而项目成本由于其结构、规模和施工环境各不相同，各项目成本之间又缺乏可比性，各项目随着这个工程的完工而结束其历史使命，因此工程项目部是施工企业效益的源头。

目前施工企业市场全面开放，全面推行招标投标制，管理机制日趋完善，市场竞争日趋激烈，利润的空间已经很小，施工企业要想创造效益，唯一的出路就是强化内部管理，苦练内功，向内部挖潜要效益。因此，加强施工企业项目成本控制是目前非常现实的途径。施工企业项目成本控制的目的，在于降低项目成本，提高经济效益。

3.3.2　成本控制内容

1. 项目开发过程的成本管理

在工程造价全过程控制中，工程决策和设计阶段的成本管理是项目投资控制的关键。长期以来，我们在工程造价管理中，普遍忽视工程建设项目前期工作阶段的造价控制，往往把控制工程造价的主要精力放在项目的实施阶段。这样做尽管也有效果，但毕竟是"亡羊补牢"事倍功半。要有效地控制工程成本，就要把重点转到决策与设计阶段上来。

可行性方案的选定和投资估算的定位是建设项目的核心，要想在这一阶段把质量、造价和工期结合好，就需要完善投资决策机制，成立投资策划部门，进行充分的市场调研、详细的资料收集和反复的方案比较，进行必要的专业分析论证，尽可能选出最佳组合，从而作出科学的决策。

建设项目工程造价的确定主要是在设计阶段，预算、结算只能计量而并不能改变工程造价。好的设计方案，不仅要取得良好的社会效益，还应具有经济的合理性。尽管设计费在建设工程全过程费用中比例不大，一般只占建安成本的 1.5%～2%，但对工程造价的影响可达 75% 以上。由此可见，设计质量的好坏将直接影响建设费用的多少和建设工期的长短，直接决定人力、物力和财力投入的多少。科学合理的设计，工程造价可降低 10%。设计阶段主要从以下几个方面来控制造价：

（1）实行设计方案招标投标制度，认真比选方案。为了提高投资效果，从初步方案到施工图设计，都应进行各方案比选，组织设计方案竞赛或设计招标，从中选择最佳的设计方案，保证设计的先进性、合理性、准确性，避免因设计落后，影响销售，造成资金长期得不到回收，经济效益无法保证的事情发生。

（2）进行限额设计。限额设计是工程建设过程中行之有效的管理方法，也是控制投资规模的有效措施之一。在设计中凡是能进行定量分析的设计内容，均要通过计算，充分考虑施工的可能性和经济性。开发商应对设计方案提出限额设计要求，并为之创造外部条件。房地产商应将项目造价目标分工种、按专业逐层分解，调动设计人员的积极性，要求设计人员在建筑平面、结构设计、机电设备、材料选用等方面进行设计挖潜，用价值工程等方法进行比较、论证，在保证功能的前提下，最大限度地节约工程造价。人力资源是管理活动的第一资源，进行限额设计也是管理学中人本因素的体现。通过要求设计人员采用新材料、新工艺反复优化设计方案，达到安全可靠、经济合理的要求。另一方面，对整个项目的建筑品质、小区的综合平面布置、污水处理、智能化布置等作细致研究，并注重征求各方意见，避免因项目总体规划的失策导致施工过程中发生重大变动，甚至重新设计。

（3）开展价值工程的应用。价值工程的主要特点：以使用者的功能需求为出发点，对所研究对象进行功能分析，使设计工作做到功能与造价统一，在满足功能要求的前提下，降低成本。例如，利用深基础增加地下室，这样地下储藏室可以停放车辆和储存杂物，小区可以不必建地上停车场，既节约了用地，也美化了环境。这就是利用价值工程中的成本略有上升，却能带来功能大幅提高的结果。

（4）增设合同条款，建立奖惩制度。在选定设计单位签订设计合同时，应增设关于设计变更及修改的费用额度限制等条款，对设计规范与标准、工程量与概预算指标等进行控制。如约定由于设计原因导致项目实施时需要变更设计，当设计变更费超出施工合同价的某一比例（如 5% ）时，则扣罚一定比例的设计费。

（5）加强图纸会审工作。将工程变更的发生尽量控制在施工之前。在工程施工前，组织相关部门对施工图纸技术上的合理性、施工上的可行性、工程造价的经济性进行审核，从不同角度对设计图纸进行全面的审核工作，以求得提高设计质量，避免因设计考虑不周或失误所带来的经济损失。

（6）竞争择优，加强工程招标投标环节的成本控制。工程招标投标是有效控制工程成本的核心，施工队伍的优劣关系到建设单位工程成本控制的成败。通过招标投标能择优选取既具有足够的技术实力，又能在工程造价上给建设单位合理优惠的施工企业，从而确保工程质量和工期，降低工程成本。

2. 施工阶段的成本管理

由于工程现场施工条件受到种种复杂因素的影响和干扰，工程造价波动的幅度也非常大。因此，做好施工过程中成本控制至关重要。

（1）加强合同管理，严格审查承包商的索赔要求。工程中标后签订合同时，要尽可能选用由国家颁发的通用性合同文本，再根据拟建工程的特点和招标文件以及发包人、承包商双方谈判结果来拟定。施工阶段成本控制的关键是严格控制项目变更，强化变更程序。作为开发商或者业主方的造价管理人员，要严格审核工程变更，计算各项变更对总投资的影响，从使用功能、经济美观等角度确定是否需要进行工程变更，减少不必要的工程费用支出，避免投资失控。工程造价一般是由工程招标合同价及合同外项目价款（即工程增项、施工索赔、材料调价、费用调整等）所构成。对承包商合同外的索赔要求，开发商要严格审查。此外，在施工单位及材料供应商不履行约定义务时应及时提出反索赔，以便有效控制成本。

（2）强化监理机制，加强施工管理。选择合适的监理单位，对工程质量、工期和成本进行控制。按照监理规定和实施细则，完善职责分工及有关制度，落实责任制，从工程管理机制上建立健全投资控制系统。做好月度工程进度款审核，避免投资失控。工程进度款的审核，必须在监理方确认工程量的基础上，按合同约定的计价依据，套用材料单价及费用定额进行最后核价，再支付相应的工程进度款。

（3）开展技术创新，节约成本支出。技术创新是企业实施创新管理的重要内容。据统计，材料费一般占直接工程费的 70% 左右，直接费的高低影响到间接费的高低。在房地产开发项目施工过程中，在确保主体施工技术方案可靠的基础上，提倡广泛使用新技术、新工艺、新材料、新办法等，利用技术进步的最新成果来缩短工期节约成本。

（4）采取经济措施，控制管理成本。根据开发项目的特点，合理使用广告策划费、销售代理费等，减少销售成本，最大限度降低静态投资。对大宗材料或大型设备按合同要求从厂家直接进货，并根据工序及施工进度安排进料计划，以达到降低造价的目的。

3. 竣工阶段的成本管理

竣工结算是工程造价控制的最后一个阶段，它是反映建设项目实际造价和投资效果的文件，也是竣工验收报告的重要组成部分，必须予以高度重视。根据合同预算、费用定额及竣工资料、国家和地方的相关法规，按图严格核实工程量，落实设计变更及联系单签证费用。总之，要认真审查、复核，防止各项计算误差的产生，使审核后的结算真正体现工程实际造价。

此外，还应加强工程审计环节的成本控制。工程项目的审计必须对工程项目整个施工生产活动的全过程进行审计。工程项目的审计不仅要重视被审计项目的事后审计、竣工审计，更要重视事前和事中审计。加强事前和事中审计，可使工程项目施工方案的编制更趋合理，并能帮助工程项目管理班子超前"把关"，有效避免可以预见的失误，达到事半功倍的效果。

3.3.3　成本控制指标体系

房地产项目开发的成本项目规划，在设计阶段就应开始运作。首先进行市场分析，分析市场是否有所作为；决定项目实施后，进行市场预测和成本测算，对开发设计每个环节的成本从严把关。

1. 抓好降本增效

明确项目组织结构，成立专责小组跟踪投资控制，促进管理职能分工的科学化和规范化。根据管理需要，开发企业制订和完善成本管理制度，各项制度的实施细则都要制订得具体化。纵向、横向层层落实责任制，使企业制度控制、程序控制、定额控制、合同控制等落到实处，最终有效控制成本。

2. 抓好项目经营效益

经营效益是项目经济效益的重要组成部分，工程项目的降本增效工作应从项目开始时抓起，及时掌握面广量大的土木工程项目信息，盯住项目可行性研究、立项、审批、设计施工等全过程。

3. 建立成本控制指标体系

在项目定位及预算上，企业可以根据市场价格，采取拟定目标利润的办法来推算项目的目标成本，再将目标成本按期间费用和开发成本进行分类和分解。在正确划分成本项目的基础上，确定各环节开支范围，拟订费用标准，根据目标成本预测各项税费支出，预订支出计划，让目标成本及目标利润具有可预见性和可控性。

成本控制的四个指标：成本偏差、进度偏差、成本执行指数、进度执行指数。成本控制的过程是运用系统工程的原理对企业在生产经营过程中发生的各种耗费进行计算、调节和监督的过程，也是一个发现薄弱环节，挖掘内部潜力，寻找一切可能降低成本途径的过程。

科学地组织实施成本控制，可以促进企业改善经营管理，转变经营机制，全面提高企业素质，使企业在市场竞争的环境下生存、发展和壮大。

成本控制是指降低成本支出的绝对额，故又称为绝对成本控制；成本降低还包括统筹安排成本、数量和收入的相互关系，以求收入的增长超过成本的增长，实现成本的相对节约，因此又称为相对成本控制。

控制项目成本的方法有组织措施、技术措施、经济措施三大方面。

3.3.4　成本控制方法

首先，组织措施。项目经理是项目成本管理的第一责任人，全面组织项目部成本管理工作，应及时掌握和分析盈亏状况，并迅速采取有效措施；工程技术部是整个工程项目施工技术和进度的负责部门，应在保证质量、按期完成任务的前提下尽可能采用先进技术，以降低工程成本；经营部主管合同实施和合同管理工作，负责工程进度款的申报和催款工作，处理施工赔偿问题，应注重加强合同预算管理，增创工程预算收入；财务部门应随时分析项目的财务收支情况，合理调度资金；项目经理部的其他部门和班组都应精心组织，为增收节支尽责尽职。

其次，技术措施。制订先进的、经济合理的施工方案，以达到缩短工期、提高质量、降低成本的目的；在施工过程中努力寻求各种降低消耗、提高工效的新工艺、新技术、新材料等措施；严把质量关，杜绝返工现象，缩短验收时间，节省费用开支。

最后，经济措施。人工费控制管理：改善劳动组织，减少窝工浪费；实行合理的奖惩制度；加强技术教育和培训工作；加强劳动纪律，压缩非生产用工和辅助用工，严格控制非生产人员比例。材料费控制管理：改进材料的采购、运输、收发、保管等方面的工作，减少各个环节的损耗，节约采购费用；合理堆置现场材料，避免和减少二次搬运；严格材料进场验收和限额领料制度；制订并贯彻节约材料的技术措施，合理使用材料，综合利用一切资源。机械费控制管理：正确选配和合理利用机械设备，搞好机械设备的保养修理，提高机械的完好率、利用率和使用效率，从而加快施工进度、增加产量、降低机械使用费。间接费及其他直接费控制：精简管理机构，合理确定管理幅度与管理层次，节约施工管理费等。

项目成本管理的组织措施、技术措施、经济措施，三者融为一体，相互作用。项目经理部是项目成本控制中心，要以投标报价为依据，制定项目成本控制目标，各部门和各班组通力合作，形成以市场投标报价为基础的施工方案经济优化、物资采购经济优化、劳动力配备经济优化的项目成本控制体系。同时也可根据下列措施进行：

1. 增强项目管理人员成本管理意识

作为项目管理人员，应当认识到项目成本管理的重要性，具备一定的成本管理意识。成本效益观念体现着项目经理对投入产出所作出的判断，是项目经理人员应该具备的重要的内在素质。若要实施项目成本管理，建筑施工企业必须加强对员工的成本管理教育，利用成本消耗与员工利益相结合的激励机制来调动员工的工作积极性，提高员工的成本意识，让员工充分认识到工程项目成本管理与每个员工都是息息相关的。这样就会形成全员参与的成本管理体系，使项目成本管理真正落实到实处，得到有效的实施，提高建筑企业整体的经济效益。在建筑施工企业中加强实施工程项目成本管理是一个企业创造经济效益的必然选择，项目成本管理不是单独的，它涉及的方面很多，是一个整体的、全员参与整个过程的动态管理活动。工程项目成本管理的目标就是降低消耗成本，提高企业整体的经济效益，因此建筑企业要加强工程项目成本管理，提升企业在市场中的竞争力，使企业立于不败之地。

2. 实行全程成本控制，建立成本核算管理体系

要控制好成本费，需要事先对成本的开支范围作出预测和预控。测算出企业施工中各部分项目工程的机械费、人工费、材料费等使用情况，对施工中采用的技术措施带来的经济效果进行评估，研究能降低成本的相关措施，以便更好地确定项目目标成本。施工成本管理的工作范围广，要综合考虑相关因素，建立成本核算管理保证体系。编制成本计划和控制方案，要健全定额管理、预算管理、计量和验收制度以及各种分类账。每个过程要保证先进行预算，以免和目标计划偏离。要做好成本的预测和预控工作，作为项目部，要结合市场材料价格和人工使用等情况，测算出工程的总成本。严格履行经济合同中的各自职责，合同管理影响到工程的成本和质量，它是成本管理中的重要环节，对工程所需的材料、机械设备采用招标方式，择优选取。严格把好质量、选购、定价、验收、使用、材料核算等环节，只要工程过程中发生的经济行为都要引起重视，从而降低成本。

3. 加强项目实施过程中的成本管理

人工成本管理：在项目施工中，应按部位、分工种列出用工定额，作为人工费承包依据。在选择使用分包队伍时，应采用招标制度。由企业劳务管理部门及项目部组成专门的评标小组，小组成员由项目部经理、生产副经理、核算、预算、质量、技术、安全、材料等相关部门的负责人组成。对参与投标的多家分包队伍进行公正、公平的打分，选择实力强、信誉好、工人素质较高的分包队伍。在签订人工承包合同时，条款应详细、严谨、明确，以免结算时出现偏差。每月末进行当月工程量完成情况核实，须经有关负责人签字后方能结算拨付工程款。同时应注意对零工、杂工的结算，控制每一分人工成本的支出。

材料成本管理：加强材料成本管理是项目成本控制的重要环节，一般工程项目，材料成本占造价的 60% 左右，控制工程成本、材料成本尤其重要。如果忽视材料成本管理，项目成本管理就无从谈起。

材料用量的控制：坚持按定额确定材料消耗量。实行限额领料制度；正确核算材料消耗水平，坚持余料回收；改进施工技术，推广使用降低材料消耗的各种新技术、新工艺、新材料；运用价值工程原理对工程进行功能分析，对材料进行性能分析，力求用低价材料代替高价材料；利用工业废渣，扩大材料代用；加强周转料维护管理，延长周转次数；对零星材料以钱代物。包干控制，超用自负，节约归己；加强材料管理，降低材料损耗量；加强现场管理，合理堆放，减少搬运，减少损耗，实行节约材料奖励制度。

材料价格的控制：材料价格控制主要是由采购部门在采购中加以控制。进行市场调查，在保质保量的前提下，货比三家，争取最低买价；合理组织运输方式，以降低运输成本；考虑资金的时间价值，减少资金占用，合理确定进货批量与批次，尽可能降低材料储备和买价。

4. 机械设备的成本管理

加强对机械设备的管理，合理安排大型机械进退场时间及机械设备之间的配合使用，对机械设备进行定期的维护、保养以提高其利用率及完好率，对机械运转台班做好详细记录，把实际运转台班与定额机械台班消耗量作比较，如超出定额台班消耗量，亦要及时查找原因，纠正偏差。合理安排施工生产，加强机械租赁计划管理，减少因安排不当引起的设备闲置。加强机械设备的调度工作，尽量避免窝工，提高现场设备利用率。加强现场设备的维修保养，提高设备的完好率，避免因不正当使用造成机械设备的停置。严禁机械维修时将零部件拆东补西，人为地破坏机械。做好上机人员与辅助人员的协调与配合，提高机械台班产量。

5. 间接费及其他费用管理

根据项目建设时间的长短和参加建设人数的多少，编制间接费用预算并对其进行明细分解，制定切实可行的成本指标以节约管理费用，对每笔开支严格审批手续，对超责任成本的支出，分析原因制定针对性的措施；依据施工的工期及现场情况合理布局，尽可能就地取材搭建临设，工程接近竣工时及时减少临设的占用；提高管理人员的综合素质，精打细算，控制费用支出；编制详细的现场经费计划及量化指标，措施费的投入应有详细的施工方案及经济合理性分析报告。把降低成本的重点放在工程施工的过程管理上，在保证施工安全、产品质量和施工进度的情况下，采取防范措施，消除质量通病，做到工程一次成型，一次合格，杜绝返工现象的发生，避免造成因不必要的人、财、物等大量的投入而加大工程成本。

6. 加强质量成本管理

对施工企业而言，产品质量并非越高越好，超过合理水平时，属于质量过剩。无论是质量不足或过剩，都会造成质量成本的增加，都要通过质量成本管理加以调整。质量成本管理的目标是使 5 类质量成本的总和达到最低值。一般来说，质量预防费用起初较低，随着质量要求的提高会逐渐增加。当质量达到一定水平再要求提高时，该项费用就会急剧上升。质量检验费用较为稳定，不过随着质量的提高也会有一定程度的增长。而质量损失则不然，开始时因质量较差，损失很大，随着产品质量不断改进，该项损失逐步减少。它们互相交叉作用，必须找到一个质量成本最低的理想点。

应正确对待和处理质量成本中几个方面的相互关系，即预算成本、质量损失、预防费用和检验费用间的相互关系，采用科学合理、先进的技术方案，最优化的施工组织设计，在确保施工质量达到设计要求水平的前提下，尽可能降低工程质量成本。项目经理部也不能盲目地为了提高企业信誉和市场竞争力而使工程全面出现质量过剩现象，从而导致施工产值很高、经济效益低下的被动局面。

7. 完善工期成本的管理

正确处理工期与成本的关系是施工项目成本管理工作中的一个重要课题，即工期成本的管理与控制对建筑施工企业和施工项目经理部来说，并不是越短越好，也不是越长越好，而是需要通过对工期的综合预测并合理调整来寻求最佳工期成本，把工期成本控制在最低点。

工期成本管理的目标是正确处理工期与成本的关系，使工期成本的总和达到最低值。

工期成本表现在两个方面：一方面是项目经理部为了保证正常工期而采取的所有措施费用；另一方面是因为工期拖延而导致的业主索赔成本，这种情况可能是由于各种施工环境及自然条件等引起的，也可能是内部因素造成的，如停工、窝工、返工等，因此所引起的工期费用称为工期损失。相对来说，工期越短，工期措施成本越小；但当工期缩短至一定限度时，工期措施成本则会急剧增加。而工期损失则不然，因自然条件引起的工期损失，其损失额度相对较小，通常情况下不给予赔偿或赔偿额度较小，该部分工期损失在正常施工工期成本中可不予考虑。因施工项目内部因素造成的工期损失，随着工程正常的展开，管理人员经验的积累也会逐渐减少。综合工期成本的各种因素，就能找到一个工期成本最低的理想点，这一点也就是工期最短并且成本最低的最优点。

由于内外部环境条件及合同条件的制约，保证合同工期和降低工程成本是一个十分艰巨的任务。因此，必须正确处理工期成本这两个方面的相互关系，即工期措施成本和工期损失之间的相互关系。在确保工期达到合同条件的前提下，尽可能降低工期成本。切不可为了提高企业信誉和市场竞争力，或者盲目地按照业主的要求，抢工期、赶进度，增大工期成本。

8. 加大工程项目成本核算监督力度

各工程项目经理部人员应自觉认真学习和严格贯彻执行企业制定的施工成本控制与核算管理制度，并保持自律，不利用职权或工作之便干扰成本核算管理工作，使施工成本管理真正落到实处。成本核算员要对施工生产中发生的与施工成本相关的工程变更项及时收集整理并办理签证手续，定期向公司经营部门上报审核，以便及时准确地控制施工成本并掌握工程施工情况，防止给工程竣工结算造成不必要的损失。公司应制定相应的约束机制和激励机制，为成本核算员行使职权提供必要的保障。作为职能部门应加大监督力度，培养他们的责任感，充分发挥他们工作能力。同时，要全面提高核算员的技术业务素质，对那些未经过专业学习和培训、未按规定持证上岗、业务不熟悉、核算能力有限、无法保证成本核算的质量和工作的人员，要迅速组织培训学习，尽快提高他们的素质。对在业务上敷衍了事、弄虚作假、欺上瞒下、得过且过的人员，要注意提高他们的业务素质和道德素质的水平，提高他们的工作责任感。

3.3.5　成本控制程序

成本控制程序是指成本控制工作的步骤和内容，具体来说，可以分为三个环节：成本预控、过程成本控制和成本事后控制。

1. 成本预控

指在产品投入生产前对影响成本的经济活动进行预规划和审计，以确定目标成本，即成本的前馈控制。具体来说，它包括：预测成本，为确定目标成本提供依据；在预测的基础上，通过比较和分析各种方案的成本来确定目标成本。目标成本按各成本项目或费用项目分层，并落实到各部门、车间、班级和个人，实行集中分级管理，便于管理和控制。

2. 过程成本控制

对成本的过程控制，即在成本形成过程中随时将实际成本与目标成本进行比较，找出时间上的差异，并采取相应的措施加以纠正，以保证成本目标的实现。过程成本控制应在成本目标集中分级管理的基础上进行，应严格按照成本目标，随时随地对所有生产成本进行检查和审计，应该把可能损失和浪费的迹象消灭在萌芽状态。各种成本偏差的信息应及时反馈给相关责任单位，以便及时采取纠正措施。

3. 成本事后控制

对产品成本形成后的实际成本进行核算、分析和评估。通过将实际成本与一定标准进行比较来确定成本节约或浪费，并进行深入分析，找出成本节约或超支的主客观原因，确定责任归属，对成本责任单位进行相应的考核和奖惩。通过成本分析，对未来成本控制提出积极的改进建议和措施，进一步修订成本控制标准，完善各种成本控制体系，达到降低成本的目的。成本控制主要是对具体的成本项目进行现场实时分散控制。全面的成本分析和控制只能在事后进行。成本事后控制的重要性不是负面的。大量的成本控制依赖于事后控制来实现。

做好成本管理需要将成本控制程序化，主要包含：

（1）搞好成本预测，确定成本控制目标

成本预测是成本计划的基础，为编制科学、合理的成本控制目标提供依据。因此，成本预测对提高成本计划的科学性，降低成本和提高经济效益，具有重要的作用。加强成本控制，首先要抓成本预测。成本预测的内容主要是使用科学的方法，结合中标价，根据各项目的施工条件、机械设备、人员素质等对项目的成本目标进行预测。

工料费用预测：首先分析工程项目采用的人工费单价，再分析工人的工资水平及社会劳务的市场行情，根据工期及准备投入的人员数量分析该项工程合同价中的人工费。材料费占建安费的比重极大，应作为重点予以准确把握，分别对主材、地材、辅材、其他材料费进行逐项分析，重新核定材料的供应地点、购买价、运输方式及装卸费，分析定额中规定的材料规格与实际采用的材料规格的不同，对比实际采用配合比的水泥用量与定额用量的差异，汇总分析预算中的其他材料费。机械使用费：投标施组中的机械设备的型号、数量一般是采用定额中的施工方法套算出来的，与工地实际施工有一定差异，工作效率也有不同，因此要测算实际将要发生的机械使用费。同时，还要计算可能发生的机械租赁费及需新购置的机械设备费的摊销费，对主要机械重新核定台班产量定额。

（2）施工方案引起费用变化的预测

工程项目中标后，必须结合施工现场的实际情况制定技术上先进可行和经济合理的实施性施工组织设计，结合项目所在地的经济、自然地理条件、施工工艺、设备选择、工期安排的实际情况，比较实施性施组所采用的施工方法与标书编制时的不同，或与定额中施工方法的不同，以据实作出正确的预测。

（3）辅助工程费的预测

辅助工程量是指工程量清单或设计图纸中没有给定，而又是施工中不可缺少的工程，例如混凝土拌合站、隧道施工中的三管两线、高压进洞等，也需根据实施性施组作好具体实际的预测。

（4）大型临时设施费的预测

大型临时设施费的预测应详细地调查，充分地比选论证，从而确定合理的目标值。

（5）小型临时设施费、工地转移费的预测

小型临时设施费内容包括：临时设施的搭设，需根据工期的长短和拟投入的人员、设备的多少来确定临时设施的规模和标准，按实际发生并参考以往工程施工中包干控制的历史数据确定目标值。工地转移费应根据转移距离的远近和拟转移人员、设备的多少核定预测目标值。

（6）成本失控的风险预测

项目成本目标的风险分析，就是对在本项目中实施可能影响目标实现的因素进行事前分析，通常可以从以下几方面来进行分析：对工程项目技术特征的认识，如结构特征、地质特征等；对业主单位有关情况的分析，包括业主单位的信用、资金到位情况、组织协调能力等；对项目组织系统内部的分析，包括施组设计、资源配备、队伍素质等方面；对项目所在地的交通、能源、电力的分析；对气候的分析；围绕成本目标，确立成本控制原则。施工项目成本控制就是在实施过程中对资源的投入、施工过程及成果进行监督、检查和衡量，并采取措施确保项目成本目标的实现。

成本控制的对象是工程项目，其主体则是人的管理活动，目的是合理使用人力、物力、财力，降低成本，增加效益。为此，要从以下几个方面进行控制。

1）力求节约：节约就是项目施工用人力、物力和财力的节省，是成本控制的基本原则。节约绝对不是消极的限制与监督，而是要积极创造条件，要着眼于成本的事前监督、过程控制，在实施过程中经常检查是否出偏差，以优化施工方案，从提高项目的科学管理水平入手来达到节约的目的。

2）全面控制：全面控制包括两个含义，即全员控制和全过程控制。项目全员控制：成本控制涉及项目组织中的所有部门、班组和员工的工作，并与每一个员工的切身利益有关，因此应充分调动每个部门、班组和每一个员工控制成本，关心成本的积极性，真正树立起全员控制的观念，如果认为成本控制仅是负责预结算及财务方面的事，就片面了。项目全过程成本控制：项目成本的发生涉及项目的整个周期，项目成本形成的全过程，从施工准备开始，经施工过程至竣工移交后的保修期结束。因此，成本控制工作要伴随项目施工的每一阶段，如在施工准备阶段制定最佳的施工方案，按照设计要求和施工规范施工，充分利用现有的资源，减少施工成本支出，并确保工程质量，减少工程返工费和工程移交后的保修费用。工程验收移交阶段，要及时追加合同价款办理工程结算，使工程成本自始至终处于有效控制之下。

3）目标控制：目标管理是管理活动的基本技术和方法。它是把计划的方针、任务、目标和措施等逐一加以分解落实。在实施目标管理的过程中，目标的设定应切实可行，越具体越好，要落实到部门、班组甚至个人；目标的责任要全面，既要有工作责任，更要有成本责任；做到责、权、利相结合，对责任部门（人）的业绩进行检查和考评，并同其工资、奖金挂钩，做到奖罚分明。

4）动态控制：成本控制是在不断变化的环境下进行的管理活动，所以必须坚持动态控制的原则，所谓动态控制就是将工、料、机投入施工过程中，收集成本发生的实际值，将其与目标值相比较，检查有无偏离，若无偏差，则继续进行，否则要找出具体原因，采取相应措施。实施成本控制过程应遵循"例外"管理方法，所谓"例外"是指在工程项目建设活动中那些不经常出现的问题，但关键性问题对成本目标的顺利完成影响重大，也必须予以高度重视。在项目实施过程中属于"例外"的情况通常有如下几个方面：

① 重要性：一般是从金额上来看有重要意义的差异，才称作"例外"，成本差额金额的确定，应根据项目的具体情况确定差异占原标准的百分率。差异分有利差异和不利差

异，实际成本支出低于标准成本过多也不见得是一件好事，它可能造成两种情况：一种是给后续的分部分项工程或作业带来不利影响；另一种是造成质量低，除可能带来返工和增加保修费用外，质量成本控制还影响企业声誉。

②一贯性：有些成本差异虽未超过规定的百分率或最低金额，但一直在控制线的上下限附近徘徊，亦应视为"例外"。意味着原来的成本预测可能不准确，要及时根据实际情况进行调整。

③控制能力：有些是项目管理人员无法控制的成本项目，即使发生重大的差异，也应视为"例外"，如征地、拆迁、临时租用费用的上升等。

④特殊性：凡对项目施工全过程都有影响的成本项目，即使差异没有达到重要性的地位，也应受到成本管理人员的密切注意。如机械维修费片面强调节约，在短期内虽可降低成本，但因维修不足可能造成未来的停工修理，从而影响施工生产的顺利进行。

4. 寻找有效途径，实现成本控制目标

降低项目成本的方法有多种，概括起来可以从组织、技术、经济、合同管理等几个方面采取措施控制。

采取组织措施控制工程成本：首先要明确项目经理部的机构设置与人员配备，明确项目经理部、公司或施工队之间职权关系的划分。项目经理部是作业管理班子，是企业法人指定项目经理做他的代表人管理项目的工作班子，项目建成后即行解体，所以它不是一个经济实体，应对整体利益负责任，同理应协调好公司与公司之间的责、权、利的关系。其次，要明确成本控制者及任务，从而使成本控制有人负责，避免成本大了，费用超了，项目亏了责任却不明的问题。

采取技术措施控制工程成本。采取技术措施是在施工阶段充分发挥技术人员的主观能动性，对标书中主要技术方案作必要的技术经济论证，以寻求较为经济可靠的方案，从而降低工程成本，包括采用新材料、新技术、新工艺，节约能耗，提高机械化操作等。

采取经济措施控制工程成本。人工费控制：人工费占全部工程费用的比例较大，一般都在10%左右，所以要严格控制人工费。要从用工数量控制，有针对性地减少或缩短某些工序的工日消耗量，从而达到降低工日消耗，控制工程成本的目的。材料费的控制：材料费一般占全部工程费的65%～75%，直接影响工程成本和经济效益。一般做法是要按量价分离的原则，主要做好两个方面的工作。一是对材料用量的控制：首先是坚持按定额确定材料消耗量，实行限额领料制度；其次是改进施工技术，推广使用降低料耗的各种新技术、新工艺、新材料；再就是对工程进行功能分析，对材料进行性能分析，力求用低价材料代替高价材料，加强周转料管理，延长周转次数等。二是对材料价格进行控制：主要是由采购部门在采购中加以控制。首先对市场行情进行调查，在保质保量前提下，货比三家，择优购料；其次是合理组织运输，就近购料，选用最经济的运输方式，以降低运输成本；再就是要考虑奖金的时间价值，减少资金占用，合理确定进货批量与批次，尽可能降低材料储备。机械费的控制：尽量减少施工中所消耗的机械台班量，通过合理的施工组织、机械调配，提高机械设备的利用率和完好率，同时，加强现场设备的维修、保养工作，降低大修、经常性修理等各项费用的开支，避免不正当使用造成机械设备的闲置；加强租赁设备计划的管理，充分利用社会闲置机械资源，从不同角度降低机械台班价格。从经济的角度控制工程成本还包括对参与成本控制的部门和个人给予奖励的措施；加强质量管理，控制返工率；在施工过程中，要严把工程质量关，各级质量自检人员定点、定岗、定责，加强施工工序的质量自检和管理工作，真正贯彻到整个过程中，采取防范措施，消除质理通病，做到工程一次成型，一次合格，杜绝返工现象的发生，避免造成因不必要的人、财、物等大量的投入而加大工程成本。

加强合同管理，控制工程成本。合同管理是施工企业管理的重要内容，也是降低工程成本，提高经济效益的有效途径。项目施工合同管理的时间范围应从合同谈判开始，至保修日结束止，尤其加强施工过程中的合同管理。

总之，成本预测为成本确立行为目标，成本控制才有针对性。不进行成本控制，成本预测也就失去了存在的意义，也就无从谈成本管理了，两者相辅相成，所以，应从理论上深入研究，实践上全面展开，扎实有效地把这些工作开展好。

3.4　基于 BIM 的成本控制方法

BIM，即建筑信息模型，是一种数字化工具，用于捕捉并管理建筑项目的物理和功能特性。它涵盖了建筑设计、施工、运维等全生命周期的信息，具有可视化、协调性、模拟性和优化性等特点。BIM 技术在成本控制中的应用如下：

1. 决策阶段的成本控制

在项目的决策阶段，BIM 技术可以提供准确的项目成本估算。通过建立三维模型，可以对项目进行模拟，评估项目的可行性和经济性。这有助于决策者做出更加明智的投资决策，避免因决策失误导致的成本浪费。

2. 设计阶段的成本控制

在设计阶段，BIM 技术可实现各专业之间的协同设计。通过将不同专业的设计成果集成到一个模型中，可以及时发现和解决设计中的冲突，减少返工和浪费。此外，BIM 的参数化设计功能有助于实现设计的优化和自动化，降低设计成本。

3. 施工阶段的成本控制

在施工阶段，BIM 技术可帮助实现施工进度的可视化管理和施工现场的实时监控。通过与施工管理系统集成，可以实时获取施工数据，对施工过程进行动态监控和调整，确保施工计划的顺利进行，降低施工成本。

4. 运维阶段的成本控制

在运维阶段，BIM 技术可以为设施管理提供详细的数据支持。通过将设施信息与 BIM 模型相关联，可以实现对设施的智能化管理。这有助于降低设施的维护成本，延长设施的使用寿命。

成本控制贯穿了建筑施工的全过程。BIM 技术是应用于工程设计、建造、管理的数据化工具，可用于建筑设计阶段的预算及施工阶段的成本控制。其中，其对施工阶段的成本控制主要包含以下手段：

（1）成本预算：通过 BIM 技术，根据施工计划，可以统计工程量和所需物料，帮助进行建设成本预算，避免施工过程中出现严重的成本误差。

（2）一模多用：通过共享和调用设计模型信息，如建筑结构、构件的几何信息、属性、型号等，可以减少模型重建的预算和成本，提高施工生产效率和质量，实现施工成本的控制。

（3）进度管理：BIM 技术可以管理施工过程，利用施工进度计划，结合 BIM 三维模型，查看实际进度和计划进度之间的误差，优化施工进度，减少人力成本和设备、场地租用成本，以此降低施工成本。

（4）施工模拟：利用 BIM 技术对施工重难点方案进行模拟，将施工工艺过程全面而详细地预演出来，让施工人员提前了解复杂的施工技术，提高施工质量和安全，避免因施工错误导致的施工损耗，减少浪费，控制成本。

（5）施工协调：利用 BIM 技术，将不同施工阶段的信息整合到同一个平台上，使项目参与方基于 BIM 进行协作，实现施工过程和组织的协调，优化施工质量，降低不必要的施工成本。

综上，BIM 技术对于施工阶段的成本控制具有重要作用，可以有效提高施工效率和质量，协调施工过程，控制施工成本，实现可持续发展。在实际项目中，为了快速达到高效、高质、低成本的施工管理目标，我们可以利用施工管理平台。施工管理平台是一个集移动办公、模型管理、项目管理、合同管理、成本管理、进度管理、质量管理、物资管理等专业模块于一体的施工管理解决方案，解决了施工过程中管理差、协同乱、监管难等难题，使业务管理智能化，项目资料信息化，施工过程可视化，达到高效、高质、低成本的施工管理目标。

BIM 技术在成本控制中的优势：①提高效率：BIM 技术可以自动计算工程量、材料用量等数据，减少人工计算的工作量，提高成本控制的效率；②精确计划：通过建立三维模型，可以更加准确地模拟施工过程和资源消耗情况，为制定精确的施工计划提供支持；③减少误差：BIM 技术的参数化设计功能可以减少设计变更和错误，降低因返工和浪费导致的成本增加；④提高协同性：BIM 技术可以实现各专业之间的协同设计和施工协同管理，提高不同部门之间的协同效率；⑤优化设计方案：BIM 技术的优化功能可以帮助发现设计方案中的潜在问题并进行优化，减少因设计不合理导致的成本损失；⑥实现信息化管理：BIM 技术可以与企业管理系统集成，实现项目信息的数字化管理和共享，提高管理效率和准确性。

5. 施工管理平台的主要功能

（1）BIM 模型管理

支持 Bentley、Revit、IFC、OBJ 等数据模型的导入与修改，可视化展示工程结构、属性、几何图形数据等信息；基于浏览器可对 BIM 模型进行查看、旋转、放大、缩小、选中、隐藏等常用操作；集成 GIS 与 BIM 模型，实现施工场景与 BIM 模型的一体化浏览与应用。

（2）进度管理

应用 BIM 支持进度计划在线修改和调整；支持 BIM 模型与进度计划和实际情况进行关联，通过不同颜色和透明度展示；支持进度计划与实际情况进行对比分析，以图表形式，展示进度偏差；支持对进度计划版本的管理，支持对旧进度计划版本进行下载查看；支持关键路径自动识别，在总工期受到影响时进行预警；支持总进度计划、年进度计划、季进度计划、月进度计划之间相互关联和联动。

（3）质量管理

BIM 支持手机移动端、电脑端上传施工质量问题，施工负责人接收整改信息，形成整改闭环流程；支持对关键质检项和工序的重点标注提醒，系统在整改完成后，自动提醒项目负责人进行重点检查；支持现场施工问题与 BIM 模型关联，通过三维模型快速发现质量问题；支持对不同质量问题进行分类，对不同紧急程度和不同专业的问题，以图表等形式进行分类展示。

（4）安全管理

BIM 支持利用物联网、传感器、摄像头对施工制高点、危险源（高支模、深基坑）等关键位置进行无死角智能监控；支持基于三维模型对监控设备的可视化定位与控制；支持视频监控的电脑端和移动端的实时浏览查看；支持安全员对所在责任片区内的危险源及危险设备进行定期巡检，并通过移动端 APP 进行巡检结果登记、上传及管理。支持业主及监理对于施工安全隐患问题，发起安全整改流程，施工单位相关负责人收到平台提醒后及时进行问题整改，并将整改结果进行反馈，业主及监理对整改结果进行审批，形成安全检查闭环。

（5）合同管理

引进电子合同，针对电子合同进行法律认证，提供合同法律咨询服务；针对变更与索赔有法律效力的取证；针对合同履行情况、项目总况进行六算对比；针对每个细部合同的收款支付情况进行统计。

电子合同签订（合同模板管理、审批管理）：在工程领域上引入电子合同，进行有法律效力的电子签章服务，增加合同履行的有效性、合法性，增加合同的保障。

收支管理：进行计划、实际收支利润的六算对比，分析工程的收支趋势，提供工程项目的实际价值收益情况分析。

索赔管理：在合同发生索赔变更时，进入索赔变更管理流程，查看索赔变更条款，针对项目实际情况，进行项目索赔。

（6）物资管理

BIM 支持对物资的采购、入库、出库、盘点、归还、物资库、物资类别的管理；支持公司资产、不可回收资产和采购物资与相应的采购合同进行关联，方便查看企业资产、物资采购明细。

（7）成本管理

BIM 支持根据施工进度计划编制成本计划，与 BIM 模型挂接，形成可视化的 BIM5D 成本计划；支持根据实际成本使用情况，录入成本数据库，与 BIM 模型挂接，形成可视化的 BIM5D 成本控制；参照成本费用偏差，进行费用偏差分析（人材机：人员效率、材料损耗、机械效率），形成 BIM5D 对比图与时间-成本曲线图；支持对项目资金使用情况进行分析，根据计划进度、实际进度、计划投资、实际投资自动测算已完工作实际费用、已完工作预算费用、计划工作实际费用、计划工作预算费用、进度偏差、费用偏差等，并通过图表等方式展示各个指标情况。

（8）文档管理

BIM 支持根据文档管理要求，对施工期间的施工图纸、施工日志、工作质量管理文件、安全管理文件、进度计划控制文件、合同文件等各种文档进行有序存储、整理、归档，辅助资料的专项验收等工作。支持施工图纸管理，支持施工图纸的存储、查询与检索；支持施工文件管理，对于施工过程中产生的各类文件资料分类上传，依据相关标准规范实现电子文件的自动组卷。

（9）移动端审批

Android、iOS 移动端 APP 支持流程审批和发起功能、监控设备查看等功能。支持日常工作日志、物资采购的流程审批，上传施工质量和安全问题，监控查看危险源施工情况。

（10）权限管理

BIM 支持自定义目录结构、角色、权限、属性；支持对项目角色进行权限划分，并能自由分配每一级目录的权限，确保项目资料安全、不外泄。施工管理平台具有以下优势：现场行为在线监控，让质量和安全问题减少 10%。加强施工质量和安全管理，增强质量和安全整改闭环，推动施工质量和效率的提高。施工过程全流程协作，整体效率上升40%。让施工单位内部高效协同，强化业主、监理方、施工单位等多方联动。施工成本精准管控，整体成本降低 30%。BIM5D 成本对比管控，物资进出透明，资金支付有据，有效降低无效浪费。文明绿色施工，争创优创质创效工程。电子化移动办公，绿色低碳环保；智能平台全程管理，施工过程保质保量。

6. BIM 技术在成本控制中的挑战与对策

（1）技术门槛高：BIM 技术的应用需要具备一定的技术能力和经验，对于一些传统企业来说可能存在一定的学习成本和技术门槛。针对这一问题，企业可以通过引进人才、培训员工等方式来提高自身的技术水平。

（2）数据安全问题：BIM 技术的应用涉及大量的数据交换和共享，如何保障数据的安全性和隐私性成为一个重要的问题。企业可以通过建立完善的数据管理制度、采用加密技术等方式来保障数据的安全性。

（3）缺乏统一的标准：目前 BIM 技术的应用缺乏统一的标准和规范，不同企业之间的数据格式和处理方式存在差异，这给数据共享和交流带来了一定的困难。针对这一问题，政府和行业协会可以制定相应的标准和规范，推动 BIM 技术的标准化应用和发展。

（4）缺乏专业的 BIM 人才：目前市场上缺乏专业的 BIM 人才，这成为制约 BIM 技术在成本控制中广泛应用的一个重要因素。针对这一问题，企业可以通过与高校、培训机构等合作来培养更多的 BIM 专业人才，同时也可以通过引进外部人才来弥补自身在 BIM 技术方面的不足之处。

（5）成本较高：BIM 技术的应用需要投入大量的资金和人力成本来进行研发和应用推广工作，相对于传统的管理方式来说成本较高一些，传统建筑企业可能难以承受这些成本支出。针对这一问题政府可以出台相应的扶持政策，鼓励企业进行技术创新和应用推广工作，同时企业也可以通过提高自身的技术水平和管理能力来降低应用成本，提高企业的竞争力。

思考与练习 🔍

一、单选题

1. 企业在生产各种工业产品等过程中发生的各种耗费，称为(　　)。

A. 成本　　　　　　　　　　　B. 产品成本

C. 生产费用　　　　　　　　　D. 经营费用

2. 产品成本实际包括的内容称为(　　)。

A. 生产费用　　　　　　　　　B. 成本开支范围

C. 成本　　　　　　　　　　　D. 制造成本

3. 企业对于一些主要产品、主要费用应采用比较复杂、详细的方法进行分配和计算，而对于一些次要的产品、费用采用简化的方法进行合并计算和分配的原则称为(　　)。

A. 实际成本计价原则　　　　　B. 成本分期原则

C. 合法性原则　　　　　　　　D. 重要性原则

4. 按产品材料定额成本比例分配法分配材料费用时，其适用的条件是(　　)。

A. 产品的产量与所耗用的材料有密切的联系

B. 产品的重量与所耗用的材料有密切的联系

C. 几种产品共同耗用几种材料

D. 各项材料消耗定额比较准确稳定

5. 在几种产品共同耗用几种材料的情况下，材料费用的分配可采用(　　)。

A. 定额耗用量比例分配法　　　B. 产品产量比例分配法

C. 产品重量比例分配法　　　　D. 产品材料定额成本比例分配法

6. 采用交互分配法分配辅助生产费用时，第二阶段的对外分配应(　　)。

A. 在辅助生产车间以外的各受益单位之间进行分配

B. 在辅助生产车间以内的各受益单位之间进行分配

C. 在辅助生产车间、部门之间进行分配

D. 只分配给基本生产车间

7. 在辅助生产费用的各种分配方法当中，最简便的方法是(　　)。

A. 顺序分配法　　　　　　　　B. 直接分配法

C. 交互分配法　　　　　　　　D. 代数分配法

8. 采用顺序分配法分配辅助生产费用时，其分配的顺序是(　　)。

A. 先辅助生产车间后基本生产车间

B. 先辅助生产车间内部后对外部单位

C. 按辅助生产车间受益金额多少

D. 按辅助生产车间提供劳务金额的多少

9. 某企业生产产品经过 2 道工序，各工序的工时定额分别为 30 小时和 40 小时，则第二道工序在产品的完工率约为(　　)。

A. 68%　　　　　　B. 69%　　　　　　C. 70%　　　　　　D. 71%

10. 采用约当产量法计算在产品成本时，影响在产品成本准确性的关键因素是(　　)。

    A. 在产品的数量   B. 在产品的完工程度

    C. 完工产品的数量   D. 废品的数量

二、简答题

1. 什么是项目成本管理？成本管理的措施分为哪些？

2. 项目成本管理在项目运营过程中的应用有哪些？

3. 项目的哪些场景可借助 BIM 项目成本管理？作用如何？

4. 工程项目成本控制方法有哪些？

5. BIM 技术在工程项目成本控制中的应用有哪些？

教学单元 4

智能建造工程项目进度管理

⊙ 教学目标:

1. 知识目标:

理解工程项目进度管理的概念和重要性,包括进度的定义、进度指标和进度管理的重要性;掌握 BIM 技术在进度管理中的应用;理解如何使用 BIM 技术进行进度可视化管理和进度偏差纠正。

2. 能力目标:

培养学生使用 BIM 技术分析和控制工程进度的能力,包括工程进度的实时监控和偏差处理。发展学生的批判性思维和解决问题的能力,使他们能够在面对进度管理中的挑战时采取合理的措施。

3. 素质目标:

通过分析伟大工程的进度管理,培养学生的家国情怀和民族自豪感。强化学生的使命感和责任感,让他们理解作为未来建筑工程师在社会发展和进步中的重要角色。

基于信息技术的
智慧施工进度
管理研究

⊙ 思想映射点

家国情怀:通过分析国内重大工程项目的进度管理案例,增强学生对国家工程项目的了解和认同,培养他们的民族自豪感和国家责任感。

使命感和责任感:强调工程进度管理对国家建设和社会发展的重要性,培养学生的责任意识和使命感,使他们在未来职业中能够积极承担责任和应对挑战。

⊙ 实现方式

课堂讲授:通过讲解工程项目进度管理的基本概念和重要性,结合 BIM 技术的应用,详细介绍如何进行进度可视化管理和进度偏差纠正。

课外阅读和讨论:推荐学生阅读相关文献和案例分析,组织学生分组讨论实际工程中的进度管理问题,增强理论与实践的结合。

实践案例分析:通过具体的工程项目案例,展示 BIM 技术在进度管理中的应用,帮助学生理解和掌握实际操作技能。

模拟实训:通过模拟真实工程项目的进度管理过程,让学生亲身体验和操作 BIM 技术在进度管理中的应用,培养其实践能力。

⊙ 参考案例

港珠澳大桥项目通过应用 BIM 技术在进度管理中取得显著成效,包括实时监控施工进展、模拟与预测未来进度、动态调整资源配置以及高效管理设计变更和现场签证。具体实施中,通过 BIM 模型实时反馈桥梁钢结构安装、模拟人工岛建设最佳方案、动态调整海底隧道施工以及快速传达设计变更和现场签证,确保了施工按计划高质量完成,提高了管理效率和透明度，降低了施工风险，展示了智能化合同管理在大型复杂工程中的关键作用。

→ **思维导图**

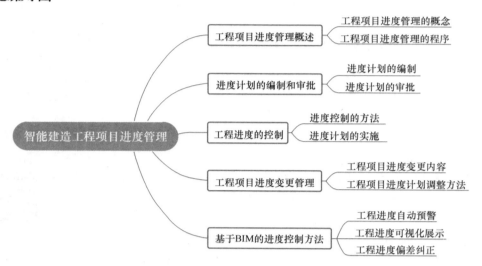

4.1 工程项目进度管理概述

4.1.1 工程项目进度管理的概念

1. 进度

进度通常是指项目实施结果的进展状况。建筑工程项目进度是一个综合的概念，除工期以外，还可以用工程量、资源消耗等来衡量。影响工程进度的因素也是多方面的、综合性的，包括人为因素、技术因素、材料设备因素、资金因素、水文地质气象因素、社会环境因素等。

2. 进度指标

按照一般的理解，工程进度表达的是项目实施结果的进展状况，应该以项目任务的完成情况，如工程的数量来表达。但由于通常工程项目对象系统是复杂的，常常很难选定一个恰当的、统一的指标来全面反映工程的进度。人们将工程项目任务、工期、成本有机结合起来，目前应用得较多的是如下四种指标：

（1）持续时间。项目与工程活动的持续时间是进度的重要指标之一。一般情况下，开始阶段投入资源少、工作配合不熟练，进而施工效率低；中期投入资源多、工作配合协调，效率最高；而后期工作面小，投入资源较少，施工效率也较低。只有在施工效率和计划效率完全相同时，工期消耗才能真正代表进度，通常使用这一指标与完成的实物量、已完工程的价值量或者资源消耗等指标结合起来对项目进展状况进行分析。

（2）完成的实物量。用完成的实物量表示进度。例如，设计工程按资料完成量；混凝土工程按完成的体积计量；设备安装工程按完成的吨位计量；管线、道路工程用长度计量等。完成的实物量适用于描述单一任务的专项工程，如道路、土方工程等，但其同一性较差，不适合用来描述综合性、复杂工程的进度，如分部工程、分项工程进度。

（3）已完工程的价值量。已完工程的价值量是指已完成的工作量与相应合同价格或预算价格的乘积。它将各种不同性质的工程量从价值形态上统一起来，可方便地将不同分项工程统一起来，能够较好地反映由多种不同性质工作所组成的复杂、综合性工程的进度状况。

（4）资源消耗指标。常见的资源消耗指标有工时、机械台班、成本等。资源消耗指标具有统一性和较好的可比性。各种项目均可用它们作为衡量进度的指标，便于统一分析尺度。在实际应用中，常常将资源消耗指标与工期指标结合起来，分析进度是否实质性拖延及成本超支。

3. 进度管理

进度管理是指根据进度总目标及资源优化配置的原则。对工程项目各建设阶段的工作内容和程序、持续时间和衔接关系编制计划并付诸实施，而后在进度计划的实施过程中经常检查实际进度是否按计划要求进行，如有偏差，则分析产生偏差的原因，采取补救措施或调整、修改原计划，再按新计划实施，如此动态循环，直到工程竣工交付使用。进度管理的总目标是确保建设项目按预定的时间交工或提前交付使用。

4.1.2　工程项目进度管理的程序

1. 建筑工程项目进度管理的目的和任务

建筑工程项目进度管理的目的是通过控制以实现工程的进度目标。通过进度计划控制，可以有效地保证进度计划的落实与执行，减少各单位和部门之间的相互干扰，确保建筑工程项目的工期目标以及质量、成本目标的实现。

建筑工程项目进度管理是项目施工的重点控制内容之一，它是保证施工项目按期完成，合理安排资源供应，节约工程成本的重要措施。建筑工程项目不同的参与方都有各自的进度控制的任务，但都应该围绕着投资者早日发挥投资效益的总目标去展开。工程项目不同参与方的进度管理任务见表 4-1。

工程项目参与方的进度管理任务　　　　　　　　　　表 4-1

参与方名称	任务	进度涉及时段
业主方	控制整个项目实施阶段的进度	设计准备阶段、设计阶段、施工阶段、物资采购阶段、动用前准备阶段
设计方	根据设计任务委托合同控制设计进度，并能满足施工、招标投标、物资采购进度协调	设计阶段
施工方	根据施工任务委托合同控制施工进度	施工阶段
供货方	根据供货合同控制供货进度	物资采购阶段

2. 建筑工程项目进度管理的措施

建筑工程项目进度控制采取的主要措施有组织措施、管理措施、经济措施、技术措施等。

（1）组织措施

组织是目标能否实现的决定性因素，为实现项目的进度目标，应充分重视健全项目管理的组织体系。进度控制工作任务和相应的管理职能应在项目管理组织设计的任务分工表和管理职能分工表中标示并落实。进度控制的组织措施包括以下几个方面：

① 建立进度控制目标体系，明确工程现场监理机构进度控制人员及其职责分工。

② 建立工程进度报告制度及进度信息沟通网络。

③ 建立进度计划审核制度和进度计划实施中的检查分析制度。

④ 建立进度协调会议制度，包括协调会议举行的时间、地点、参加人员等。

⑤ 建立图纸审查、工程变更和设计变更制度。

（2）管理措施

管理措施涉及管理的思想、管理的方法、管理的手段、承发包模式、合同管理和风险管理等。在理顺组织的前提下，科学和严谨的管理显得十分重要。进度控制的管理措施包括以下几个方面：

① 科学地使用工程网络计划对进度计划进行分析。通过工程网络的计算可以发现关键工作和关键线路，也可以知道非关键工作可使用的时差，工程网络计划有利于实现进度控制的科学化。

② 选择合理的承发包模式。建设项目的承发包模式直接关系到工程实施的组织和协调，为实现进度目标，应选择合理的合同结构，包括 EPC 模式、DB 模式、施工联合体模式等，均可有效地减少合同界面。

③ 加强风险管理。为实现进度目标，不但应进行进度控制，还应分析影响工程进度的风险，对工程项目风险进行全面的识别、分析和量化，在此基础上采取风险管理措施，以减少进度失控的风险量。

④ 重视信息技术在进度控制中的应用。信息技术包括相应的软件、局域网、互联网以及数据处理设备，信息技术的应用有利于提高进度信息处理的效率、有利于提高进度信息的透明度，而且还可以促进进度信息的交流和项目各参与方的协同工作。

（3）经济措施

建设工程项目进度控制的经济措施涉及资金需求计划、资金供应的条件和经济激励措施等。进度控制的经济措施包括以下几个方面：

① 资源需求计划。为确保进度目标的实现，应编制与进度计划相适应的资源需求计划（资源进度计划），包括资金需求计划和其他资源（人力、材料和机械等资源）需求计划，以反映工程实施的各时段所需要的资源。

② 落实实现进度目标的保证资金。在工程预算中应考虑加快工程进度所需要的资金，其中包括为实现进度目标将要采取的经济激励措施所需要的费用。

③ 签订并实施关于工期和进度的经济承包责任制。

④ 调动积极性，建立并实施关于工期和进度的奖罚制度。

⑤ 加强索赔管理。

（4）技术措施

建设工程项目进度控制的技术措施涉及对实现进度目标有利的设计技术和施工技术的选用。不同的设计理念、设计技术路线、设计方案会对工程进度产生不同的影响，在设计工作的前期，特别是在设计方案评审和选用时，应对设计技术与工程进度的关系作分析比较。在工程进度受阻时，应分析是否存在设计技术的影响因素，为实现进度目标有无设计变更的可能性。

施工方案对工程进度有直接的影响，在决策其选用时，不仅应分析技术的先进性和经济合理性还应考虑其对进度的影响。在工程进度受阻时，应分析是否存在施工技术的影响因素，为实现进度目标有无改变施工技术、施工方法和施工机械的可能性。

3. 建筑工程项目进度管理的程序

建筑工程项目经理部应按下列程序进行进度管理：

（1）确定控制时间目标

施工项目进度管理是以施工项目的工期为管理对象，那么施工项目进度控制的成效就必然由施工项目工期控制的有效程度来表征。由于没有标准也就没有所谓的控制，因此施工项目进度管理必须首先要求设置相应的控制标准，这就是目标工期。施工项目进度控制就是根据施工合同双方确定的开工日期、竣工日期和总工期来确定项目的施工进度计划，明确项目的计划开工日期、计划竣工日期和计划总工期，并根据项目特征确定其各分部的开工、竣工日期。

（2）编制施工进度计划

施工进度计划应根据项目的施工工艺关系、组织关系、起止时间、劳动力计划、各资源需求量计划以及相应的保证性计划综合考虑予以确定。结合建设现场的施工条件和业主要求，制定出详细的施工进度及控制管理的具体计划。其中进度计划包括前期准备、施工方案的选择、组织施工流水作业、协调工种、处理劳动力及材料设备的供应、确定分项工程的目标及整个工程的进度与工期等内容。而且制定计划要包括制定总控制进度计划、二级计划（即阶段工期计划或者分部工程计划）、三级计划（即周计划）三种计划。

4.2　进度计划的编制和审批

4.2.1　进度计划的编制

1. 施工进度计划的分类

施工进度计划按编制对象的不同可分为：施工总进度计划、单位工程进度计划、分阶段工程（或专项工程）进度计划、分部分项工程进度计划四种。

施工总进度计划：是以一个建设项目或一个建筑群体为编制对象，用以指导整个建设项目或建筑群体施工全过程进度控制的指导性文件。它按照总体施工部署确定了每个单项工程、单位工程在整个项目施工组织中所处的地位，也是安排各类资源计划的主要依据和控制性文件。施工总进度计划由于施工的内容较多，施工工期较长，故其计划项目综合性强，较多关注控制性，很少关注作业性。施工总进度计划一般在总承包企业的总工程师领导下进行编制。

单位工程进度计划：是以一个单位工程为编制对象，在项目总进度计划控制目标的原则下，用以指导单位工程施工全过程进度控制的指导性文件。由于它所包含的施工内容比较具体明确，施工期较短，故其作业性较强，是进度控制的直接依据。单位工程开工前，由项目经理组织，在项目技术负责人领导下进行编制。

分阶段工程（或专项工程）进度计划：是以工程阶段目标（或专项工程）为编制对

象，用以指导其施工阶段（或专项工程）实施过程的进度控制文件。分部分项工程进度计划：是以分部分项工程为编制对象，用以具体实施操作其施工过程进度控制的专业性文件。由于二者编制对象为阶段性工程目标或分部分项细部目标，目的是把进度控制进一步具体化、可操作化，因此是专业工程具体安排控制的体现。此类进度计划与单位工程进度计划类似，且由于比较简单、具体，通常由专业工程师或负责分部分项的工长进行编制。

2. 合理施工程序和顺序安排的原则

施工进度计划是施工现场各项施工活动在时间、空间上前后顺序的体现。合理编制施工进度计划就必须遵循施工技术程序的规律，根据施工方案和工程开展程序去进行组织，这样才能保证各项施工活动的紧密衔接和相互促进，起到充分利用资源、确保工程质量、加快施工速度、达到最佳工期目标的作用。同时，还能起到降低建筑工程成本、充分发挥投资效益的作用。

施工程序和施工顺序随着施工规模、性质、设计要求、施工条件和使用功能的不同而变化，但仍有可供遵循的共同规律，在施工进度计划编制过程中，需注意如下基本原则：

（1）安排施工程序的同时，首先安排其相应的准备工作。

（2）首先进行全场性工程的施工，然后按照工程排队的顺序，逐个进行单位工程的施工。

（3）三通工程应先场外后场内、由远而近、先主干后分支，排水工程要先下游后上游。

（4）先地下后地上和先深后浅的原则。

（5）主体结构施工在前，装饰工程施工在后，随着建筑产品生产工厂化程度的提高，它们之间的先后时间间隔的长短也将发生变化。

（6）既要考虑施工组织要求的空间顺序，又要考虑施工工艺要求的工种顺序。必须在满足施工工艺要求的条件下，尽可能地利用工作面，使相邻两个工种在时间上合理且最大限度地搭接起来。

3. 施工进度计划的编制依据

（1）施工总进度计划的编制依据

① 工程项目承包合同及招标投标书；

② 工程项目全部设计施工图纸及变更洽商；

③ 工程项目所在地区位置的自然条件和技术经济条件；

④ 工程项目设计概算、预算资料、劳动定额及机械台班定额等；

⑤ 工程项目拟采用的主要施工方案及措施、施工顺序、流水段划分等；

⑥ 工程项目需用的主要资源，主要包括：劳动力状况、机具设备能力、物资供应来源条件等；

⑦ 建设方及上级主管部门对施工的要求；

⑧ 现行规范、规程和技术经济指标等有关技术规定。

（2）单位工程进度计划的编制依据

① 主管部门的批示文件及建设单位的要求；

② 施工图纸及设计单位对施工的要求；

③ 施工企业年度计划对该工程的安排和规定的有关指标；

④ 施工组织总设计或大纲对该工程的有关部门规定和安排；

⑤ 资源配备情况，如：施工中需要的劳动力、施工机具和设备、材料、预制构件和加工品的供应能力及来源情况；

⑥ 建设单位可能提供的条件和水电供应情况；

⑦ 施工现场条件和勘察资料；

⑧ 预算文件和国家及地方规范等资料。

4. 施工进度计划的内容

（1）施工总进度计划的内容

施工总进度计划的内容应包括：编制说明，施工总进度计划表（图），分期（分批）实施工程的开、竣工日期及工期一览表，资源需要量及供应平衡表等。

编制说明的内容包括：编制的依据、假设条件、指标说明、实施重点和难点、风险估计及应对措施等。

施工总进度计划表（图）为最主要内容，用来安排各单项工程和单位工程的计划开竣工日期、工期、搭接关系及其实施步骤。资源需要量及供应平衡表是根据施工总进度计划表编制的保证计划，可包括劳动力、材料、预制构件和施工机械等资源的计划。

由于建设项目的规模、性质、建筑结构复杂程度和特点的不同，以及建筑施工场地条件差异和施工复杂程度的不同，其内容也不一样。

（2）单位工程进度计划的内容

单位工程进度计划根据工程性质、规模、繁简程度的不同，其内容和深广度要求的不同，不强求一致，但内容必须简明扼要，使其真正起到指导现场施工的作用。

单位工程进度计划的内容一般应包括：

① 工程建设概况：拟建工程的建设单位、工程名称、性质、用途、工程投资额、开竣工日期、施工合同要求、主管部门和有关部门的文件和要求以及组织施工的指导思想等。

② 工程施工情况：拟建工程的建筑面积、层数、层高、总高、总宽、总长、平面形状和平面组合情况、基础、结构类型、室内外装修情况等。

③ 单位工程进度计划，分阶段进度计划，单位工程准备工作计划，劳动力需用量计划，主要材料、设备及加工计划，主要施工机械和机具需要量计划，主要施工方案及流水段划分，各项经济技术指标要求等。

5. 施工进度计划的编制步骤

（1）施工总进度计划的编制步骤

① 根据独立交工系统的先后顺序，明确划分建设工程项目的施工阶段，按照施工部署要求，合理确定各阶段各个单项工程的开、竣工日期；

② 分解单项工程，列出每个单项工程的单位工程和每个单位工程的分部工程；

③ 计算每个单项工程、单位工程和分部工程的工程量；

④ 确定单项工程、单位工程和分部工程的持续时间；

⑤ 编制初始施工总进度计划，为了使施工总进度计划清楚明了，可分级编制，例如：按单项工程编制一级计划，按各单项工程中的单位工程和分部工程编制二级计划，按单位工程的分部工程和分项工程编制三级计划，大的分部工程可编制四级计划，具体到分项

工程；

⑥ 进行综合平衡后，绘制正式施工总进度计划图。

（2）单位工程进度计划的编制步骤

① 收集编制依据；

② 划分施工过程、施工段和施工层；

③ 确定施工顺序；

④ 计算工程量；

⑤ 计算劳动量或机械台班需用量；

⑥ 确定持续时间；

⑦ 绘制可行的施工进度计划图；

⑧ 优化并绘制正式施工进度计划图。

6. 施工进度计划的表达方式

施工总进度计划可采用网络图或横道图表示，并附必要说明，宜优先采用网络图计划。单位工程施工进度计划一般工程用横道图表示即可，对于工程规模较大、工序比较复杂的工程宜采用网络图表示，通过对各类参数的计算，找出关键线路，选择最优方案。

4.2.2 进度计划的审批

项目进度审批是项目管理过程中的重要环节，它确保项目按计划和时间表顺利进行，达到预期的目标。下文将介绍项目进度审批的定义、流程、注意事项以及相关角色的职责。

1. 定义

项目进度审批是指项目团队和相关利益相关者对项目进度计划进行评估和批准的过程。通过审批，项目团队可以确保项目进展按照计划进行，并及时进行必要的调整和优化。

2. 流程

① 项目进度计划编制：在项目启动后，项目经理应与项目团队合作，制定详细的项目进度计划。该计划应包含具体的工作包、任务、里程碑以及相关的时间安排。

② 内部评审：项目团队内部对项目进度计划进行评审，评估其可行性和合理性。在评审过程中，团队成员可以提出意见和建议，并对计划进行调整和修改。

③ 利益相关者评审：项目经理将项目进度计划提交给相关利益相关者进行评审。利益相关者可能包括项目发起人、高级管理人员等。他们将根据项目目标和利益，对进度计划进行审查，并提出意见和建议。

④ 审批决策：在评审过程完成后，项目经理将收集到的意见和建议整理汇总，并根据相关规定和程序进行审批决策。审批决策的目的是确保进度计划满足项目的要求，并能够按时完成。

⑤ 通知与调整：一旦进度计划得到批准，项目经理将向项目团队和相关利益相关者发出通知。同时，如果需要对进度计划进行调整，项目经理将在通知中说明原因和调整内容。

3. 注意事项

① 合理性和可行性：项目进度计划应合理且可行。在编制计划时，项目团队应充分考虑所需资源、工期限制和团队成员的能力，并确保计划在项目目标和可用资源的基础上

制定。

②　风险管理：项目进度审批过程中，需要对潜在风险进行评估和分析。项目经理应与团队成员一起识别可能造成进度延误的风险，并采取预防和应对措施，以确保项目能够按计划进行。

③　沟通与协作：项目进度审批需要项目团队和相关利益相关者之间的良好沟通与协作。项目经理应确保信息的准确传递和有效沟通，并及时响应团队成员和利益相关者的需求和反馈。

4. 相关角色的职责

①　项目经理：负责项目进度计划的编制和管理，协调项目团队和相关利益相关者之间的沟通与协作，确保项目按计划进行。

②　项目团队成员：参与项目进度计划的制定和评审，及时完成分配的任务和工作包，并定期向项目经理报告进度和问题。

③　利益相关者：参与项目进度计划的评审，提出意见和建议，并在需要时提供支持和资源帮助项目按计划完成。

5. 总结

项目进度审批是项目管理中的重要环节，它确保项目能够按时按质完成，并达到预期的目标。在审批过程中，需要确保进度计划的合理性和可行性，并充分考虑潜在的风险因素。项目经理及项目团队成员应密切配合，与相关利益相关者进行良好的沟通与协作。通过项目进度审批，可以提升项目执行效率，减少项目风险，实现项目成功。

4.3　工程进度的控制

4.3.1　进度控制的方法

1. 流水施工方法

工程施工组织实施的方式分三种：依次施工、平行施工、流水施工。

依次施工又称顺序施工，是将拟建工程划分为若干个施工过程。每个施工过程按施工工艺流程顺次进行施工，前一个施工过程完成后，后一个施工过程才开始施工。

当拟建工程十分紧迫时通常组织平行施工，在工作面、资源供应允许的前提下，组织多个相同的施工队，在同一时间、不同的施工段上同时组织施工。

流水施工是将拟建工程划分为若干施工段，并将施工对象分解为若干个施工过程，按施工过程成立相应工作队，各工作队按施工过程顺序依次完成施工段内的施工过程，并依次从一个施工段转到下一个施工段。施工在各施工段、施工过程上连续、均衡地进行，使相应专业工作队间最大限度地实现搭接施工。

2. 流水施工的特点

（1）科学利用工作面争取时间，合理压缩工期；

（2）工作队实现专业化施工，有利于工作质量和效率的提升；

（3）工作队及其工人、机械设备连续作业，同时使相邻专业工作队的开工时间能够最大限度地搭接，减少窝工和其他支出，降低建造成本；

（4）单位时间内资源投入量较均衡，有利于资源组织与供给。

3. 流水施工参数

（1）工艺参数

指组织流水施工时，用以表达流水施工在施工工艺方面进展状态的参数，通常包括施工过程和流水强度两个参数。

① 施工过程：根据施工组织及计划安排需要划分出的计划任务子项称为施工过程。施工过程可以是单位工程、分部工程，也可以是分项工程，甚至可以是将分项工程按照专业工种不同分解而成的施工工序。施工过程的数目一般用 n 表示。

② 流水强度：流水强度是指流水施工的某施工过程（专业工作队）在单位时间内所完成的工程量，也称为流水能力或生产能力。

（2）空间参数

指组织流水施工时，表达流水施工在空间布置上划分的个数。可以是施工区（段），也可以是多层的施工层数，数目一般用 M 表示。

划分施工段的原则：由于施工段内的施工任务由专业工作队依次完成，因而在两个施工段之间容易形成一个施工缝。同时，施工段数量的多少，将直接影响流水施工的效果，为使施工段划分得合理，一般应遵循下列原则：

① 同一专业工作队在各个施工段上的劳动量应大致相等，相差幅度不宜超过 $10\% \sim 15\%$。

② 每个施工段内要有足够的工作面，以保证工人的数量和主导施工机械的生产效率满足合理劳动组织的要求。

③ 施工段的界限应尽可能与结构界限（如沉降缝、伸缩缝等）相吻合，或设在对建筑结构整体性影响小的部位，以保证建筑结构的整体性。

④ 施工段的数目要满足合理组织流水施工的要求。施工段数目过多，会降低施工速度，延长工期；施工段过少，不利于充分利用工作面，可能造成窝工。

⑤ 对于多层建筑物、构筑物或需要分层施工的工程，应既分施工段，又分施工层，各专业工作队依次完成第一施工层中各施工段任务后，再转入第二施工层的施工段上作业，依此类推，以确保相应专业队在施工段与施工层之间，连续、均衡、有节奏地流水施工。

（3）时间参数

指在组织流水施工时，用以表达流水施工在时间安排上所处状态的参数，主要包括流水节拍、流水步距和工期等。

① 流水节拍。流水节拍是指在组织流水施工时，某个专业队在一个施工段上的施工时间，以符号"t"表示。

② 流水步距。流水步距是指两个相邻的专业队进入流水作业的时间间隔，以符号"K"表示。

③ 工期。工期是指从第一个专业队投入流水作业开始，到最后一个专业队完成最后一个施工过程的最后一段工作、退出流水作业为止的整个持续时间。由于一项工程往往由许多流水组构成，所以，这里所说的是流水组的工期，而不是整个工程的总工期。工期可用符号"T"表示。

4. 流水施工的基本组织形式

在流水施工中，根据流水节拍的特征将流水施工进行分类：

（1）无节奏流水施工

无节奏流水施工是指在组织流水施工时，全部或部分施工过程在各个施工段上流水节拍不相等的流水施工。这种施工是流水施工中最常见的一种。

无节奏流水施工特点：

① 各施工过程在各施工段的流水节拍不全相等；

② 相邻施工过程的流水步距不尽相等；

③ 专业工作队数等于施工过程数；

④ 各专业工作队能够在各施工段上连续作业，但有的施工过程间可能有间隔时间。

（2）等节奏流水施工

等节奏流水施工是指在有节奏流水施工中，各施工过程的流水节拍都相等的流水施工，也称为固定节拍流水施工或全等节拍流水施工。

等节奏流水施工特点：

① 所有施工过程在各个施工段上的流水节拍均相等；

② 相邻施工过程的流水步距相等，且等于流水节拍；

③ 专业工作队数等于施工过程数，即每一个施工过程成立一个专业工作队，由该队完成相应施工过程所有施工任务；

④ 各专业工作队在各施工段上能够连续工作，各施工过程之间没有空闲时间。

（3）异节奏流水施工

异节奏流水施工是指在有节奏流水施工中，各施工过程的流水节拍各自相等，而不同施工过程之间的流水节拍不尽相等的流水施工。在组织异节奏流水施工时，又可以采用等步距和异步距两种方式。

1）等步距异节奏流水施工特点：

① 同一施工过程在其各个施工段上的流水节拍均相等，不同施工过程的流水节拍不等，其值为倍数关系；

② 相邻施工过程的流水步距相等，且等于流水节拍的最大公约数；

③ 专业工作队数大于施工过程数，部分或全部施工过程按倍数增加相应专业工作队；

④ 各个专业工作队在各施工段上能够连续作业，各施工过程间没有间隔时间。

2）异步距异节奏流水施工特点：

① 同一施工过程在各个施工段上流水节拍均相等，不同施工过程之间的流水节拍不尽相等；

② 相邻施工过程之间的流水步距不尽相等；

③ 专业工作队数等于施工过程数；

④ 各个专业工作队在各施工段上能够连续作业，各施工过程间没有间隔时间。

5. 流水施工的表达方式

流水施工的表达方式除网络图外，主要还有横道图和垂直图两种。

（1）流水施工的横道图表示法：横坐标表示流水施工的持续时间，纵坐标表示施工过程的名称或编号。n 条带有编号的水平线段表示 n 个施工过程或专业工作队的施工进度安排，其编号 1、2……表示不同的施工段。横道图表示法的优点是：绘图简单，施工过程及其先后顺序表达清楚，时间和空间状况形象直观，使用方便，因而被广泛用来表达施工进度计划。

（2）流水施工的垂直图表示法：横坐标表示流水施工的持续时间，纵坐标表示流水施工所处的空间位置，即施工段的编号。n 条斜向线段表示 n 个施工过程或专业工作队的施工进度。垂直图表示法的优点是：施工过程及其先后顺序表达清楚，时间和空间状况形象直观，斜向进度线的斜率可以直观地表示出各施工过程的进展速度，但编制实际工程进度计划不如横道图方便。

6. 流水施工应用的时间参数计算

（1）背景

某工程包括三个结构形式与建造规模完全一样的单体建筑，共由五个施工过程组成，分别为：土方开挖、基础施工、地上结构、二次砌筑、装饰装修。根据施工工艺要求，地上结构、二次砌筑两施工过程时间间隔为 2 周。

现在拟采用五个专业工作队组织施工，各施工过程的流水节拍见表 4-2。

流水节拍表 表 4-2

施工过程编号	施工过程	流水节拍（周）
Ⅰ	土方开挖	2
Ⅱ	基础施工	2
Ⅲ	地上结构	6
Ⅳ	二次砌筑	4
Ⅴ	装饰装修	4

（2）问题

① 上述五个专业工作队的流水施工属于何种形式的流水施工？绘制其流水施工进度计划图，并计算总工期。

② 根据本工程的特点，宜采用何种形式的流水施工形式？简述理由。

③ 如果采用第二问的方式，重新绘制流水施工进度计划，并计算总工期。

（3）分析与答案

① 上述五个专业工作队的流水施工属于异节奏流水施工。根据表 4-2 中数据，采用"累加数列错位相减取大差法"（简称"大差法"）计算流水步距：

各施工过程流水节拍的累加数列：

施工过程Ⅰ：2　4　6；

施工过程Ⅱ：2　4　6；

施工过程Ⅲ：6　12　18；

施工过程Ⅳ：4　8　12；

施工过程Ⅴ：4　8　12。

错位相减，取最大值得流水步距：

$$K_{I,II} \quad 2 \quad 4 \quad 6$$
$$- \qquad\quad 2 \quad 4 \quad 6$$
$$\overline{\qquad 2 \quad 2 \quad 2 \quad -6}$$

所以：$K_{I,II}=2$；

$$K_{II,III} \quad 2 \quad 4 \quad 6$$
$$- \qquad\quad 6 \quad 12 \quad 18$$
$$\overline{\qquad 2 \quad -2 \quad -6 \quad -18}$$

所以：$K_{II,III}=2$；

$$K_{III,IV} \quad 6 \quad 12 \quad 18$$
$$- \qquad\quad 4 \quad 8 \quad 12$$
$$\overline{\qquad 6 \quad 8 \quad 10 \quad -12}$$

所以：$K_{III,IV}=10$；

$$K_{IV,V} \quad 4 \quad 8 \quad 12$$
$$- \qquad\quad 4 \quad 8 \quad 12$$
$$\overline{\qquad 4 \quad 4 \quad 4 \quad -12}$$

所以：$K_{IV,V}=4$。

总工期：

$T=(2+2+10+4)+(4+4+4)+2=32$ 周。

五个专业队完成施工的流水施工进度计划如图 4-1 所示。

施工过程	施工进度（周）															
	2	4	6	8	10	12	14	16	18	20	22	24	26	28	30	32
土方开挖																
基础施工																
地上结构																
二次砌筑																
装饰装修																

图 4-1　流水施工进度计划

② 本工程比较适合采用成倍节拍流水施工。

理由：因五个施工过程的流水节拍分别为 2、2、6、4、4，存在最大公约数，且最大公约数为 2，所以本工程组织成倍节拍流水施工最理想。

③ 如采用成倍节拍流水施工，则应增加相应的专业队。

流水步距：$K=\min(2,2,6,4,4)=2$ 周。

确定专业队数：$b=2/2=1$；
$$b=2/2=1;$$

$$B = 2/2 = 1;$$
$$B = 6/2 = 3;$$
$$b = 4/2 = 2;$$

故：专业队总数 $N = 1 + 1 + 3 + 2 + 2 = 9$。

流水施工工期：$T = (M + N - 1)K + G = (3 + 9 - 1) \times 2 + 2 = 24$ 周。

采用成倍节拍流水施工进度计划如图 4-2 所示。

施工过程	专业队	施工进度（周）											
		2	4	6	8	10	12	14	16	18	20	22	24
土方开挖	I												
基础施工	II												
地上结构	III1												
	III2												
	III3												
二次砌筑	IV1												
	IV2												
装饰装修	V1												
	V2												

图 4-2 采用成倍节拍流水施工进度计划

7. 网络计划技术

（1）网络计划技术的应用程序

按《网络计划技术 第3部分：在项目管理中应用的一般程序》GB/T 13400.3—2009 的规定，网络计划技术的应用程序包括 7 个阶段 18 个步骤，具体程序如下：

① 准备阶段。步骤包括：确定网络计划目标，调查研究，项目分解，工作方案设计。

② 绘制网络图阶段。步骤包括：逻辑关系分析，网络图构图。

③ 计算参数阶段。步骤包括：计算工作持续时间和搭接时间，计算其他时间参数，确定关键线路。

④ 编制可行网络计划阶段。步骤包括：检查与修正，可行网络计划编制。

⑤ 确定正式网络计划阶段。步骤包括：网络计划优化，网络计划的确定。

⑥ 网络计划的实施与控制阶段。步骤包括：网络计划的贯彻，检查和数据采集，控制与调整。

⑦ 收尾阶段：分析，总结。

（2）网络计划的分类

按照《工程网络计划技术规程》JGJ/T 121—2015，我国常用的工程网络计划类型包括：双代号网络计划、双代号时标网络计划、单代号网络计划、单代号搭接网络计划。

双代号时标网络计划兼有网络计划与横道计划的优点，它能够清楚地将网络计划的时间参数直观地表达出来，随着计算机应用技术的发展成熟，目前已成为应用最为广泛的一种网络计划。

（3）网络计划时差、关键工作与关键线路

时差可分为总时差和自由时差两种：工作总时差，是指在不影响总工期的前提下，本工作可以利用的机动时间；工作自由时差，是指在不影响其所有紧后工作最早开始的前提下，本工作可以利用的机动时间。

关键工作：是网络计划中总时差最小的工作。在双代号时标网络图上，没有波形线的工作即为关键工作。

关键线路：全部由关键工作所组成的线路就是关键线路。关键线路的工期即为网络计划的计算工期。

（4）网络计划优化

网络计划表示的逻辑关系通常有两种：一是工艺关系，由工艺技术要求的工作先后顺序关系；二是组织关系，施工组织时按需要进行的工作先后顺序安排。通常情况下，网络计划优化时，只能调整工作间的组织关系。

网络计划的优化目标按计划任务的需要和条件可分为三方面：工期目标、费用目标和资源目标。根据优化目标的不同，网络计划的优化相应分为工期优化、资源优化和费用优化三种。

1）工期优化

工期优化也称时间优化，其目的是当网络计划计算工期不能满足要求工期时，通过不断压缩关键线路上的关键工作的持续时间等措施，达到缩短工期、满足要求的目的。

选择优化对象应考虑下列因素：①缩短持续时间对质量和安全影响不大的工作；②有备用资源的工作；③缩短持续时间所需增加的资源、费用最少的工作。

2）资源优化

资源优化是指通过改变工作的开始时间和完成时间，使资源按照时间的分布符合优化目标。通常分两种模式："资源有限、工期最短"的优化，"工期固定、资源均衡"的优化。

资源优化的前提条件是：

① 优化过程中，不改变网络计划中各项工作之间的逻辑关系；

② 优化过程中，不改变网络计划中各项工作的持续时间；

③ 网络计划中各工作单位时间所需资源数量为合理常量；

④ 除明确可中断的工作外，优化过程中一般不允许中断工作，应保持其连续性。

3）费用优化

费用优化也称成本优化，其目的是在一定的限定条件下，寻求工程总成本最低时的工期安排，或满足工期要求前提下寻求最低成本的施工组织过程。

费用优化的目的就是使项目的总费用最低，优化应从以下几个方面进行考虑：

① 在既定工期的前提下，确定项目的最低费用；

② 在既定的最低费用限额下完成项目计划，确定最佳工期；

③ 若需要缩短工期，则考虑如何使增加的费用最小；

④ 若新增一定数量的费用，则可将工期缩短到多少。

（5）网络计划案例

1）背景

某单项工程，按如图 4-3 所示进度计划网络图组织施工。

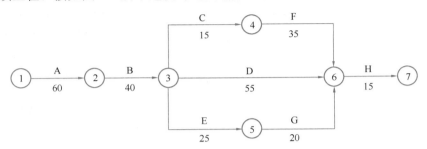

图 4-3　进度计划网络图（单位：d）

原计划工期是 170d，在第 75d 进行的进度检查时发现：工作 A 已全部完成，工作 B 刚刚开工。由于工作 B 是关键工作，所以它拖后 15d 将导致总工期延长 15d 完成。

本工程各工作相关参数见表 4-3。

相关参数表　　　　　　　　　　　　　　表 4-3

序号	工作	最大可压缩时间（d）	赶工费用（元/d）
1	A	10	200
2	B	5	200
3	C	3	100
4	D	10	300
5	E	5	200
6	F	10	150
7	G	10	120
8	H	5	420

2）问题

① 为使本单项工程仍按原工期完成，必须调整原计划，应如何调整原计划，才能既经济又保证整修工作在计划的 170d 内完成，列出详细调整过程。

② 试计算经调整后，所需投入的赶工费用。

③ 重新绘制调整后的进度计划网络图，并列出关键线路（以工作表示）。

3）分析与答案

① 目前总工期拖后 15d，此时的关键线路为：B→D→H。

A. 工作 B 赶工费率最低，故先对工作 B 持续时间进行压缩：工作 B 压缩 5d，因此增加费用为：5×200＝1000 元；总工期为：185－5＝180d；关键线路为：B→D→H。

B. 剩余关键工作中，工作 D 赶工费率最低，故应对工作 D 持续时间进行压缩。工作 D 压缩的同时，应考虑与之平等的各线路，以各线路工作正常进展均不影响总工期为限。

工作 D 只能压缩 5d，因此增加费用为：$5 \times 300 = 1500$ 元；总工期为：$180 - 5 = 175d$；关键线路为：B→D→H 和 B→C→F→H 两条。

C. 剩余关键工作中，存在三种压缩方式：a. 同时压缩工作 C、工作 D；b. 同时压缩工作 F、工作 D；c. 压缩工作 H。

同时压缩工作 C 和工作 D 的赶工费率最低，故应对工作 C 和工作 D 同时进行压缩。工作 C 最大可压缩天数为 3d，故本次调整只能压缩 3d，因此增加费用为：$3 \times 100 + 3 \times 300 = 1200$ 元；总工期为：$175 - 3 = 172d$；关键线路为：B→D→H 和 B→C→F→H 两条。

D. 剩下关键工作中，压缩工作 H 赶工费率最低，故应对工作 H 进行压缩。工作 H 压缩 2d，因此增加费用为：$2 \times 420 = 840$ 元；总工期为：$172 - 2 = 170d$。

E. 通过以上工期调整，工作仍能按原计划的 170d 完成。

② 所需投入的赶工费为：$1000 + 1500 + 1200 + 840 = 4540$ 元。

③ 调整后的进度计划网络图如图 4-4 所示。

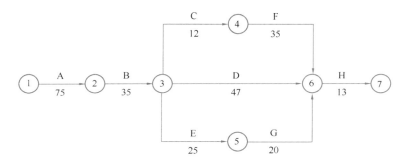

图 4-4　调整后的进度计划网络图（单位：d）

其关键线路为：A→B→D→H 和 A→B→C→F→H。

4.3.2　进度计划的实施

在施工项目实施过程中，要根据确定好的进度计划对施工过程进行管理，不断跟踪检查，当出现进度偏差现象时，要及时分析原因，找出解决的办法，及时调整进度计划，并对工程进展进行进度状况的预测分析，制定出合理的新的施工进度计划。具体过程包括：

（1）向监理工程师提交开工申请报告，并应按照监理工程师下达的开工指令中指定的日期开工。通过业主审批的施工进度计划必须严格执行与落实，施工方按照计划的要求调配人力物力，协调工种及机械，保证资金流转顺畅，根据实际进展可适当地修正技术和组织管理中的各项措施，适当调整施工项目的进度计划，保证进度计划有效、按时地执行。

（2）监督工程的实际进展并且加强整个工程的调度，统计分析已记录的实际数据，落实调整措施，处理工程中可能遇到的索赔事宜，确保供应等工作。进度管理者应该全面地掌控工程施工的方方面面，协调工作，确保工程施工保质、按时地进行。

（3）施工方应该定期向业主汇报有关工程进展的信息，积极地回应业主提出的要求，交流看法与意见，适当地处理工程中遇到的突发事件，协调各方面的利益，充分调动积极因素，促进施工项目的建设工作顺利开展。

（4）施工方根据对实际工程检查的结果做出分析并且适当地调整施工进度计划。进行调整的内容主要有：工作量、工作内容、起止时间、持续时间、工种关系、材料和机械的供应等。进度计划调整要在根据实际的检查结果进行分析与探讨后进行，施工方必须严格实施完善后的进度计划与方案。

4.4　工程项目进度变更管理

4.4.1　工程项目进度变更内容

在项目实施过程中，必须对进展过程实施动态监测，随时监控项目的进展情况，收集实际进度数据，并与进度计划进行对比分析，若出现偏差，找出原因并评估对工期的影响程度，采取有效的措施作必要调整，使项目按预定的进度目标进行，这一不断循环的过程称为进度控制。

项目进度控制的目标就是确保项目按既定工期目标实现，或在实现项目目标的前提下适当缩短工期。

1. 施工进度控制程序

施工进度控制是各项目标实现的重要工作，其任务是实现项目的工期或进度目标。主要分为进度的事前控制、事中控制和事后控制。

（1）进度事前控制内容

① 编制项目实施总进度计划，确定工期目标；

② 将总目标分解为分目标，制定相应细部计划；

③ 制定完成计划的相应施工方案和保障措施。

（2）进度事中控制内容

① 检查工程进度，一是审核计划进度与实际进度的差异；二是审核形象进度、实物工程量与工作量指标完成情况的一致性。

② 进行工程进度的动态管理，即分析进度差异的原因，提出调整的措施和方案，相应调整施工进度计划、资源供应计划。

（3）进度事后控制内容

当实际进度与计划进度发生偏差时，在分析原因的基础上应采取以下措施：

① 制定保证总工期不突破的对策措施；

② 制定总工期突破后的补救措施；

③ 调整相应的施工计划，并组织协调相应的配套设施和保障措施。

2. 进度计划的实施与监测

施工进度控制的总目标应进行层层分解，形成实施进度控制、相互制约的目标体系。目标分解，可按单项工程分解为交工分目标；按承包的专业或施工阶段分解为完工分目标；按年、季、月计划分解为时间分目标。

施工进度计划实施监测的方法有：横道计划比较法、网络计划法、实际进度前锋线法、S形曲线法、香蕉形曲线比较法等。

施工进度计划监测的内容：

① 随着项目进展，不断观测每一项工作的实际开始时间、实际完成时间、实际持续

时间、目前现状等内容，并加以记录。

②定期观测关键工作的进度和关键线路的变化情况，并相应采取措施进行调整。观测检查非关键工作的进度，以便更好地发掘潜力，调整或优化资源，以保证关键工作按计划实施。

③定期检查工作之间的逻辑关系变化情况，以便适时进行调整。

④收集有关项目范围、进度目标、保障措施变更的信息等，并加以记录。项目进度计划监测后，应形成书面进度报告。项目进度报告的内容主要包括：进度执行情况的综合描述，实际施工进度，资源供应进度，工程变更、价格调整、索赔及工程款收支情况，进度偏差状况及导致偏差的原因分析，解决问题的措施，计划调整意见。

3. 进度计划的调整

施工进度计划的调整依据进度计划检查结果。调整的内容包括：施工内容、工程量、起止时间、持续时间、工作关系、资源供应等。调整施工进度计划采用的原理、方法与施工进度计划的优化相同。

调整施工进度计划的步骤如下：分析进度计划检查结果，分析进度偏差的影响并确定调整的对象和目标，选择适当的调整方法，编制调整方案，对调整方案进行评价和决策，确定调整后付诸实施的新施工进度计划。

进度计划的调整，一般有以下几种方法：

（1）关键工作的调整——本方法是进度计划调整的重点，也是最常用的方法之一。

（2）改变某些工作间的逻辑关系——此种方法效果明显，但应在允许改变关系的前提之下才能进行。

（3）剩余工作重新编制进度计划——当采用其他方法不能解决时，应根据工期要求，将剩余工作重新编制进度计划。

（4）非关键工作调整——为了更充分地利用资源，降低成本，必要时可对非关键工作的时差作适当调整。

（5）资源调整——若资源供应发生异常，或某些工作只能由某特殊资源来完成时，应进行资源调整，在条件允许的前提下将优势资源用于关键工作的实施。

4.4.2　工程项目进度计划调整方法

在计划执行过程中，由于组织、管理、经济、技术、资源、环境和自然条件等因素的影响，往往会造成实际进度与计划进度产生偏差，如果偏差不能及时纠正，必将影响进度目标的实现。因此，在计划执行过程中采取相应措施来进行管理，对保证计划目标的顺利实现具有重要意义。

1. 进度计划执行中的管理工作

（1）检查并掌握实际进展情况；

（2）分析产生进度偏差的主要原因；

（3）确定相应的纠偏措施或调整方法。

2. 进度计划的检查

（1）进度计划的检查方法

①计划执行中的跟踪检查

在网络计划的执行过程中，必须建立相应的检查制度，定时定期地对计划的实际执行情况进行跟踪检查，收集反映实际进度的有关数据。

② 收集数据的加工处理

收集反映实际进度的原始数据量大面广，必须对其进行整理、统计和分析，形成与计划进度具有可比性的数据，以便在网络图上进行记录。根据记录的结果可以分析判断进度的实际状况，及时发现进度偏差，为网络图的调整提供信息。

③ 实际进度检查记录的方式

当采用时标网络计划时，可采用实际进度前锋线记录计划实际执行状况，进行实际进度与计划进度的比较。

实际进度前锋线是在原时标网络计划上，自上而下从计划检查时刻的时标点出发，用点画线依次将各项工作实际进度达到的前锋点连接而成的折线。通过实际进度前锋线与原进度计划中各工作箭线交点的位置可以判断实际进度与计划进度的偏差。

例如，图 4-5 所示是一份时标网络计划用前锋线进行检查记录的实例。该图有 4 条前锋线，分别记录了第 47、52、57、62d 的四次检查结果。

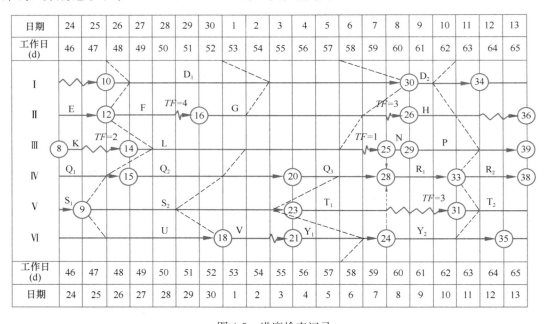

图 4-5　进度检查记录

（2）当采用无时标网络计划时，可在图上直接用文字、数字、适当符号或列表记录计划的实际执行状况，进行实际进度与计划进度的比较。

3. 网络计划检查的主要内容

（1）关键工作进度。

（2）非关键工作的进度及时差利用情况。

（3）实际进度对各项工作之间逻辑关系的影响。

（4）资源状况。

（5）成本状况。

（6）存在的其他问题。

4. 对检查结果进行分析判断

通过对网络计划执行情况检查的结果进行分析判断，可为计划的调整提供依据。一般应进行如下分析判断：

（1）对时标网络计划宜利用绘制的实际进度前锋线，分析计划的执行情况及其发展趋势，对未来的进度作出预测、判断，找出偏离计划目标的原因及可供挖掘的潜力所在。

（2）对无时标网络计划宜按记录情况对计划中未完成的工作进行分析判断。

5. 进度计划的调整

网络计划调整的内容：

① 调整关键线路的长度。

② 调整非关键工作时差。

③ 增、减工作项目。

④ 调整逻辑关系。

⑤ 重新估计某些工作的持续时间。

⑥ 对资源的投入作相应调整。

6. 网络计划调整的方法

（1）调整关键线路的方法

① 当关键线路的实际进度比计划进度拖后时，应在尚未完成的关键工作中，选择资源强度小或费用低的工作缩短其持续时间，并重新计算未完成部分的时间参数，将其作为一个新计划实施。

② 当关键线路的实际进度比计划进度提前时，若不拟提前工期，应选用资源占用量大或者直接费用高的后续关键工作，适当延长其持续时间，以降低其资源强度或费用；当确定要提前完成计划时，应将计划尚未完成的部分作为一个新计划，重新确定关键工作的持续时间，按新计划实施。

（2）非关键工作时差的调整方法

非关键工作时差的调整应在其时差的范围内进行，以便更充分地利用资源、降低成本或满足施工的需要。每一次调整后都必须重新计算时间参数，观察该调整对计划全局的影响。可采用以下几种调整方法：

① 将工作在其最早开始时间与最迟完成时间范围内移动。

② 延长工作的持续时间。

③ 缩短工作的持续时间。

（3）增、减工作项目时的调整方法

增、减工作项目时应符合下列规定：

① 不打乱原网络计划总的逻辑关系，只对局部逻辑关系进行调整。

② 在增减工作后应重新计算时间参数，分析对原网络计划的影响。当对工期有影响时，应采取调整措施，以保证计划工期不变。

（4）调整逻辑关系

逻辑关系的调整只有当实际情况要求改变施工方法或组织方法时才可进行。调整时应避免影响原定计划工期和其他工作的顺利进行。

（5）调整工作的持续时间

当发现某些工作的原持续时间估计有误或实现条件不充分时，应重新估算其持续时间，并重新计算时间参数，尽量使原计划工期不受影响。

（6）调整资源的投入

当资源供应发生异常时，应采用资源优化方法对计划进行调整，或采取应急措施，使其对工期的影响最小。

网络计划的调整，可以定期进行，亦可根据计划检查的结果在必要时进行。

4.5 基于 BIM 的进度控制方法

4.5.1 工程进度自动预警

工程项目进度往往容易出现失控、工序优化不够、进度控制精度不高、无法有效指导施工等问题，要结合工程需求，开展基于 BIM 综合管理平台的项目施工进度动态预警研究，从而提高项目施工进度管理的效率以及科学管理水平。

1. 基于 BIM 综合管理平台的工程进度动态预警模型

在工程施工活动的进度管理过程中，对施工计划方案的关键链工序进行识别与分析后，需要对制定出具体的施工进度控制措施进行逐一分析并落实。但是，很多施工过程中，很多制度措施并非一成不变，有必要实时掌握每个关键链工序的状态并采取相应的应对措施。因此，面向工程施工的关键链工序动态预警问题包含两层含义：第一层是识别好关键链工序以监控具体工序的进度变化情况，第二层是在进度变化情况超过原有计划变动范围限值的情况下进行进度预警。

基于 BIM 综合管理平台的工程关键链工序动态预警模型架构，其不仅考虑到施工前关键链工序的行为控制，还考虑到施工中关键链工序的动态预警，是一个动态的系统化的管控过程。具体管控流程如下：

（1）工程项目关键链工序的动态管控

对关键链工序相关数据的动态搜集是施工进度管控的首要条件，可以实时对比关键链工序实际进度，以实现对关键链工序的动态监控。比如利用 BIM 综合管理平台形象进度功能，如图 4-6 所示，将相关数据动态集成至工程项目 BIM 综合管理平台系统中，便于后期实时监控关键链工序的施工进度并对进度问题进行有效预警。

（2）工程项目关键链工序的动态预警

当个别因素导致关键链工序缓冲区时间大于预设的阈值时，为避免延误整体工程进度，需要通过 BIM 技术对后续工序进行可视化模拟检测，并基于 BIM 系统对将延误的关键链工序进行可视化预警，如图 4-7 所示，确保整体施工进度计划的可行性和合理性。

工程项目关键链工序动态预警的关键因素在于关键链工序的动态跟踪，即在实时收集并准确掌握工序进度信息的前提下，提前预警管理人员，以在足够的时间内采取应对措施，把工程损失降到最低。图 4-8 中的工程项目关键链工序动态预警方法使地

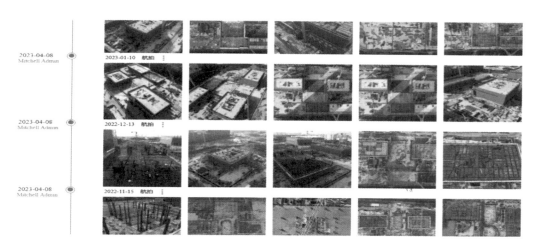

图 4-6　关键链工序形象进度

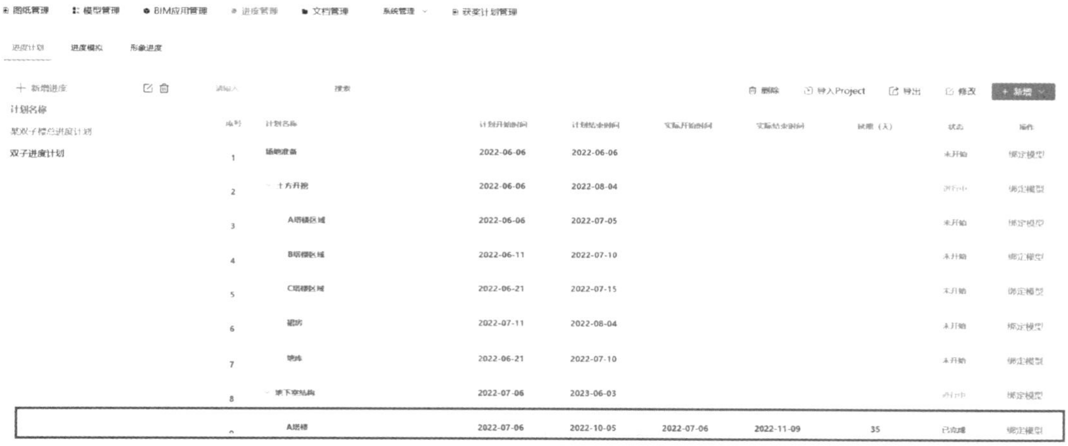

图 4-7　关键链工序可视化预警

铁工程关键链工序始终处于监测与预警的状态，从而实现工程项目进度计划的可视化动态监控。

2. 工程项目关键链工序进度动态监控

基于 BIM 综合管理平台的动态进度预警管理以 BIM 模型为基础进行进度监控，利用 BIM 模型指导施工，因此对模型的进度和监控数据的精确性提出了更高的要求。在项目施工过程中，进度信息时刻都在发生变化，进度监控也需要时效性更强的采集数据。现阶段，随着视频监控技术的飞速发展，视频监控技术已广泛应用至施工现场，通过监控视频可动态了解施工进度、秩序、安全性等方面，其中目标跟踪是视频分析的重要组成部分。

3. 基于 BIM 综合管理平台的工程项目施工进度预警方法

进度预警管理的手段是对缓冲区进行监控并建立缓冲区与各工序的关系，根据实际

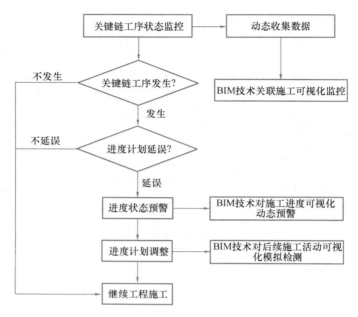

图 4-8　基于 BIM 综合管理平台的关键链工序动态预警

执行过程中所消耗的缓冲量，按照施工过程相关活动风险权重因子，将缓冲区依次分配给未完成的活动；并动态调整与设置下一监控时点缓冲消耗的监控基准点；在剩余缓冲再分配时，不考虑其对总工期不确定性的影响。通过调整各监控时点缓冲监控量和监控基准点，既考虑了内部各活动对于项目不同程度的影响，也融入了关键链中风险共担的原则。

　　然而，目前进度过程的数据监测主要采用统计学方法，时间和人力成本较高；且由于复杂的现场环境，进度数据的偏差和滞后常有发生。为此，基于关键链的工序活动完成度，结合工程现场情况，选择相应的策略对缓冲区消耗情况分析，并通过将固定监控、动态监控进行有效融合的方式，对监控点进行设置和完善。

　　在实际项目中，可以根据关键链工序活动的完成情况结合项目的组织结构来设置监控点。施工企业是建筑业分布普遍的群体，BIM 技术给施工企业带来了很大的变革。管理者以模型为基础，并基于管理系统进行文档、图档和视频文档的提交、审核、审批及利用，通过网络协同工作，进行工程洽谈、协调，最终实现多参与方的协同管理和信息共享。

　　（1）关键链上的工序活动监控点设置

　　随着信息技术、可视化技术在建筑业的日渐普及，自动化数据采集技术可以很好地与 BIM 技术融合，以满足工程项目施工进度预警需求。结合 BIM 可视化技术和自动化监测技术，提出以下的监控策略：

　　① 对进度计划中里程碑关键事件的完成时间进行监控；

　　② 对项目工序活动中断事件或者新加入的活动事件进行监控；

　　③ 对在项目延迟后项目进度计划调整的必要措施进行监控；

　　④ 对于不同周期的项目，设置一个定期监控频率，即在一个固定时间段后对项目进展状态进行监控；

⑤ 通过对影响项目进展的多类因素进行统计学分析，由行业专家或项目经理人为对可能产生的风险事件或不确定事件进行监控。

（2）预警管理

预警阈值设置策略可通过监控点上缓冲消耗量与触发点的比较来实现，通过将固定监控、动态监控与 BIM 模型进行有效融合的方式，对监控点进行设置和完善，并利用 BIM 可视化技术对相关结果进行展示。针对固定监控而言，其主要涵盖两部分，即固定周期监控点、项目里程碑节点；针对动态监控来讲，其属于对突发状况以及对工期影响较大的事件进行动态的加入或删除。

对各项目进度情况的预警、报警。基于对各专业进度指标数据的集中管理及统筹运算分析，将各施工单位的计划工作总量、计划工期、当前已完成工作总量、当前实际工期等各项进度、成本数据进行汇总，结合工程建设净值分析等管理方法，实现对各项目工期推进情况的预警及报警提醒。帮助建设管理人员，从全局更直观地及时掌握各项目工期进度情况，在及时发现项目推进隐患、分析全线路工期进展问题、有序调度各项目工作协同推进等诸多方面，提供智能辅助支撑。

4.5.2　工程进度可视化展示

可视化进度管理是利用科技手段和方法对工程项目进行可视化呈现，并通过导入工程项目工期时间维度，来实现整体工程项目进度管理的可视化，如图 4-9 所示。通过工程项目进度管理的可视化操作，可以使工程项目进度变得更加直观和形象，并通过模型的工程模拟和跟踪提前发现工程进度计划中存在的问题，以规避掉许多因工程计划不合理带来的损失。通过对工程项目进行信息追踪，可以避免传统进度管理中由于调整工程计划导致的出图慢而造成的工程损失。

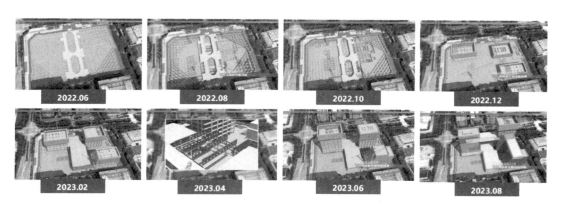

图 4-9　工程进度的可视化展示

BIM 技术可以实现对项目的技术建模，对项目进程的可视化管理，并且可实现项目全过程的数据和未来这些技术、数据的共享。BIM 技术在实现工程动态监控管理的过程中，是以各个子项目的各项施工数字信息作为建模的基础，通过将数字信息进行高度整合来模拟项目施工的整体情况，同时结合各个专业的不同专业技术来提高工程专业和技术的融合性。BIM 技术具有显著的管理过程可视性、不同专业间高度协调性、施工过程可模拟性等特点。

我国对于 BIM 技术的研究从早期的学习理论知识、研究技术标准两个阶段开始。早期摸索阶段是对于 BIM 技术和软件等工具的学习，将 BIM 技术引入实际建造项目中为高速发展与推广阶段，提出如"BIM＋技术"探究等 BIM 技术的延伸为最后一个阶段。目前我国 BIM 技术就处在后两个阶段，随着建造工程项目的管理水平和技术的革新，各项目需要更精确地把控项目进程、时间节点等指标，所以应大力支持与发展 BIM 技术。

BIM 技术具备的信息高度集成化的特点，能够让项目管理者在整个项目周期中全程参与各个子项目的过程管理以及信息共享和资源交流。BIM 技术将项目施工的所有信息进行数字化转化，然后将信息传递至每一个项目管理者手中，为各个子项目之间的信息传递提供了可靠的保障，更有利于项目管理者全程把控和了解项目。

1. 可视化进度管理的原则

在基于 BIM 技术的进度可视化管理中，BIM 模型是编制进度计划的重要基础，因此必须要确保模型精细化，应由专人对模型的精度等级进行全程维护，并建立标准化的模型元素库，这也是进度可视化管理工作中的一大核心原则。此外，在 BIM 技术的进度管理工作中，BIM 在构件划分方面和进度控制可行性与编制计划的准确度有着密切的关系，因此在进行构件划分时，需要对现有的规范标准进行充分考虑，应确保进度计划中的构件属性能够和实际进度中的构件属性相符。除此之外，基于 BIM 技术的进度可视化管理还应遵循全员参与原则，在以往的进度管理模式中，需要对进度计划进行分层审批，并按照阶段式进行进度控制。而 BIM 技术则是通过协作参与的方式来进行进度管理的，这需要参建各方能够全部参与到 BIM 平台中的进度管理当中去，以确保项目能够按期完成。

2. 可视化进度管理的计划控制

在基于 BIM 技术的进度可视化管理中的计划控制，主要是通过两种方式来实现的，第一种方式是通过原进度模型和实时模型之间的比较来进行计划控制，其通过对已建建筑所具备的三维坐标数据进行采集，以构建和实际建筑相同的模型，并对项目的进度数据进行动态采集来构建模型，在该方式中以三维激光扫描技术最为常用，这种技术的工作原理为点云实景复制，不过该方法对环境有较高的要求，在数据处理速度上比较慢。第二种方式是利用视频录制或全景相机扫描的方式来对现场数据进行采集，然后将现场状况和进度模型进行比较，以达到计划控制的目的。不过该方法难以对施工现场的全部状况进行全面的记录，因此难以和进度模型进行全面对比。

3. 可视化模拟

可视化模拟是将施工进度计划写入 BIM 信息模型后，将空间信息与实践信息整合在一个可视的 4D 模型中，就可以直观、精确地反映整个建筑的施工过程。集成全专业资源信息用静态与动态结合的方式展现项目的节点工况。

以智能建造 BIM 综合管理平台为例，同样在"进度管理"模块中，进度计划已经编排完成，如图 4-10 所示。

要使进度计划与 BIM 模型产生联系，就必须要将进度计划中每项工作都有序地跟模型进行绑定。如图 4-11 所示，选择进度计划中"九层墙柱、十层楼面"这项工作，点击

序列	计划名称	计划开始时间	计划结束时间	实际开始时间	实际结束时间	延期（天）	状态	操作
1	∨ 组团四期上部分施工	2023-03-13	2023-08-08				进行中	绑定模型
2	— 组团四1-B#楼上部主体结构施工	2023-03-13	2023-05-02				进行中	绑定模型
3	九层墙柱、十层楼面	2023-03-13	2023-03-23				未开始	绑定模型
4	十层墙柱、十一层楼面	2023-03-24	2023-04-02				未开始	绑定模型
5	十一层墙柱、十二层楼面	2023-04-03	2023-04-10				未开始	绑定模型
6	十二层墙柱、十三层楼面	2023-04-11	2023-04-18				未开始	绑定模型
7	十三层墙柱、机房层楼面（结构封顶）	2023-04-19	2023-04-25				未开始	绑定模型
8	屋顶层结构施工	2023-04-26	2023-05-02				未开始	绑定模型
9	∨ 组团四1-A#楼上部主体结构施工	2023-03-13	2023-08-08				进行中	绑定模型

图 4-10　"进度管理"模块

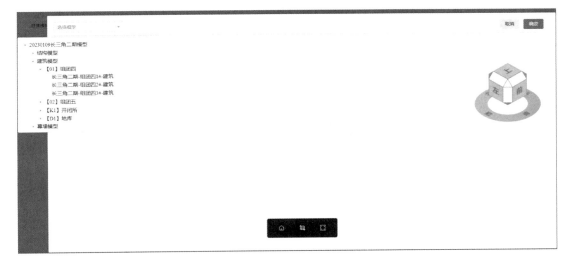

图 4-11　"绑定模型"按钮

该工作最后"绑定模型"按钮，弹出"绑定模型"对话框，如图 4-12 所示，并点击对话框左上角"选择模型"，在下拉菜单中选择对应的模型。

选中模型后，可以用鼠标左键选择"九层墙柱、十层楼面"对应的模型，被选中的模型会变为绿色，如图 4-12 所示，完成以后，点击"确定"按钮。

依次将进度计划中每项工作与对应的模型进行绑定，绑定完毕以后，点击"进度模拟"功能按钮，如图 4-13 所示，加载完毕后，就可以点击如图"播放"按钮，进行可视化模拟。

在 BIM 模型建立完成的基础上，通过导入施工数据，尤其是工期及进度数据的导入，可以使模型更加贴合实际工程而存在，并在此基础上进行有效的施工模拟，进而提高工程进度管理的准确性和实际可操作性。

图 4-12 模型中对应构件的选择

图 4-13 工程进度的可视化展示

4.5.3 工程进度偏差纠正

项目在具体实施过程中，与项目进度计划进行对比，分析项目实施进度与计划进度是否有偏差，根据偏差分析结果决定纠偏的方法和措施。具体而言，需要根据偏差特点和偏差所带来的影响项目进度计划的程度决定。

1. 项目进度的偏差分析

进度计划偏差分析是在 BIM 模型施工模拟的基础上，对各个子任务的开始和结束时间进行预测和分析，并与初期的工期计划进行对比，如果出现了可能发生的冲突节点，便借助偏差分析工具进行分析，以及实时调整计划和配置资源。

（1）基于模型的构件查询

根据项目整体的施工流程和子项目的工期安排，对整体项目的任务量进行细化和分解，构建相应的合理化模型，并确保分解之后的子任务与预定整体工期保持一一对应。通过点击和查看模型节点便可获得该子任务的施工进度情况以及实际工程完成时间与施工开始时间、计划完成时间、计划施工开始时间与实际的施工作业状态。

通过融入工期的时间维度，将施工项目的实际进度和计划进度模型进行对比分析，通过对某个具体作业任务的实际起止时间的输入，其对应的工程进度模型就会通过差异化的颜色来表示任务的实际进展情况和工程进行状态。以此项目管理者便可实时获得项目工期的具体进展情况，以实时对现场物资、人员等资源进行合理的调配和协调，确保项目工期的达成。

（2）基于 4D 模型的施工模拟

在 BIM 模型的基础上对实际的工程动态进行模拟，并对进度计划的相关限制条件进行合理妥善的内在关联。以工程进度表为基础，妥善添加时间维度到模型的各个构件之中，如图 4-14 所示，来保证模型与工程实际进展情况相吻合，使工程施工流程与工期进展情况更为直观和形象。

序号	计划名称	计划开始时间	计划结束时间	实际开始时间	实际结束时间	延期（天）	状态	操作
9	A座楼	2022-07-06	2022-10-05	2022-07-06	2022-11-09	35	已完成	绑定模型
10	B座楼	2022-07-11	2022-10-15				未开始	绑定模型
11	C座楼	2022-07-16	2022-10-15				未开始	绑定模型
12	裙房	2022-08-05	2022-12-05				未开始	绑定模型
13	地库	2022-07-11	2022-12-05	2023-07-11	2023-12-14	374	已完成	绑定模型
14	二次结构	2023-02-04	2023-06-03				未开始	绑定模型
15	基础验收	2023-06-03	2023-06-03				未开始	绑定模型
16	∨ 主体结构	2022-10-06	2023-10-20				进行中	绑定模型

图 4-14　实际完成时间维度与模型绑定

在工程项目的实施期间，可视化 4D-BIM 模型的优势主要为以下几点：

① 可以使项目进度计划更为直观和形象，便于施工参与者查看和理解；

② 可视化模型模拟可以预先发现进度计划中存在的偏差与潜在风险并及时进行妥善的处理和优化；

③ 如果施工图和施工计划发生了变化可视化模型可根据改变实时做出自身的相应的调整；

④ 在项目初期的评标期间，有利于参评人员对施工项目的具体计划、方案等进行全面的了解和掌握，提高初步审核工作效率和精准度。

2. 工程进度的纠正

进度计划调整是指当实际的工程施工进度与预期的工期进度计划存在差异时，项目相关方需要对工程计划进行调整。

通过对工程项目进行进度的偏差分析，可实时得到站改工程每个施工项目的时间和工期进度延误，如果涉及项目施工的关键环节发生了延期，必须要使用有效的措施对进度进行调整，否则一定会造成总工期的延误。

（1）要保证足够的人力资源。在原本的施工现场进场计划的基础上，通过合理调配增加施工工作人员的数量，通过增加施工作业人员来提高项目的作业进度。但是要注意的是，在增加进入现场的施工人员的同时，要注意维持现场的施工秩序，加强现场施工管理协调，避免出现混乱。所以，在这种情况下，在进行进度调整时需要分析工期计划、计划成本、资源三者的关系，协调采用最优的调整方案。

（2）对更新的工程信息进行重新关联。在确定工程项目的进度管理调整措施后，需要对有变化的数据进行更改并在模型中进行重新关联。我们通过使用 Project 将有变化的进度数据进行重新输入和调整。其他没有发生变更的数据不用重复性地导入和进行关联操作。当所有的数据调整输入系统完毕之后，将所有的数据进行刷新操作，4D 项目进度管理模型就完成了数据更新，鉴于此，项目进度管理的工作效率就得到了大幅度的提升。

（3）再次进行施工模拟。在正式执行调整之后的项目进度管理计划之前，我们需要通过 BIM 综合管理平台对调整后的进度管理模型进行再一次的模拟实验，在这个过程中，检查物料供给、成本支出、工人安排等各方面的调整是否合理，以及更改后的项目施工计划是不是会出现新的问题。若模拟结果没有问题，就可以正式执行调整后的进度管理计划，并赶上最初的工期进度安排，最终实现合同工期目标。

3. 项目进度管理的辅助运用

进度管理的辅助应用是指在对施工项目进度管理进行相应的动态管理过程中，采用其他相关的应用功能，如碰撞检查、施工模拟等，提高项目进度的管理效果。

（1）碰撞检查

在进行碰撞试验检查之前，首先要对碰撞类型进行划分，对碰撞检查的原则进行明确，避免因为专业繁杂而产生很多的无效碰撞点，以更好地节约分析的时间。结合之前的 BIM 技术的碰撞检查实践经验，假如信息交流不畅通，没有办法实现协同调整，就会出现新增的碰撞点，从而导致此项工作处于不停的循环当中。

基于 BIM 技术对项目进行进一步设计时，可充分发挥 BIM 模型的可参数化作用，得到最终的施工图后，在 CAD 二维环境中完成相应的标记，通过这样的方式完成全部施工图的设计与绘制工作，然后使用 BIM 模型附带的碰撞检测功能，将构件之间的空间关系做出进一步的明确，并对有碰撞关系的不合理的地方进行及时的调整。

（2）施工模拟

施工模拟，首先对工程项目进度计划中的子任务进行细化和分解，然后根据工程项目施工进度和施工次序进行逐一的实施模拟，利用 Navisworks Management 的动态模拟演示，加强对关键环节的重视，根据施工顺序和时间的顺延，实现从无到有的动态展示。最后利用导出功能，以视频形式将施工的全过程予以展现，从而直观展示项目的施工过程。至此，项目进度实施模拟完成。

通过施工模拟，可以有效避免影响项目施工进度问题的出现。

思考与练习 🔍

一、单选题

1. 工程项目进度管理的总目标是什么？（　　）

A. 确保项目成本最小化

B. 确保项目质量最高

C. 确保建设项目按预定的时间交工或提前交付使用

D. 确保项目资源使用最优化

2. 以下哪种进度指标用于描述单一任务的专项工程进度？（　　）

A. 持续时间　　　　　　　　　　　B. 完成的实物量

C. 已完工程的价值量　　　　　　　D. 资源消耗指标

3. 哪种施工进度计划通常由专业工程师或负责分部分项的工长编制？（　　）

A. 单位工程进度计划　　　　　　　B. 分阶段工程进度计划

C. 施工总进度计划　　　　　　　　D. 施工准备工作计划

4. 在施工进度计划编制中，应首先安排的是什么工作？（　　）

A. 施工活动　　　　　　　　　　　B. 施工材料采购

C. 施工设备维护　　　　　　　　　D. 准备工作

5. 进度管理中的"资源消耗指标"包括以下哪一项？（　　）

A. 工程量　　　　B. 成本　　　　C. 完成的实物量　　　　D. 持续时间

6. 按照网络计划技术的规定，网络计划的绘制阶段包括哪一步？（　　）

A. 确定网络计划目标　　　　　　　B. 调查研究

C. 逻辑关系分析　　　　　　　　　D. 项目分解

7. 施工进度计划的编制依据不包括下列哪一项？（　　）

A. 工程项目承包合同　　　　　　　B. 招标投标书

C. 工程预算价格　　　　　　　　　D. 施工总进度计划

8. "异节奏流水施工"适用于什么样的工程项目？（　　）

A. 工程节拍相同　　　　　　　　　B. 工程节拍不同

C. 工程规模小　　　　　　　　　　D. 工程复杂程度低

9. 在进度控制中，建立图纸审查、工程变更和设计变更制度属于哪种措施？（　　）

A. 组织措施　　　　B. 管理措施　　　　C. 技术措施　　　　D. 经济措施

10. 采用成倍节拍流水施工的前提是什么？（　　）

A. 工程节拍相同　　　　　　　　　B. 工程节拍存在最大公约数

C. 工程节拍不需要优化　　　　　　D. 工程规模小

二、多选题

1. 影响工程进度的因素有哪些？（　　）

A. 人为因素　　　　　　　　　　　B. 技术因素

C. 资金因素　　　　　　　　　　　D. 水文地质气象因素

E. 项目经理的个人能力

2. 工程项目进度管理的进度指标包括哪些?(　　)

A. 持续时间　　　　　　　　　B. 完成的实物量

C. 已完工程的价值量　　　　　D. 资源消耗指标

E. 施工质量

3. BIM 技术在进度管理中的应用包括哪些方面?(　　)

A. 进度可视化管理　　　　　　B. 进度偏差纠正

C. 资源消耗预测　　　　　　　D. 工程质量检测

E. 实时监控

4. 建筑工程项目进度控制的主要措施有哪些?(　　)

A. 组织措施　　　　　　　　　B. 管理措施

C. 经济措施　　　　　　　　　D. 技术措施

E. 政策措施

5. 网络计划技术的应用程序包括哪些步骤?(　　)

A. 确定网络计划目标　　　　　B. 调查研究

C. 项目分解　　　　　　　　　D. 逻辑关系分析

E. 风险管理

三、简答题

1. 请简述工程项目进度管理的概念及其重要性。

2. BIM 技术在进度管理中的应用包括哪些方面?

3. 请描述合理施工程序和顺序安排的原则。

4. 进度控制中的组织措施包括哪些内容?

5. 成倍节拍流水施工的适用条件是什么?

教学单元 5

智能建造工程项目合同管理

⊙ **教学目标：**

1. 知识目标：

掌握建设工程合同的基本概念，包括合同的定义、种类及其特点；了解建设工程合同的主要内容，如合同主体、合同条款和履行义务；认识基于BIM 的合同管理方法的重要性和操作流程。

建设工程合同
管理信息化研究

2. 能力目标：

能够运用相关法律知识分析和解决建设工程合同中可能遇到的问题；能够使用BIM5D 平台进行建设工程合同的智能管理，包括成本计算、施工变更与签证管理；能够通过实际案例分析，具体运用知识解决实际问题。

3. 素质目标：

培养责任感和使命感——通过认识到正确管理建设工程合同的重要性，了解自己的行为在社会经济发展中承担的责任；强化家国情怀——通过了解国家对建设工程合同的规范和要求，感受到国家管理的严谨性和对公民生活质量的关注。

⊙ **思想映射点**

家国情怀：通过讨论建设工程合同在国家经济发展和公民生活中的重要性，增强学生的国家责任感和归属感。

使命感和责任感：教学中强调合同管理的正确性对社会的影响，培养学生面对复杂问题时的责任感和解决问题的使命感。

⊙ **实现方式**

课堂讲解：通过系统讲授建设工程合同的基本知识，结合具体的法律条文解析合同中的关键点。

课外阅读：推荐相关的法律文献和案例分析，增强理论与实际的结合。

实践案例：通过实际案例分析，展示 BIM5D 平台在合同管理中的应用，帮助学生理解和掌握智能建造的实际操作。

⊙ **参考案例**

北京大兴国际机场项目作为我国重大建设工程，其合同管理过程展示了智能化合同管理的重要性。在项目中，合同管理严格遵循从需求分析、合作方选择、合同文本制定到风险评估与分配的流程，充分利用 BIM5D 平台进行智能合同管理。通过 BIM 技术，项目团队能够实现实时监控施工进度、成本和质量，及时处理施工变更与签证管理，有效降低风险和提升管理效率。该案例凸显了合同管理在确保项目顺利实施和控制成本中的关键作用。

⊕ 思维导图：

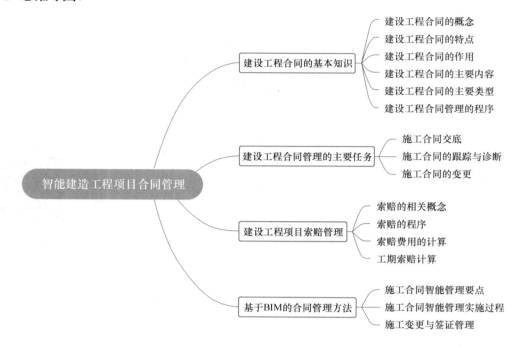

5.1 建设工程合同的基本知识

5.1.1 建设工程合同的概念

建设工程合同是指承包人进行工程建设，发包人支付价款的合同。建设工程合同包括工程勘察、设计、施工合同。建设工程实行监理的，发包人也应与监理人订立委托监理合同。

建设工程合同是一种诺成合同，合同订立生效后双方应当严格履行。同时建设工程合同也是一种双务、有偿合同，当事人双方在合同中都有各自的权利和义务，在享有权利的同时必须履行义务。

建设工程合同的双方当事人分别称为承包人和发包人。承包人是指在建设工程合同中负责工程的勘察、设计、施工任务的一方当事人，承包人最主要的义务是进行工程建设，即进行工程的勘察、设计、施工等工作。发包人是指在建设工程合同中委托承包人进行工程的勘察、设计、施工任务的建设单位（或业主、项目法人），发包人最主要的义务是向承包人支付相应的价款。

由于建设工程合同涉及的工程量通常较大，履行周期长，当事人的权利、义务关系复杂，因此，《民法典》明确规定，建设工程合同应当采用书面形式。

5.1.2 建设工程合同的特点

1. 合同主体的严格性

建设工程的主体一般只能是法人，发包人、承包人必须具备一定的资格，才能成为建设工程合同的合法当事人，否则，建设工程合同可能因主体不合格而导致无效。发包人对需要建设的工程，应经过计划管理部门审批，落实投资计划，并且应当具备相应的协调能力。承包人是有资格从事工程建设的企业，而且应当具备相应的勘察、设计、施工等资质，没有资格证书的一律不得擅自从事工程勘察、设计业务；资质等级低的，不能越级承包工程。

2. 形式和程序的严格性

一般合同当事人就合同条款达成一致，合同即告成立，不必一律采用书面形式。建设合同，履行期限长，工作环节多，涉及面广，应当采取书面形式，双方权利、义务应通过书面形式予以确定。此外由于工程建设对于国家经济发展、公民工作生活有重大影响，国家对建设工程的投资和程序有严格的管理制度，建设工程合同的订立和履行也必须遵守国家关于本建设程序的规定。

3. 合同标的的特殊性

建设工程合同的标的是各类建筑产品，建筑产品是不动产，与地基相连，不能移动，这决定了每项工程的合同的标的物都是特殊的，相互间不同并且不可替代。另外，建筑产品的类别庞杂，其外观、结构、使用目的、使用人都各不相同，这就要求每一个建筑产品都需单独设计和施工，建筑产品单体性生产也决定了建设工程合同标的的特殊性。

4. 合同履行的长期性

建设工程由于结构复杂、体积大、建筑材料类型多、工作量大，合同履行期限都较长。而且，建设工程合同的订立和履行一般都需要较长的准备期，在合同的履行过程中，还可能因为不可抗力、工程变更、材料供应不及时等原因而导致合同期限顺延。所有这些情况，决定了建设工程合同的履行具有长期性。

5.1.3 建设工程合同的作用

随着市场经济的发展和完善，建筑市场的法律法规、计价原则和方法等逐步同国际接轨，合同在工程建设中的地位和作用越来越明显。它不仅是合同双方在执行过程中必须遵守的原则，同时还具有以下作用：

1. 规范建筑市场、维护社会经济秩序、促进经济建设的作用

我国的建筑市场经历了计划经济、商品经济、社会主义市场经济和逐步向市场经济发展的几个过程，实践证明了合同具有规范建筑市场、维护社会经济秩序、促进经济发展的作用。合同的雇主和承包商在签订合同和执行合同的过程中所遵循的原则是符合国家有关的法律法规，如《民法典》《招标投标法》等。这些法律法规制定的目的和作用就是规范建筑市场，维护社会经济秩序，促进国民经济协调发展，因此，合同的签订与执行是法律在工程建设中的应用。任何单位和个人，在签订和执行合同的过程中，若违反了相应的法律法规，均应承担相应的法律责任。

2. 在公开、公平、公正、等价有偿的原则下，体现优胜劣汰的作用

工程招标过程本身就是一个优胜劣汰的过程。通过招标，在评标过程中，评标委员会根据各投标单位的资质，财务经营情况，施工设备情况，主要工程技术人员和工程管理人员情况，近几年履行合同和工程业绩情况，投标文件中的投标报价、施工方法和工艺、施工布置和进度、质量标准和安全保证系统及措施等进行综合评价比选，最终从多家投标人中选择符合招标文件要求，投标报价合理，施工方案、工艺流程质量和安全保证体系等先进科学且企业信誉与业绩好的投标人为中标人。通过合同谈判确定承包商。在合同履行过程中经过实践检验承包商各项工作指标执行和完成情况，让市场进一步了解企业的信誉和业绩，达到优胜劣汰的目的。

3. 维护合同双方当事人的合法权益

合同具有以下特点：一是双方主体之间的民事法律行为；二是双方当事人的意思表示一致的民事法律行为；三是以设立、变更、终止民事权利义务关系为目的的民事法律行为；四是双方当事人是建立在平等、自愿有偿的基础上产生的民事法律行为；五是具有法律约束力的民事法律行为。

5.1.4 建设工程合同的主要内容

1. 合同的主体

发包人、承包人是建设工程合同的当事人。发包人、承包人必须具备一定的资格，才能成为建设工程合同的合法当事人，否则，建设工程合同可能因主体不合格而导致无效。

（1）发包人的主体资格

发包人有时也称发包单位、建设单位、业主或项目法人。发包人的主体资格也就是进行一次发包并签订建设工程合同的主体资格。

根据《招标投标法》规定，招标人应当有进行招标项目的相应资金或者资金来源已经落实，并应当在招标文件中如实载明。这就要求发包人有支付工程价款的能力。

《招标投标法》规定，招标人具有编制招标文件和组织评标能力的，可以自行办理招标事宜。

综上所述，发包人进行工程发包应当具备下列基本条件：

① 应当具有相应的民事权利能力和民事行为能力；

② 实行招标发包的，应当具有编制招标文件和组织评标的能力或者委托招标代理机构办理招标事宜；

③ 进行招标项目的相应资金或者资金来源已经落实。

（2）承包人的主体资格

建设工程合同的承包人分为勘察人、设计人、施工人。对于建设工程承包人，我国实行严格的市场准入制度。《建筑法》规定，承包建筑工程的单位应当持有依法取得的资质证书，并在其资质等级许可的业务范围内承揽工程。

2. 建设工程合同的基本条款

建设工程合同应当具备一般合同的条款，如发包人、承包人的名称和住所、标的、数量、质量价款、履行方式、地点、期限、违约责任、解决争议的方法等。由于建设工程合同标的的特殊性，法律还对建设工程合同中某些内容作出了特别规定，成为建设工程合同中不可缺少的条款。

（1）勘察、设计合同的基本条款

为了规范勘察设计合同，合同法规定：勘察、设计合同的内容包括提交有关基础资料和文件（包括概预算）的期限、质量要求、费用以及其他协作条件等条款。

① 提交有关基础资料和文件（包括概预算）的期限

这是对勘察人、设计人提交勘察、设计成果时间上的要求。当事人之间应当根据勘察、设计的内容和工作难度确定提交工作成果的期限。勘察人、设计人必须在此期限内完成并向发包人提交工作成果。超过这一期限的，应当承担违约责任。

② 勘察或者设计方案的质量要求

这是此类合同中最为重要的合同条款，也是勘察或者设计人所应承担的最重要的义务，勘察或者设计人应当对没有达到合同约定质量的勘察或者设计方案承担违约责任。

③ 勘察或者设计费用

这是勘察或者设计合同中的发包人所应承担的最重要的义务。勘察设计费用的具体标准和计算办法应当按《工程勘察收费标准》《工程设计收费标准》中的规定执行。

④ 其他协作条件

除上述条款外，当事人之间还可以在合同中约定其他协作条件。至于这些协作条件的具体内容，应当根据具体情况来认定，如发包人提供资料的期限，现场必要的工作和生活条件，设计的阶段、进度和设计文件份数等。

（2）建设施工合同的基本条款

《民法典》规定，施工合同的内容一般包括工程范围、建设工期、中间交工工程的开工和竣工时间、工程质量、工程造价、技术资料交付时间、材料和设备供应责任、拨款和结算、竣工验收、质量保修范围和质量保证期、相互协作等条款。

① 工程范围

当事人应在合同中附上工程项目一览表及其工程量，主要包括建筑栋数、结构、地层、资金来源、投资总额以及工程的批准文号等。

② 建设工期

建设工期即全部建设工程的开工和竣工日期。

③ 中间交工工程的开工和竣工时间

所谓中间交工工程是指需要在全部工程完成期限之前完工的工程。对中间交工工程的开工和竣工时间，也应当在合同中做出明确的约定。

④ 工程质量

建设项目是百年大计，必须做到质量第一，因此这是最重要的条款。发包人、承包人必须遵守《建设工程质量管理条例》的有关规定，保证工程质量符合工程建设强制性标准。

⑤ 工程造价

工程造价或工程价格由成本（直接成本、间接成本）、利润（酬金）和税金构成。工程价格包括合同价款、追加合同价款和其他款项。实行招标投标的工程应当通过工程所在地招标投标监督管理机构采用招标投标的方式定价。对于不宜采用招标投标的工程，可采用施工图预算加变更协商的方式定价。

⑥ 技术资料交付时间

发包人应当在合同约定的时间内按时向承包人提供与本工程项目有关的全部技术资

料，否则造成的工期延误或者费用增加应由发包人负责。

⑦ 材料和设备供应责任

材料和设备供应责任即在工程建设过程中确定所需要的材料和设备由哪一方当事人负责提供，并应对材料和设备的验收程序加以约定。

⑧ 拨款和结算

拨款和结算即发包人向承包人拨付工程价款，并确定结算的方式和时间。

⑨ 竣工验收

竣工验收是工程建设的最后一道程序，是全面考核设计、施工质量的关键环节，合同双方还将在该阶段进行结算。竣工验收应当根据《建设工程质量管理条例》第 16 条的有关规定执行。

⑩ 质量保修范围和质量保证期

合同当事人应当根据实际情况确定合理的质量保修范围和质量保证期，但不得低于《建设工程质量管理条例》规定的最低质量保修期限。

除了上述 10 项基本合同条款以外，当事人还可以约定其他协作条款，如施工准备工作的分工、工程变更时的处理办法等。

5.1.5　建筑工程合同的主要类型

一个建设工程项目的实施，涉及的建设任务很多，往往需要许多单位共同参与，不同的建设任务往往由不同的单位分别承担，这些参与单位与业主之间应该通过合同明确其承担的任务和责任以及所拥有的权利。

由于建设工程项目的规模和特点的差异，不同项目的合同数量可能会有很大的差别，大型建设项目可能会有成百上千份合同。但不论合同数量的多少，根据合同中的任务内容可划分为勘察合同、设计合同、施工承包合同、物资采购合同、工程监理合同、咨询合同、代理合同等。根据《民法典》，勘察合同、设计合同、施工承包合同属于建设工程合同，工程监理合同、咨询合同等属于委托合同。

1. 建设工程勘察，是指根据建设工程的要求，查明、分析、评价建设场地的地质地理环境特征和岩土工程条件，编制建设工程勘察文件的活动。建设工程勘察合同即发包人与勘察人就完成商定的勘察任务明确双方权利义务关系的协议。

2. 建设工程设计，是指根据建设工程的要求，对建设工程所需的技术、经济、资源、环境等条件进行综合分析、论证，编制建设工程设计文件的活动。建设工程设计合同即发包人与设计人就完成商定的工程设计任务明确双方权利义务关系的协议。

3. 建设工程施工，是指根据建设工程设计文件的要求，对建设工程进行新建、扩建、改建的施工活动。建设工程施工承包合同即发包人与承包人为完成商定的建设工程项目的施工任务明确双方权利义务关系的协议。

4. 工程建设过程中的物资包括建筑材料和设备等。建筑材料和设备的供应一般需要经过订货、生产（加工）、运输、储存、使用（安装）等各个环节，经历一个非常复杂的过程。物资采购合同分建筑材料采购合同和设备采购合同，是指采购方（发包人或者承包人）与供货方（物资供应公司或者生产单位）就建设物资的供应明确双方权利义务关系的协议。

5. 建设工程监理合同是建设单位（委托人）与监理人签订，委托监理人承担工程监理任务而明确双方权利义务关系的协议。

6. 咨询服务，根据其咨询服务的内容和服务的对象不同又可以分为多种形式。咨询服务合同是由委托人与咨询服务的提供者之间就咨询服务的内容、咨询服务方式等签订的明确双方权利义务关系的协议。

7. 工程建设过程中的代理活动有工程代建、招标投标代理等，委托人应该就代理的内容、代理人的权限、责任、义务以及权利等与代理人签订协议。

5.1.6　建设工程合同管理的程序

1. 合同准备与制定

（1）需求分析

在此阶段，项目管理团队需集中分析和确定项目的具体需求，包括工程的功能、规模、预期质量和整体预算。需求分析应详细到每个分项工程，以确保所有参与方对项目目标有清晰统一的理解。

需求分析的结果应以书面形式明确，作为后续合同制定的基础。

（2）选择合作方

通过公开招标或邀请招标的方式选择具有相应资质和经验的承包商和供应商。此过程包括发布招标文件、接收和评估投标书，以及最终选择最合适的合作伙伴。

需要确保评标过程公正、透明，且全部参与方均有机会公平竞争。

（3）制定合同文本

基于需求分析的结果，由法律和技术团队合作起草初始合同文本。该文本应涵盖所有核心条款，如付款条件、工程进度表、质量标准、违约责任等。

起草合同时应考虑到行业惯例和适用的法律法规，确保合同的合法性与实施可行性。

（4）风险评估与分配

对合同中潜在的风险进行系统的识别和评估。风险分析包括但不限于财务风险、法律风险、技术风险和市场风险。

根据风险评估结果，合理分配责任和风险，确保所有潜在风险都有相应的缓解措施和应对策略。

2. 合同审查与谈判

（1）内部审查

合同草案需提交给企业内部的法务和技术部门进行详细审查。此环节主要是确保所有技术条款准确无误，法律条款足以保护公司利益，避免将来的法律风险。

审查过程可能要求对合同草案进行多轮修改，以达到内部各部门的要求。

（2）合同谈判

与承包商或供应商就合同的关键条款进行详细谈判。谈判应着重于解决双方关注的问题，找到互利的解决方案。

谈判过程中应保持开放与诚实的交流，确保所有条款都被充分讨论和理解。

（3）修改与定稿

根据谈判达成的共识，对合同条款进行必要的修改和调整。此步骤可能需要多次往返，直至双方同意所有合同条款。

最终合同定稿后，由双方授权代表正式签署，合同即刻生效。

3. 合同执行

（1）合同签订

合同签订是正式确定合同关系的法律行为，应确保双方代表具有相应的签署权。

签署过程中要注意合同的正本数量、交付方式等细节，确保文本的法律效力。

（2）履约监督

设立专门的项目管理团队，负责监督合同的执行情况。团队应定期检查工程进展与质量，并与承包商进行沟通协调。

使用适当的项目管理工具和软件可以有效地跟踪工程进度和预算消耗，及时发现问题并采取措施。

（3）进度与质量控制

定期对工程进度进行审核，检查是否符合合同规定的时间表。

质量控制团队应确保所有工程输出符合合同规定的标准和规范。对于不符合规定的工程质量，应及时采取纠正措施。

4. 合同变更管理

（1）变更请求

在工程执行过程中，由于设计修改、市场环境变化或其他不可预见因素，可能需要对原合同进行调整。变更请求必须以书面形式提交，并详细说明变更的理由和预期影响。

（2）评估与审批

对收到的变更请求进行详细评估，包括技术可行性分析和成本效益分析。评估过程应考虑到项目整体的影响和可能引发的新风险。

经过评估的变更请求需提交至决策团队或合同管理委员会审批。

（3）执行合同变更

经批准的变更请求将导致合同条款的修改。必须正式修订合同文本，并由双方代表签署确认。

实施合同变更时应密切监控变更实施的效果，确保变更达到预期目标，且不会对项目造成负面影响。

5. 合同终止与结算

（1）项目竣工验收

工程项目完成后，按照合同约定进行验收。验收过程应根据预定的验收标准和程序执行，确保工程质量达到合同规定的要求。

验收合格后，应出具验收报告和相关证明文件，正式确认工程竣工。

（2）合同结算

结合实际工程量和合同条款进行最终结算。这包括计算应付款项、扣除保修金等，确保财务处理的准确性和合法性。

对于存在的额外费用或索赔问题，应依照合同规定和法律法规进行处理。

（3）解决争议

如果在合同执行或结算过程中出现争议，应首先尝试通过协商解决。如果协商无效，则可能需要依据合同约定的争议解决机制，例如调解、仲裁或诉讼来解决。

6. 合同审计与回顾

（1）合同执行审计

对整个合同管理和执行过程进行审计，确保所有流程符合公司政策和法规要求。审计应关注合同执行的合规性、效率和效果。

不足和问题应被正式记录，并提供改进建议。

（2）经验总结

从每个项目的合同管理实践中提炼经验教训，总结成功的策略和遇到的挑战。这些经验将为未来的合同管理提供宝贵的参考和指导。

组织定期的经验交流会，促进知识共享，持续提升合同管理的专业水平和效率。

5.2　建设工程合同管理的主要任务

5.2.1　施工合同交底

1. 建设工程施工合同的概念

建设工程施工合同即建筑安装工程承包合同，是发包人与承包人之间为完成商定的建设工程项目，明确双方权利和义务的协议。依据施工合同，承包人应完成一定的建筑、安装工程任务，发包人应提供必要的施工条件并支付工程价款。

施工合同是建设工程合同的一种，它与其他建设工程合同一样，是一种双务合同，在订立时也应遵守自愿、公平、诚实信用等原则。

建设工程施工合同是建设工程合同的主要合同，是工程建设质量控制、进度控制、投资控制的主要依据。通过合同关系，可以确定建设市场主体之间的相互权利义务关系，这对规范建筑市场有重要作用。

施工合同的当事人是发包人和承包人，双方是平等的民事主体。承发包双方签订施工合同，必须具备相应资质和履行施工合同的能力。对合同范围内的工程实施建设时，发包人必须具备组织协调能力，承包人必须具备有关部门核定的资质等级并持有营业执照等证明文件。

发包人：可以是具备法人资格的国家机关、事业单位、国有企业、集体企业、私营企业、经济联合体和社会团体，也可以是依法登记的个人合伙、个体经营户或个人，即一切以协议、法院判决或其他合法完备手续取得甲方的资格，承认全部合同条件，能够而且愿意履行合同规定义务（主要是支付工程价款能力）的合同当事人。与发包人合并的单位、兼并发包人的单位，购买发包人合同和接受发包人出让的单位和人员（即发包人的合法继承人），均可成为发包人，履行合同规定的义务，享有合同规定的权利。发包人既可以是建设单位，也可以是取得建设项目总承包资格的项目总承包单位。

承包人：应是具备与工程相应资质和法人资格的，并被发包人接受的合同当事人及其合法继承人。

在施工合同中，工程师受发包人委托或者委派对合同进行管理，在施工合同管理中具有重要的作用（虽然工程师不是施工合同当事人）。施工合同中的工程师是指监理单位委派的总监理工程师或发包人指定的履行合同的负责人，其具体身份和职责由双方在合同中约定。

2. 建设工程施工合同的特点

（1）合同标的的特殊性

施工合同的标的是各类建筑产品。建筑产品是不动产，其基础部分与大地相连，不能移动。这就决定了每个施工合同的标的都是特殊的，相互间具有不可替代性。这还决定了施工生产的流动性。建筑物所在地就是施工生产场地，施工队伍、施工机械必须围绕建筑产品不断移动。另外，建筑产品的类别庞杂，其外观、结构、使用目的、使用人都各不相同，这就要求每个建筑产品都需单独设计和施工（即使可重复利用的标准设计或图纸，也应采取必要的修改设计才能施工），即建筑产品是单体性生产，这也决定了施工合同标的的特殊性。

（2）合同履行期限的长期性

建筑物的施工由于结构复杂、体积大、建筑材料类型多、工作量大，工期都较长（与一般工业产品的生产相比），而合同履行期限肯定要长于施工工期，因为工程建设的施工应当合同签订后才开始，且需加上合同签订后到正式开工前的一个较长的施工准备时间和工程交竣工验收后办理竣工结算及保修期的时间，在工程的施工过程中，还可能因为不可抗力、工程变更、材料供应不及时等原因而导致工期顺延。所有这些情况，决定了施工合同的履行期限具有长期性。

（3）合同内容的多样性和复杂性

虽然施工合同的当事人只有两方，但其涉及的主体却有许多。与大多数合同相比较，合同的履行期限长、标的额大，涉及的法律关系则包括了劳动关系、保险关系、运输关系等，具有多样性和复杂性。这就要求施工合同的内容尽量详尽。施工合同除了应当具备合同的一般内容外，还应对安全施工、专利技术使用、发现地下障碍和文物、工程分包、不可抗力、工程设计变更、材料设备的供应、运输、验收等内容作出规定。在施工合同的履行过程中，除施工企业与发包人的合同关系外，还涉及与劳务人员的劳动关系、与保险公司的保险关系、与材料设备供应商的买卖关系、与运输企业的运输关系等。所有这些，都决定了施工合同的内容具有多样性和复杂性的特点。

（4）合同监督的严格性

由于施工合同的履行对国家的经济发展、公民的工作和生活都有重大的影响，因此，国家对施工合同的监督是十分严格的。

3. 建设工程施工合同示范文本

我国住房和城乡建设主管部门通过制定《建设工程施工合同（示范文本）》（现行版本为 GF—2017—0201，简称《示范文本》）来规范承发包双方的合同行为。尽管示范文本从法律性质上并不具备强制性，但由于其通用条款较为公平合理地设定了合同双方的权利义务，因此得到了较为广泛的应用。

4. 建设工程施工合同示范文本的组成

《示范文本》由合同协议书、通用合同条款和专用合同条款三个部分组成。

（1）合同协议书

《示范文本》合同协议书共计 13 条，主要包括：工程概况、合同工期、质量标准、签约合同价和合同价格形式、项目经理、合同文件构成、承诺以及合同生效条件等重要内容，集中约定了合同当事人基本的合同权利义务。

（2）通用合同条款

通用合同条款是合同当事人根据《建筑法》《民法典》等法律法规的规定，就工程建设的实施及相关事项，对合同当事人的权利义务做出的原则性约定。

通用合同条款共计20条，具体条款分别为：一般约定、发包人、承包人、监理人、工程质量安全文明施工与环境保护、工期和进度、材料与设备、试验与检验、变更、价格调整、合同价格、计量与支付、验收和工程试车、竣工结算，缺陷责任与保修，违约、不可抗力、保险、索赔和争议解决。前述条款安排既考虑了现行法律法规对工程建设的有关要求，也考虑了建设工程施工管理的特殊需要。

（3）专用合同条款

专用合同条款是对通用合同条款原则性约定的细化、完善、补充、修改或另行约定的条款合同当事人可以根据不同建设工程的特点及具体情况，通过双方的谈判、协商对相应的专用合同条款进行修改补充。在使用专用合同条款时，应注意以下事项：

① 专用合同条款的编号应与相应的通用合同条款的编号一致；

② 合同当事人可以通过对专用合同条款的修改，满足具体建设工程的特殊要求，避免直接修改通用合同条款；

③ 在专用合同条款中有横道线的地方，合同当事人可针对相应的通用合同条款进行细化、完善、补充、修改或另行约定；如无细化、完善、补充、修改或另行约定，则填写"无"或画"/"。

构成施工合同文件的组成部分，除了合同协议书、通用条款和专用条款以外，一般还应该包括：中标通知书、投标书及其附件、有关的标准、规范及技术文件、图纸、工程量清单、工程报价单或预算书等。

5. 施工合同文件的解释顺序

作为施工合同文件组成部分的上述各个文件，其优先顺序是不同的，解释合同文件优先顺序的规定一般在合同通用条款内，可以根据项目的具体情况在专用条款内进行调整。原则上应把文件签署日期在后的和内容重要的排在前面，即更加优先。以下是《示范文本》通用条款规定的优先顺序：

（1）施工合同协议书；

（2）中标通知书；

（3）投标书及其附件；

（4）施工合同专用条款；

（5）施工合同通用条款；

（6）标准、规范及有关的技术文件；

（7）图纸；

（8）工程量清单；

（9）其他合同文件。

上述合同文件应能够互相解释、互相说明。当合同文件中出现不一致时，上面的顺序就是合同的优先解释顺序。在不违反法律和行政法规的前提下，当事人可以通过协商变更施工合同的内容。这些变更的协议或文件，效力高于其他合同文件，且签署在后的协议或文件效力高于签署在先的协议或文件。当合同文件出现含糊不清或者当事人有不同理解时，按照合同争议的解决方式处理。

6. 施工合同双方的权利和义务

了解施工合同中承发包双方的一般权利和义务，是建筑施工企业项目经理最基本的要求。在市场经济条件下，施工任务的最终确认是以施工合同为依据的，项目经理必须代表施工企业（承包人）完成应当由施工企业完成的工作。了解发包人的工作则是项目经理在施工中要求发包人合作的基础，也是维护己方权益的基础。

（1）发包方工作

根据专用条款约定的内容和时间，发包人应分阶段或一次性完成以下工作：

① 办理土地征用、拆迁补偿、平整施工场地等工作，使施工场地具备施工条件，并在开工后继续负责解决以上事项的遗留问题。

② 将施工所需水、电、电信线路从施工场地外部接至专用条款约定地点，并保证施工期需要。

③ 开通施工场地与城乡公用道路的通道，以及专用条款约定的施工场地内的主要交通道，满足施工运输的需要，保证施工期间的畅通。

④ 向承包人提供施工场地的工程地质和地下管线资料，对资料的真实准确性负责。

⑤ 办理施工许可证及其他施工所需证件、批件和临时用地、停水、停电、中断道路交通作业等的申请批准手续（证明承包人自身资质的证件除外）。

⑥ 确定水准点与坐标控制点，以书面形式交给承包人，并进行现场交验。

⑦ 组织承包人和设计单位进行图纸会审和设计交底。

⑧ 协调处理施工现场周围地下管线和邻近建筑物、构筑物（包括文物保护建筑）、古树木的保护工作，并承担有关费用。

⑨ 发包人应做的其他工作，双方在专用条款内约定。如发包人可以将上述部分工作委托承包人办理，具体内容由双方在专用条款内约定，费用发包人承担。若发包人不按合同约定完成以上义务，应赔偿承包人的有关损失，延误的工期应顺延。

（2）承包人工作

承包人按专用条款约定的内容和时间完成以下工作：

① 根据发包人的委托，在其设计资质允许的范围内，完成施工图设计或与工程配套的设计，经工程师确认后使用，发生的费用由发包人承担。

② 向工程师提供年、季、月工程进度计划及相应进度统计报表。

③ 根据工程需要提供和维修非夜间施工使用的照明、围栏设施，并负责安全保卫。

④ 按专用条款约定的数量和要求，向发包人提供在施工现场办公和生活的房屋建设发生的费用由发包人承担。

⑤ 遵守有关部门对施工场地交通、施工噪声以及环境保护和安全生产等的管理规定，办理有关手续，并以书面形式通知发包人。发包人承担由此发生的费用，因承包人责任形成的罚款除外。

⑥ 已竣工工程未交付发包人之前，承包人按专用条款约定负责已完成工程的成品保护工作，保护期间发生损坏，承包人自费予以修复。要求承包人采取特殊措施保护的工程

部位相应的追加合同价款，应在专用条款内约定。

⑦ 按专用条款的约定做好施工现场地下管线和邻近建筑物、构筑物（包括文物保护物）、古树名木的保护工作。

⑧ 保证施工场地清洁，符合环境卫生管理的有关规定，交工前清理现场达到专用条款规定的要求，承担因自身原因违反有关规定造成的损失和罚款。

⑨ 承包人应做的其他工作，双方在专用条款内约定。承包人不履行上述各项义务的，应对发包人的损失给予赔偿。

5.2.2 施工合同的跟踪与诊断

1. 施工合同的订立与解除

（1）施工合同订立的条件

订立施工合同应具备如下条件：

① 初步设计已经批准；

② 工程项目已经列入年度建设计划；

③ 有能够满足施工需要的设计文件和有关技术资料；

④ 建设资金和主要建筑材料设备来源已经落实；

⑤ 对于招标投标工程，中标通知书已经下达。

（2）订立施工合同应当遵守的原则

① 遵守国家法律、行政法规和国家计划原则

订立施工合同，必须遵守国家法律、行政法规，也应遵守国家的建设计划和其他计划（如贷款计划等）。建设工程施工对经济发展、社会生活有多方面的影响，国家有许多强制性的管理规定，施工合同当事人都必须遵守。

② 平等、自愿、公平的原则

签订施工合同当事人双方，都具有平等的法律地位，任何一方都不得强迫对方接受不平等的合同条件。当事人有权决定是否订立施工合同和施工合同的内容，合同内容应当是双方当事人真实意思的体现。合同的内容应当是公平的，不能损害一方的利益，对于显失公平的施工合同，当事人一方有权申请人民法院或者仲裁机构予以变更或者撤销。

③ 诚实信用原则

在订立施工合同时要诚实，不得有欺诈行为，合同当事人应当如实将自身和工程的情况介绍给对方。在履行合同时，施工合同当事人要守信用，严格履行合同。

（3）订立施工合同的程序

施工合同作为合同的一种，其订立应经过要约和承诺两个阶段。其订立方式有两种：直接发包和招标发包。对于必须进行招标的建设工程项目的施工都应通过招标投标确定施工企业。

中标通知书发出后，中标的施工企业应当与建设单位及时签订合同。依据《招标投标法》的规定，中标通知书发出 30d 内，中标单位应与建设单位依据招标文件、投标书等签订工程承发包合同（施工合同）。签订合同的承包人必须是中标的施工企业，投标书中已确定的合同条款在签订时不得更改，合同价应与中标价相一致。如果中标施工企业拒绝与建设单位签订合同，则建设单位将不再返还其投标保证金（如果是由银行等金融机构出具

投标保函的，则投标保函出具者应当承担相应的保证责任），建设行政主管部门或其授权机构还可给予一定的行政处罚。

（4）施工合同的解除

施工合同订立后，当事人应当按照合同的约定履行。但是，在一定的条件下，合同没有履行或者没有完全履行，当事人也可以解除合同。

1）可以解除合同的情形

① 合同的协商解除

施工合同当事人协商一致，可以解除。这是在合同成立以后、履行完毕以前，双方当事人通过协商而同意终止合同关系的解除。

② 发生不可抗力时合同的解除

因为不可抗力或者非合同当事人的原因，造成工程停建或缓建，致使合同无法履行，双方可以解除合同。

③ 当事人违约时合同的解除

a. 当事人不按合同约定支付工程款（进度款），双方又未达成延期付款协议，导致施工无法进行，且承包人停止施工超过 56d，发包人仍不支付工程款（进度款），承包人有权解除合同。

b. 承包人将其承包的全部工程转包给他人，或者肢解以后以分包的名义分别转包给他人发包人有权解除合同。

c. 合同当事人一方的其他违约致使合同无法履行，合同双方可以解除合同。

2）当事人一方主张解除合同的程序

一方主张解除合同的，应向对方发出解除合同的书面通知，并在发出通知前 7d 告知对方通知到达对方时合同解除。对解除合同有异议的，按照解决合同争议程序处理。

3）合同解除后的善后处理

合同解除后，当事人双方约定的结算和清理条款仍然有效。承包人应当妥善做好已完成和已购材料、设备的保护和移交工作，按照发包人要求，将自有机械设备和人员撤出施工堆地。发包人应为承包人撤出提供必要条件，支付所发生的费用，并按合同约定支付已完工程款。已经订货的材料、设备由订货方负责退货或解除订货合同，不能退还的货款和退货，解除订货合同发生的费用，由发包人承担，但未及时退货造成的损失由责任方承担。除此之外，过错的一方应当赔偿因合同解除给对方造成的损失。

2. 施工合同争议的解决

（1）施工合同争议的解决方式

合同当事人在履行施工合同时发生争议，可以和解或者要求合同管理及其他有关主管部门调解。和解或调解不成的，双方可以在专用条款内约定以下一种方式解决争议：

第一种解决方式：双方达成仲裁协议，向约定的仲裁委员会申请仲裁。

第二种解决方式：向有管辖权的人民法院起诉。

如果当事人选择仲裁的，应当在专用条款中明确以下内容：①请求仲裁的意思表示；②仲裁事项；③选定的仲裁委员会。在施工合同中直接约定仲裁，关键是要指明仲裁委员会，因为仲裁没有法定管辖，而是依据当事人的约定确定由哪一个仲裁委员会仲裁。而请求仲裁意思表示和仲裁事项则可在专用条款中以隐含的方式实现。当事人选择仲裁的，仲裁机构作出的裁决是终局的，具有法律效力，当事人必须执行。如果一方不执行的，另一方可向有管辖权的人民法院申请强制执行。

如果当事人选择诉讼的，则施工合同的纠纷一般应由工程所在地的人民法院管辖。当事人只能将向有管辖权的人民法院起诉作为解决争议的最终方式。

（2）争议发生后允许停止履行合同的情况

发生争议后，在一般情况下，双方都应继续履行合同，保持施工连续，保护好已完工程。出现下列情况时，当事人方可停止履行施工合同：

① 单方违约导致合同确已无法履行，双方协议停止施工；

② 调解要求停止施工，且为双方接受；

③ 仲裁机关要求停止施工；

④ 法院要求停止施工。

5.2.3 施工合同的变更

1. 合同变更的原因

合同内容的频繁变更是工程合同的特点之一。对一个较为复杂的工程合同，实施中的变更事件可能有几百项，合同变更产生的原因通常有如下几个方面：

（1）工程范围发生变化

① 业主新的指令，对建筑新的要求，要求增加或删减某些项目，改变质量标准，项目用途发生变化；

② 政府部门对工程项目有新的要求如国家计划变化、环境保护要求、城市规划变动等。

（2）设计原因

由于设计考虑不周，不能满足业主的需要或工程施工的需要，或出现设计错误等，必须对设计图纸进行修改。

（3）施工条件变化

在施工中遇到的实际现场条件同招标文件中的描述有本质的差异，或发生不可抗力等，即预定的工程条件不准确。

（4）合同实施过程中出现的问题

合同实施过程中出现的问题主要包括业主未及时交付设计图纸等及未按规定交付现场、水、电、道路等；由于产生新的技术和知识，有必要改变原实施方案以及业主或监理工程师的指令改变了原合同规定的施工顺序，打乱施工部署等。

2. 工程变更对合同实施的影响

由于发生上述这些情况，造成原"合同状态"的变化，必须对原合同规定的内容作相应的调整。

合同变更实质上是对合同的修改，是双方新的要约和承诺。这种修改通常不能免除或改变承包商的工程责任，但对合同实施影响很大，主要表现在如下几个方面：

（1）定义工程目标和工程实施情况的各种文件，如设计图纸、成本计划和支付计划、工期计划、施工方案、技术说明和适用的规范等，都应作相应的修改和变更。

当然，相关的其他计划也应作相应调整，如材料采购订货计划、劳动力安排、机械使用计划等。所以它不仅引起与承包合同平行的其他合同的变化，而且会引起所属的各个分合同，如供应合同、租赁合同、分包合同的变更。有些重大的变更会打乱整个施工部署。

（2）引起合同双方，承包商的工程小组之间，总承包商和分包商之间合同责任的变化。如工程量增加，则增加了承包商的工程责任，增加了费用开支和延长了工期，对此，按合同规定应有相应的补偿，这也极容易引起合同争执。

（3）有些工程变更还会引起已完工程的返工，现场工程施工的停滞，施工秩序打乱，已购材料的损失等，对此也应有相应的补偿。

3. 工程变更方式和程序

（1）工程变更方式

工程的任何变更都必须获得监理工程的批准，监理工程师有权要求承包商进行其认为适当的任何变更工作，承包商必须执行工程师为此发出的书面变更指示。如果监理工程师由于某种原因必须以口头形式发出变更指示，承包商应遵守该指示，并在合同规定的期限内要求监理工程师书面确认其口头指示；否则，承包商可能得不到变更工作所支付的变更工程款。

（2）工程变更程序

工程变更应有一个正规的程序，应有一整套申请、审查、批准手续。

① 提出工程变更要求

监理工程师、承包商和业主均可提出工程变更请求。

a. 监理工程师提出工程变更

在施工过程中，由于设计中的不足或错误或施工时环境发生变化，监理工程师以节约工程成本、加快工程进度和保证工程质量为原则，提出工程变更。

b. 承包商提出工程变更承包商在两种情况下提出工程变更，其一是工程施工中遇到不能预见的地质条件或地下障碍；其二是承包商为了便于施工，降低工程费用，缩短工期，提出工程变更。

c. 业主提出工程变更

业主提出工程变更则常常是为了满足使用上的要求，须说明变更原因，提交设计图纸和有关计算书。

② 监理工程师的审查和批准

对工程的任何变更，无论是哪一方提出的，监理工程师都必须与项目业主进行充分的协商，最后由监理工程师发出书面变更指示。项目业主可以委派监理工程师一定的批准工程变更的权限（一般是规定工程变更的费用额），在此权限内，监理工程师可自主批准工程变更，超出此权限则由业主批准。

③ 编制工程变更文件，发布工程变更指示

一项工程变更应包括以下文件：

a. 工程变更指令

工程变更指令主要说明工程变更的原因及详细的变更内容（应说明根据合同的哪一条款发出变更指示；变更工作是马上实施，还是在确定变更工作的费用后实施；承包商发出要求增加变更工作费用和延长工期的通知的时间限制；变更工作的内容；等等）。

b. 工程变更指令的附件

工程变更指令的附件包括工程变更设计图纸、工程量表和其他与工程变更有关的文件等。

④ 承包商项目部的合同管理负责人员向监理工程师发出意向通知

a. 由承包商将变更工作所涉及的合同款变化量或变更费率或价格及工期变化量的意图通知监理工程师。承包商在收到监理工程师签发的变更指示时，应在指示规定的时间内，向监理工程师发出该通知，否则承包商将被认为自动放弃调整合同价款和延长工期的权利。

b. 由监理工程师将其改变费率或价格的意图通知承包商。工程师改变费率或价格的意图，可在签发的变更指示中进行说明，也可单独向承包商发出此意向通知。

⑤ 工程变更价款和工期延长量的确定

工程变更价款的确定原则如下：

a. 如监理工程师认为适当，应以合同中规定的费率和价格进行计算。

b. 如合同中未包括适用于该变更工作的费率和价格，则应在合理的范围内使用合同中的费率和价格作为估价的基础。

c. 如监理工程师认为合同中没有适用于该变更工作的费率和价格，则工程师在与业主和承包商进行适当的协商后，由监理工程师和承包商议定合适的费率和价格。

d. 如未能达成一致意见，则监理工程师应确定其他合适的费率和价格，并相应地通知承包商，同时将一份副本呈交业主。

上述费率和价格在同意或决定之前，工程师应确定暂行费率和价格以便有可能作为暂付款，包含在当月发出的证书中。

工期补偿量依据变更工程量和由此造成的返工、停工、窝工、修改计划等引起的损失情况由双方洽商来确定。

⑥ 变更工作的费用支付及工期补偿

如果承包商已按工程师的指示实施变更工作，工程师应将已完成的变更工作或已部分完成的变更工作的费用，加入合同总价中，同时列入当月的支付证书中支付给承包商。将同意延长的工期加入合同工期。

5.3　建设工程项目索赔管理

在国际工程承包市场上，工程索赔是承包人和发包人保护自身正当权益、弥补工程损失的重要而有效的手段。

5.3.1　索赔的相关概念

建设工程索赔通常是指在工程合同履行过程中，合同当事人一方因对方不履行或未能正确履行合同或者由于其他非自身因素而受到经济损失或权利损害，通过合同规定的程序向对方提出经济或时间补偿要求的行为。索赔是一种正当的权利要求，它是合同当事人之间一项正常的而且普遍存在的合同管理业务，是一种以法律和合同为依据的合情合理的行为。

1. 索赔的起因

索赔可能由以下一个或几个方面的原因引起：

① 合同对方违约，不履行或未能正确履行合同义务与责任。

② 合同错误，如合同条文不全、错误、矛盾，设计图纸、技术规范错误等。

③ 合同变更。

④ 工程环境变化，包括法律、物价和自然条件的变化等。

⑤ 不可抗力因素，如恶劣气候条件、地震、洪水、战争状态等。

2. 索赔的分类

（1）按索赔有关当事人分类

① 承包人与发包人之间的索赔。

② 承包人与分包人之间的索赔。

③ 承包人或发包人与供货人之间的索赔。

④ 承包人或发包人与保险人之间的索赔。

（2）按照索赔目的和要求分类

① 工期索赔，一般指承包人向业主或者分包人向承包人要求延长工期。

② 费用索赔，即要求补偿经济损失，调整合同价格。

（3）按照索赔事件的性质分类

① 工程延期索赔，因为发包人未按合同要求提供施工条件，或者发包人指令工程暂停或不可抗力事件等原因造成工期拖延的，承包人向发包人提出索赔；如果由于承包人原因导致工期拖延，发包人可以向承包人提出索赔。由于非分包人的原因导致工期拖延，分包人可以向承包人提出索赔。

② 工程加速索赔，通常是由于发包人或工程师指令承包人加快施工进度，缩短工期，引起承包人的人力、物力、财力的额外开支，承包人提出索赔。承包人指令分包人加快进度，分包人也可以向承包人提出索赔。

③ 工程变更索赔，由于发包人或工程师指令增加或减少工程量或增加附加工程、修改设计、变更施工顺序等，造成工期延长和费用增加，承包人对此向发包人提出索赔，分包人也可以对此向承包人提出索赔。

④ 工程终止索赔，由于发包人违约或发生了不可抗力事件等造成工程非正常终止，承包人和分包人因蒙受经济损失而提出索赔。如果由于承包人或者分包人的原因导致工程非正常终止，或者合同无法继续履行，发包人可以对此提出索赔。

⑤ 不可预见的外部障碍或条件索赔，即施工期间在现场遇到一个有经验的承包商通常不能预见的外界障碍或条件，例如地质条件与预计的（业主提供的资料）不同，出现未预见的岩石、淤泥或地下水等，导致承包人损失，这类风险通常应该由发包人承担，即承包人可以据此提出索赔。

⑥ 不可抗力事件引起的索赔，不可抗力通常是满足以下条件的特殊事件或情况：一方无法控制的、该方在签订合同前不能对之进行合理防备的、发生后该方不能合理避免或克服的、不主要归因于他方的。不可抗力事件发生导致承包人损失，通常应该由发包人承担，即承包人可以据此提出索赔。

⑦ 其他索赔，如货币贬值、汇率变化、物价变化、政策法令变化等原因引起的索赔。

3. 承包商向业主的索赔

在建设工程实践中，比较多的是承包商向业主提出索赔。常见的建设工程施工索赔如下。

（1）因合同文件引起的索赔

① 有关合同文件的组成问题引起的索赔。

② 关于合同文件有效性引起的索赔。

③ 因图纸或工程量表中的错误而引起的索赔。

（2）有关工程施工的索赔

① 地质条件变化引起的索赔。

② 工程中人为障碍引起的索赔。

③ 增减工程量的索赔。

④ 各种额外的试验和检查费用的偿付。

⑤ 工程质量要求的变更引起的索赔。

⑥ 指定分包商违约或延误造成的索赔。

⑦ 其他有关施工的索赔。

（3）关于价款方面的索赔

① 关于价格调整方面的索赔。

② 关于货币贬值和严重经济失调导致的索赔。

③ 拖延支付工程款的索赔。

（4）关于工期的索赔

① 关于延长工期的索赔。

② 由于延误产生损失的索赔。

③ 赶工费用的索赔。

（5）特殊风险和人力不可抗拒灾害的索赔

① 特殊风险的索赔。

② 特殊风险一般是指战争、敌对行动、入侵行为、核污染及冲击波破坏、叛乱、革命、暴动、军事政变或篡权、内战等。

③ 人力不可抗拒灾害的索赔。人力不可抗拒灾害主要是指自然灾害，由这类灾害造成的损失应向承保的保险公司索赔。在许多合同中承包人以业主和承包人共同的名义投保工程一切险，这种索赔可同业主一起进行。

（6）工程暂停、终止合同的索赔

① 施工过程中，工程师有权下令暂停全部或任何部分工程，只要这种暂停命令并非承包人违约或其他意外风险造成的，承包人不仅可以得到要求工期延长的权利，而且可以就其停工损失获得合理的额外费用补偿。

② 终止合同和暂停工程的意义是不同的。有些是由于意外风险造成的损害十分严重因而终止合同，也有些是由"错误"引起的合同终止，例如业主认为承包人不能履约而终止合同，甚至从工地驱逐该承包人。

（7）财务费用补偿的索赔

财务费用的损失要求补偿，是指因各种原因使承包人财务开支增大而导致的贷款利息等财务费用。

4. 业主向承包商索赔

在承包商未按合同要求实施工程时，除了工程师可向承包商发出批评或警告，要求承包商及时改正外，在许多情况下，工程师可以代表业主根据合同向承包商提出索赔。

（1）索赔费用和利润

承包商未按合同要求实施工程，发生下列损害业主权益或违约的情况时，业主可索赔费用和（或）利润：

① 工程进度太慢，要求承包商赶工时，可索赔工程师的加班费。

② 合同工期已到而工程仍未完工，可索赔误期损害赔偿费。

③ 质量不满足合同要求，如不按照工程师的指示拆除不合格工程和材料，不进行返工或不按照工程师的指示在缺陷责任期内修复缺陷，则业主可找另一家公司完成此类工作，并向承包商索赔成本及利润。

④ 质量不满足合同要求，工程被拒绝接收，在承包商自费修复后，业主可索赔重新检验费。

⑤ 未按合同要求办理保险，业主可前去办理并扣除或索赔相应的费用。

⑥ 由于合同变更或其他原因造成工程施工的性质、范围或进度计划等方面发生变化，承包商未按合同要求及时办理保险，由此造成的损失或损害可向承包商索赔。

⑦ 未按合同要求采取合理措施，造成运输道路、桥梁等的破坏。

⑧ 未按合同条件要求，无故不向分包商付款。

⑨ 严重违背合同（如工程进度一拖再拖、质量经常不合格等），工程师一再警告而没有明显改进时，业主可没收履约保函。

（2）索赔工期

当承包商的工程质量不能满足要求，即某项缺陷或损害使工程、区段或某项主要生产设备不能按原定目的使用时，业主有权延长工程或某一区段的缺陷通知期。

5. 反索赔的概念

反索赔就是反驳、反击或者防止对方提出的索赔，不让对方索赔成功或者全部成功。一般认为，索赔是双向的，业主和承包商都可以向对方提出索赔要求，任何一方也都可以对对方提出的索赔要求进行反驳和反击，这种反击和反驳就是反索赔。

在工程实践过程中，当合同一方向对方提出索赔要求，合同另一方对对方的索赔要求和索赔文件可能会有三种选择：

（1）全部认可对方的索赔，包括索赔之数额。

（2）全部否定对方的索赔。

（3）部分否定对方的索赔。

针对一方的索赔要求，反索赔的一方应以事实为依据，以合同为准绳，反驳和拒绝对方的不合理要求或索赔要求中的不合理部分。

6. 索赔成立的条件

（1）构成施工项目索赔条件的事件

索赔事件，又称为干扰事件，是指那些使实际情况与合同规定不符合，最终引起工期和费用变化的各类事件。在工程实施过程中，不断地跟踪、监督索赔事件，就可以不断地发现索赔机会。通常，承包商可以提起索赔的事件有：

① 发包人违反合同给承包人造成时间、费用的损失。

② 因工程变更（含设计变更、发包人提出的工程变更、监理工程师提出的工程变更，以及承包人提出并经监理工程师批准的变更）造成的时间、费用损失。

③ 由于监理工程师对合同文件的歧义解释、技术资料不确切，或由于不可抗力导致施工条件的改变，造成了时间、费用的增加。

④ 发包人提出提前完成项目或缩短工期而造成承包人的费用增加。

⑤ 发包人延误支付期限造成承包人的损失。

⑥ 对合同规定以外的项目进行检验，且检验合格，或非承包人的原因导致项目缺陷的修复所发生的损失或费用。

⑦ 非承包人的原因导致工程暂时停工。

⑧ 物价上涨，法规变化及其他。

（2）索赔成立的前提条件

索赔的成立，应该同时具备以下三个前提条件：

① 与合同对照，事件已造成了承包人工程项目成本的额外支出，或直接工期损失。

② 造成费用增加或工期损失的原因，按合同约定不属于承包人的行为责任或风险责任。

③ 承包人按合同规定的程序和时间提交索赔意向通知和索赔报告。

以上三个条件必须同时具备，缺一不可。

7. 索赔的依据

总体而言，索赔的依据主要是以下三个方面：

（1）合同文件。

（2）法律法规。

（3）工程建设惯例。

针对具体的索赔要求（工期或费用），索赔的具体依据也不相同，例如，有关工期的索赔就要依据有关的进度计划、变更指令等。

8. 索赔证据

（1）索赔证据的含义

索赔证据是当事人用来支持其索赔成立或和索赔有关的证明文件和资料。索赔证据作为索赔文件的组成部分，在很大程度上关系到索赔的成功与否。证据不全、不足或没有证据，索赔是很难获得成功的。

在工程项目实施过程中，会产生大量的工程信息和资料，这些信息和资料是开展索赔的重要证据。因此，在施工过程中应该自始至终做好资料积累工作，建立完善的资料记录和科学管理制度，认真系统地积累和管理合同、质量、进度以及财务收支等方面的资料。

（2）可以作为证据使用的材料

可以作为证据使用的材料有以下八种。

① 当事人的陈述。被害人、当事人就案件事实向司法机关所作的陈述。犯罪嫌疑人、被告人向司法机关所作的承认犯罪并交代犯罪事实的陈述或否认犯罪或具有从轻、减轻、免除处罚的辩解、申诉。

② 书证。是指以其文字、数字或符号记载的内容起证明作用的书面文书和其他载体，如合同文本、财务账册、欠据、收据、往来信函以及确定有关权利的判决书、法律文件等。

③ 物证。是指以其存在、存放的地点等外部特征及物质特性来证明案件事实真相的证据。如购销过程中封存的样品，被损坏的机械、设备，有质量问题的产品等。

④ 视听资料。是指能够证明案件真实情况的音像资料，如录音带、录像带等。

⑤ 电子数据。包括网页、博客、微博等网络平台发布的信息；手机短信、电子邮件、即时通信、通信群组等网络应用服务的通信信息；用户注册信息、身份认证信息、电子交易记录、通信记录、登录日志等信息；文档、图片、音频、视频、数字证书、计算机程序等电子文件；其他以数字化形式存储、处理、传输的能够证明案件事实的信息。

⑥ 证人证言。是指知道、了解事实真相的人所提供的证词，或向司法机关所作的陈述。

⑦ 鉴定意见。是指专业人员就案件有关情况向司法机关提供的专门性的书面鉴定意见，如损伤鉴定、痕迹鉴定、质量责任鉴定等。

⑧ 勘验笔录。是指司法人员或行政执法人员对与案件有关的现场物品、人身等进行勘察、试验、实验或检查的文字记载。这项证据也具有专门性。

9. 常见的工程索赔证据

常见的工程索赔证据有以下多种类型：

(1) 各种合同文件，包括施工合同协议书及其附件、中标通知书、投标书、标准和技术规范、图纸、工程量清单、工程报价单或者预算书、有关技术资料和要求、施工过程中的补充协议等。

(2) 工程各种往来函件、通知、答复等。

(3) 各种会谈纪要。

(4) 经过发包人或者工程师批准的承包人的施工进度计划、施工方案、施工组织设计和现场实施情况记录。

(5) 工程各项会议纪要。

(6) 气象报告和资料，如有关温度、风力、雨雪的资料。

(7) 施工现场记录，包括有关设计交底、设计变更、施工变更指令，工程材料和机械设备的采购、验收与使用等方面的凭证及材料供应清单、合格证书，工程现场水、电、道路等开通、封闭的记录，停水、停电等各种干扰事件的时间和影响记录等。

(8) 工程有关照片和录像等。

(9) 施工日记、备忘录等。

(10) 发包人或者工程师签认的签证。

(11) 发包人或者工程师发布的各种书面指令和确认书，以及承包人的要求、请求、通知书等。

(12) 工程中的各种检查验收报告和各种技术鉴定报告。

(13) 工地的交接记录（应注明交接日期，场地平整情况，水、电、路情况等），图纸和各种资料交接记录。

(14) 建筑材料和设备的采购、订货、运输、进场、使用方面的记录、凭证和报表等。

（15）市场行情资料，包括市场价格、官方的物价指数、工资指数、中央银行的外汇比率等公布材料。

（16）投标前发包人提供的参考资料和现场资料。

（17）工程结算资料、财务报告、财务凭证等。

（18）各种会计核算资料。

（19）国家法律、法令、政策文件。

10. 索赔证据的基本要求

索赔证据应该具有：

（1）真实性。

（2）及时性。

（3）全面性。

（4）关联性。

（5）有效性。

5.3.2　索赔的程序

如前所述，工程施工中承包人向发包人索赔、发包人向承包人索赔以及分包人向承包人索赔的情况都有可能发生，以下说明承包人向发包人索赔的一般程序和方法。

（1）索赔意向通知

在工程实施过程中发生索赔事件以后，或者承包人发现索赔机会，首先要提出索赔意向，即在合同规定时间内将索赔意向用书面形式及时通知发包人或者工程师，向对方表明索赔愿望、要求或者声明保留索赔权利，这是索赔工作程序的第一步。

索赔意向通知要简明扼要地说明索赔事由发生的时间、地点、简单事实情况描述和发展动态、索赔依据和理由、索赔事件的不利影响等。

（2）索赔资料的准备

在索赔资料准备阶段，主要工作有：

① 跟踪和调查干扰事件，掌握事件产生的详细经过。

② 分析干扰事件产生的原因，划清各方责任，确定索赔根据。

③ 损失或损害调查分析与计算，确定工期索赔和费用索赔值。

④ 搜集证据，获得充分而有效的各种证据。

⑤ 起草索赔文件。

（3）索赔文件的提交

提出索赔的一方应该在合同规定的时限内向对方提交正式的书面索赔文件。例如，承包人必须在发出索赔意向通知后的 28 天内或经过工程师同意的其他合理时间内向工程师提交一份详细的索赔文件和有关资料。如果干扰事件对工程的影响持续时间长，承包人则应按工程师要求的合理间隔（一般为 28 天），提交中间索赔报告，并在干扰事件影响结束后的 28 天内提交一份最终索赔报告。否则将失去就该事件请求补偿的索赔权利。

索赔文件的主要内容包括以下几个方面：

① 总述部分

概要论述索赔事项发生的日期和过程；承包人为该索赔事项付出的努力和附加开支；

承包人的具体索赔要求。

② 论证部分

论证部分是索赔报告的关键部分，其目的是说明自己有索赔权，是索赔能否成立的关键。

③ 索赔款项（和/或工期）计算部分

如果说索赔报告论证部分的任务是解决索赔权能否成立，则款项计算是为解决能得多少款项。前者定性，后者定量。

④ 证据部分

要注意引用的每个证据的效力或可信程度，对重要的证据资料最好附以文字说明，或附以确认件。

（4）索赔文件的审核

对于承包人向发包人的索赔请求，索赔文件首先应该交由工程师审核。工程师根据发包人的委托或授权，对承包人索赔的审核工作主要分为判定索赔事件是否成立和核查承包人的索赔计算是否正确、合理两个方面，并可在授权范围内作出判断：初步确定补偿额度，或者要求补充证据，或者要求修改索赔报告等。对索赔的初步处理意见要提交发包人。

（5）发包人审查

对于工程师的初步处理意见，发包人需要进行审查和批准，然后工程师才可以签发有关证书。

如果索赔额度超过了工程师权限范围时，应由工程师将审查的索赔报告报请发包人审批，并与承包人谈判解决。

（6）协商

对于工程师的初步处理意见，发包人和承包人可能都不接受或者其中的一方不接受，三方可就索赔的解决进行协商，达成一致，其中可能包括复杂的谈判过程，经过多次协商才能达成。

如果经过努力无法就索赔事宜达成一致意见，则发包人和承包人可根据合同约定选择采用仲裁或者诉讼方式解决。

（7）反索赔的基本内容

反索赔的工作内容可以包括两个方面：一是防止对方提出索赔，二是反击或反驳对方的索赔要求。

要成功地防止对方提出索赔，应采取积极防御的策略。首先是自己严格履行合同规定的各项义务，防止自己违约，并通过加强合同管理，使对方找不到索赔的理由和根据，使自己处于不能被索赔的地位。其次，如果在工程实施过程中发生了干扰事件，则应立即着手研究和分析合同依据，搜集证据，为提出索赔和反索赔做好两手准备。

如果对方提出了索赔要求或索赔报告，则自己一方应采取各种措施来反击或反驳对方的索赔要求。常用的措施有：

① 抓对方的失误，直接向对方提出索赔，以对抗或平衡对方的索赔要求，以求在最终解决索赔时互相让步或者互不支付。

② 针对对方的索赔报告，进行仔细、认真研究和分析，找出理由和证据，证明对方

索赔要求或索赔报告不符合实际情况和合同规定，没有合同依据或事实证据，索赔值计算不合理或不准确等问题，反击对方的不合理索赔要求，推卸或减轻自己的责任，使自己不受或少受损失。

（8）对索赔报告的反击或反驳要点

对对方索赔报告的反击或反驳，一般可以从以下几个方面进行。

① 索赔要求或报告的时限性

审查对方是否在干扰事件发生后的索赔时限内及时提出索赔要求或报告。

② 索赔事件的真实性。

③ 干扰事件的原因、责任分析

如果干扰事件确实存在，则要通过对事件的调查分析，确定原因和责任。如果事件责任属于索赔者自己，则索赔不能成立，如果合同双方都有责任，则应按各自的责任大小分担损失。

④ 索赔理由分析

分析对方的索赔要求是否与合同条款或有关法规一致，所受损失是否属于非对方负责的原因造成。

⑤ 索赔证据分析

分析对方所提供的证据是否真实、有效、合法，是否能证明索赔要求成立。证据不足、不全、不当、没有法律证明效力或没有证据，索赔不能成立。

⑥ 索赔值审核

如果经过上述的各种分析、评价，仍不能从根本上否定对方的索赔要求，则必须对索赔报告中的索赔值进行认真细致的审核，审核的重点是索赔值的计算方法是否合情合理，各种取费是否合理适度，有无重复计算，计算结果是否准确等。

5.3.3　索赔费用的计算

1 索赔费用的组成

索赔费用的主要组成部分，同工程款的计价内容相似。

从原则上说，承包人有索赔权利的工程成本增加，都是可以索赔的费用。但是，对于不同原因引起的索赔，承包人可索赔的具体费用内容是不完全一样的。哪些内容可索赔，要按照各项费用的特点、条件进行分析论证。

（1）人工费。人工费包括施工人员的基本工资、工资性质的津贴、加班费、奖金以及法定的安全福利等费用。对于索赔费用中的人工费部分而言，人工费是指完成合同之外的额外工作所花费的人工费用；由于非承包人责任的工效降低所增加的人工费用；超过法定工作时间加班劳动；法定人工费增长以及非承包人责任工程延期导致的人员误工费和工资上涨等。

（2）材料费。材料费的索赔包括：由于索赔事项材料实际用量超过计划用量而增加的材料费；由于客观原因材料价格大幅度上涨；由于非承包人责任工程延期导致的材料价格上涨和超期储存费用。材料费中应包括运输费、仓储费以及合理的损耗费用。如果由于承包人管理不善，造成材料损坏失效，则不能列入索赔计价。承包人应该建立健全物资管理制度，记录建筑材料的进货日期和价格，建立领料耗用制度，以便索赔时能准确地分离出索赔事项所引起的材料额外耗用量。为了证明材料单价的上涨，承包人应提供可靠的订货单、采购单，或官方公布的材料价格调整指数。

（3）施工机械使用费。施工机械使用费的索赔包括：由于完成额外工作增加的机械使用费；由于非承包人责任工效降低增加的机械使用费；由于业主或监理工程师原因导致机械停工的窝工费。窝工费的计算，如系租赁设备，一般按实际租金和调进调出费的分摊计算；如系承包人自有设备，一般按台班折旧费计算，而不能按台班费计算，因台班费中包括了设备使用费。

（4）现场管理费。索赔款中的现场管理费是指承包人完成额外工程、索赔事项工作以及工期延长期间的现场管理费，包括管理人员工资、办公、通信、交通费等。

（5）利息。在索赔款额的计算中，经常包括利息。利息的索赔通常发生于下列情况：拖期付款的利息，错误扣款的利息。至于具体利率应是多少，在实践中可采用不同的标准，主要有以下几种规定：

① 按当时的银行贷款利率。

② 按当时的银行透支利率。

③ 按合同双方协议的利率。

④ 按中央银行贴现率加三个百分点。

（6）分包费。分包费用索赔指的是分包人的索赔费，一般也包括人工、材料、机械使用费的索赔。分包人的索赔应如数列入总承包人的索赔款总额以内。

（7）总部（企业）管理费。索赔款中的总部管理费主要指的是工程延期期间所增加的管理费，包括总部职工工资、办公大楼、办公用品、财务管理、通信设施以及总部领导人员赴工地检查指导工作等开支。这项索赔款的计算，目前没有统一的方法。在国际工程施工索赔中，总部管理费的计算有以下几种：

① 按照投标书中总部管理费的比例（3%～8%）计算

$$总部管理费 = 合同中总部管理费比率(\%) \times (直接费索赔款额 + 现场管理费索赔款额等)$$

② 按照公司总部统一规定的管理费比率计算

$$总部管理费 = 公司管理费比率(\%) \times (直接费索赔款额 + 现场管理费索赔款额等)$$

③ 以工程延期的总天数为基础，计算总部管理费的索赔额，计算步骤如下：

$$对某一工程提取的管理费 = 同期内公司的总管理费 \times \frac{该工程的合同额}{同期内公司的总合同额}$$

$$索赔的总部管理费 = 该工程的每日管理费 \times 工程延期的天数$$

（8）利润。一般来说，由于工程范围的变更、文件有缺陷或技术性错误、业主未能提供现场等引起的索赔，承包人可以列入利润。但对于工程暂停的索赔，由于利润通常是包括在每项实施工程内容的价格之内的，而延长工期并未影响削减某些项目的实施，也未导致利润减少。所以，一般监理工程师很难同意在工程暂停的费用索赔中加进利润损失。索赔利润的款额计算通常是与原报价单中的利润百分率保持一致。

2. 索赔费用的计算方法

费用的计算方法有：实际费用法、总费用法和修正的总费用法。

（1）实际费用法

实际费用法是计算工程索赔时最常用的一种方法。这种方法的计算原则是以承包人为某项索赔工作所支付的实际开支为根据，向业主要求费用补偿。用实际费用法计算时，在直接费的额外费用部分的基础上，再加上应得的间接费和利润，即承包人应得的索赔金额。由于实际费用法所依据的是实际发生的成本记录或单据，所以，在施工过程中，系统而准确地积累记录资料是非常重要的。

（2）总费用法

总费用法就是当发生多次索赔事件以后，重新计算该工程的实际总费用，实际总费用减去投标报价时的估算总费用，即为索赔金额，公式如下：

$$索赔金额＝实际总费用－投标报价估算总费用$$

不少人对采用该方法计算索赔费用持批评态度，因为实际发生的总费用中可能包括了承包人的原因，如施工组织不善而增加的费用；同时投标报价估算的总费用也可能为了中标而过低。所以这种方法只有在难以采用实际费用法时才应用。

（3）修正的总费用法

修正的总费用法是对总费用法的改进，即在总费用计算的原则上，去掉一些不合理的因素，使其更合理。修正的内容如下：①将计算索赔款的时段局限于受到外界影响的时间，而不是整个施工期；②只计算受影响时段内的某项工作所受影响的损失，而不是计算该时段内所有施工工作所受的损失；③与该项工作无关的费用不列入总费用中；④对投标报价费用重新进行核算：以影响时段内该项工作的实际单价进行核算，乘以实际完成的该项工作的工程量，得出调整后的报价费用。

按修正后的总费用计算索赔金额的公式如下：

$$索赔金额＝某项工作调整后的实际总费用－该项工作的报价费用$$

修正的总费用法与总费用法相比，有了实质性的改进，它的准确程度已接近于实际费用法。

5.3.4　工期索赔计算

1. 工期延误

（1）工期延误的含义

工期延误，又称为工程延误或进度延误，是指工程实施过程中任何一项或多项工作的实际完成日期迟于计划规定的完成日期，从而可能导致整个合同工期的延长。工期延误对合同双方一般都会造成损失。工期延误的后果是形式上的时间损失，实质上会造成经济损失。

（2）工期延误的分类

1）按照工期延误的原因划分

① 因业主和工程师原因引起的延误

由于业主和工程师的原因所引起的工期延误可能有以下几种：

a. 业主未能及时交付合格的施工现场。

b. 业主未能及时交付施工图纸。

c. 业主或工程师未能及时审批图纸、施工方案、施工计划等。

d. 业主未能及时支付预付款或工程款。

e. 业主未能及时提供合同规定的材料或设备。

f. 业主自行发包的工程未能及时完工或其他承包商违约导致的工程延误。

g. 业主或工程师拖延关键线路上工序的验收时间导致下道工序施工延误。

h. 业主或工程师发布暂停施工指令导致延误。

i. 业主或工程师设计变更导致工程延误或工程量增加。

j. 业主或工程师提供的数据错误导致的延误。

② 因承包商原因引起的延误

a. 由于承包商原因引起的延误一般是由于其管理不善所引起，比如计划不周密、组织不力、指挥不当等。

b. 施工组织不当，出现窝工或停工待料等现象。

c. 质量不符合合同要求而造成返工。

d. 资源配置不足。

e. 开工延误。

f. 劳动生产率低。

g. 分包商或供货商延误等。

③ 不可控制因素引起的延误

例如人力不可抗拒的自然灾害导致的延误、特殊风险如战争或叛乱等造成的延误、不利的施工条件或外界障碍引起的延误等。

2）按照索赔要求和结果划分

按照承包商可能得到的要求和索赔结果划分，工程延误可以分为可索赔延误和不可索赔延误。

① 可索赔延误

可索赔延误是指非承包商原因引起的工程延误，包括业主或工程师的原因和双方不可控制的因素引起的索赔。根据补偿的内容不同，可以进一步划分为三种情况：

a. 只可索赔工期的延误。

b. 只可索赔费用的延误。

c. 可索赔工期和费用的延误。

② 不可索赔延误

不可索赔延误是指因承包商原因引起的延误，承包商不应向业主提出索赔，而且应该采取措施赶工，否则应向业主支付误期损害赔偿。

3）按延误工作在工程网络计划的线路划分

按照延误工作所在的工程网络计划的线路性质，工程延误划分为关键线路延误和非关键线路延误。

由于关键线路上任何工作（或工序）的延误都会造成总工期的推迟，因此，非承包商原因造成关键线路延误都是可索赔延误。而非关键线路上的工作一般都存在机动时间，其延误是否会影响到总工期的推迟取决于其总时差的大小和延误时间的长短。如果延误时间少于该工作的总时差，业主一般不会给予工期顺延，但可能给予费用补偿；如果延误时间大于该工作的总时差，非关键线路的工作就会转化为关键工作，从而成为可索赔延误。

4）按照延误事件之间的关联性划分

① 单一延误

单一延误是指在某一延误事件从发生到终止的时间间隔内，没有其他延误事件的发生，该延误事件引起的延误称为单一延误。

② 共同延误

当两个或两个以上的延误事件从发生到终止的时间完全相同时，这些事件引起的延误称为共同延误。共同延误的补偿分析比单一延误要复杂一些。当业主引起的延误或双方不可控制因素引起的延误与承包商引起的延误共同发生时，即可索赔延误与不可索赔延误同时发生时，可索赔延误就将变成不可索赔延误，这是工程索赔的惯例之一。

③ 交叉延误

当两个或两个以上的延误事件从发生到终止只有部分时间重合时，称为交叉延误。由于工程项目是一个较为复杂的系统工程，影响因素众多，常常会出现多种原因引起的延误交织在一起的情况，这种交叉延误的补偿分析更加复杂。

比较交叉延误和共同延误，不难看出，共同延误是交叉延误的一种特例。

2. 工期索赔的依据和条件

工期索赔，一般是指承包商依据合同对由于非自身的原因而导致的工期延误向业主提出的工期顺延要求。

（1）工期索赔的具体依据

承包商向业主提出工期索赔的具体依据主要有：

① 合同约定或双方认可的施工总进度规划。

② 合同双方认可的详细进度计划。

③ 合同双方认可的对工期的修改文件。

④ 施工日志、气象资料。

⑤ 业主或工程师的变更指令。

⑥ 影响工期的干扰事件。

⑦ 受干扰后的实际工程进度等。

（2）《示范文本》确定的可以顺延工期的条件

《示范文本》第 7.5.1 条规定，在合同履行过程中，因下列情况导致工期延误和（或）费用增加的，由发包人承担由此延误的工期和（或）增加的费用，且发包人应支付承包人合理的利润：

① 发包人未能按合同约定提供图纸或所提供图纸不符合合同约定的。

② 发包人未能按合同约定提供施工现场、施工条件、基础资料、许可、批准等开工条件的。

③ 发包人提供的测量基准点、基准线和水准点及其书面资料存在错误或疏漏的。

④ 发包人未能在计划开工日期之日起 7 天内同意下达开工通知的。

⑤ 发包人未能按合同约定日期支付工程预付款、进度款或竣工结算款的。

⑥ 监理人未按合同约定发出指示、批准等文件的。

⑦ 专用合同条款中约定的其他情形。

因发包人原因未按计划开工日期开工的，发包人应按实际开工日期顺延竣工日期，确保实际工期不低于合同约定的工期总日历天数。因发包人原因导致工期延误需要修订施工进度计划的，按照第7.2.2条〔施工进度计划的修订〕执行。

3. 工期索赔的分析和计算方法

（1）工期索赔的分析

工期索赔的分析包括延误原因分析、延误责任的界定、网络计划（CPM）分析、工期索赔的计算等。

运用网络计划（CPM）方法分析延误事件是否发生在关键线路上，以决定延误是否可以索赔。在工期索赔中，一般只考虑对关键线路上的延误或者非关键线路因延误而变为关键线路时才给予顺延工期。

（2）工期索赔的计算方法

① 直接法

如果某干扰事件直接发生在关键线路上，造成总工期的延误，可以直接将该干扰事件的实际干扰时间（延误时间）作为工期索赔值。

② 比例分析法

如果某干扰事件仅仅影响某单项工程、单位工程或分部分项工程的工期，要分析其对总工期的影响，可以采用比例分析法。

采用比例分析法时，可以按工程量的比例进行分析，例如：某工程基础施工中出现了意外情况，导致工程量由原来的2800m³增加到3500m³，原定工期是40天，则承包商可以提出的工期索赔值是：

工期索赔值＝原工期×新增工程量/原工程量＝40×（3500－2800）/2800＝10天

本例中，如果合同规定工程量增减10％为承包商应承担的风险，则工期索赔值应该是：

工期索赔值＝40×（3500－2800×110％）/2800＝6天

工期索赔值也可以按照造价的比例进行分析，例如：某工程合同价为1200万元，总工期为24个月，施工过程中业主增加额外工程200万元，则承包商提出的工期索赔值为：

工期索赔值＝原合同工期×附加或新增工程造价/原合同总价＝24×200/1200＝4个月

③ 网络分析法

在实际工程中，影响工期的干扰事件可能会很多，每个干扰事件的影响程度可能都不一样，有的直接在关键线路上，有的不在关键线路上，多个干扰事件的共同影响结果究竟是多少可能引起合同双方很大的争议，采用网络分析方法是比较科学合理的方法，其思路是：假设工程按照双方认可的工程网络计划确定的施工顺序和时间施工，当某个或某几个干扰事件发生后，使网络中的某个工作或某些工作受到影响，使其持续时间延长或开始时间推迟，从而影响总工期，则将这些工作受干扰后的新的持续时间和开始时间等代入网络中，重新进行网络分析和计算，得到的新工期与原工期之间的差值就是干扰事件对总工期的影响，也就是承包商可以提出的工期索赔值。

网络分析法通过分析干扰事件发生前和发生后网络计划的计算工期之差来计算工期索赔值，可以用于各种干扰事件和多种干扰事件共同作用所引起的工期索赔。

5.4 基于 BIM 的合同管理方法

5.4.1 施工合同智能管理要点

施工项目合同确认的工程造价是预期的项目收入，是编制项目成本计划的依据，是判断项目是否盈利的重要数据之一。在现有的项目管理系统中可以规范、完整地实现项目合同的登记和合同文件的传输，但是基于 BIM 模型的项目管理系统，在实现项目安全、质量、进度管理目标的基础上，加载项目合同价格信息，并实现与项目进度相一致的价格信息集成，动态化实现项目成本盈亏情况分析，还需要加强项目施工合同信息的处理和挂接工作。实现基于 BIM 模型的施工合同智能化管理主要技术要点有以下几点。

1. 基于 BIM 模型的"三算"对比

按照成本控制理论，借助信息化手段开展成本控制，最常见的控制方法是动态的"三算"对比，即"预算成本""计划成本""实际成本"相对比。其中"预算成本"来源于中标合同价，"计划成本"是施工项目部依据"预算成本"经过测算编制的工程实施的计划成本，"实际成本"是随着施工的进行实时反映实际成本开支的情况。在基于 BIM 模型反映工程实际施工进度的情况下，通过将"三算"数据与 BIM 模型构件进行属性挂接，可以实现动态"三算"对比效果。

2. 基于中标合同价的"预算成本"编制

中标的合同价格就是施工项目预期的合同收入，就是施工项目的预算成本来源，项目施工技术人员对照中标合同价格，按照统一的成本编制格式计算相应的"预算成本"，用以确定项目的成本控制红线。预算成本按照下式计算：

$$预算成本＝预算工程量×投标单价$$

3. 基于施工管理的"计划成本"编制

施工项目部一般在承接企业委托的项目任务时，需依据"计划成本"与企业签订目标责任书，用以管理施工成本开支，是企业确保项目利润的主要管理依据。计划成本按照下式计算：

$$预算成本＝计划工程量×预算单价$$

4. 成本数据的 BIM 关联原理

由于施工项目 BIM 模型是以构件实体项目呈现的，而相应的成本表现也是以清单项目形式呈现，通过 BIM5D 平台，可以以 BIM 构件为载体，将成本数据进行挂接，赋予 BIM 构件相应的成本属性，在后期开展成本管理过程中，逐步加载进度和实际成本信息，就能够实现成本控制目标。

5.4.2 施工合同智能管理实施过程

按照上述描述，实现基于 BIM 模型的施工合同智能管理过程，最重要的是要选择适应项目施工管理需要的基于 BIM 的项目管理平台，下文选择广联达 BIM5D 平台讲述实施施工合同智能管理的过程。

1. 基于 BIM 模型的清单匹配

应用市场通用的计价软件或者 Excel 计价文件，将中标合同文件处理成 BIM5D 平台可以读取的"预算成本"或"计划成本"格式文件，如图 5-1 所示，通过平台读取的成本文件。文件格式内容与清单或定额报价书相一致。

	编码	名称	项目特征	单位	工程量	综合单价	合价
1	整个项目						
2	010101001001	平整场地	1. 土壤类别：一般土	m2	797.42	7.95	6339.49
3	1-1	平整场地		100m2	7.974	794.44	6335.02
4	010101002001	挖一般土方	1. 基底钎探	m2	463.95	6.38	2960
5	1-63	基底钎探		100m2	4.64	637.52	2957.77
6	010101004001	挖基坑土方	1. 土壤类别：一般土 2. 挖土深度：3米以内	m3	1997.789	37.27	74457.58
7	1-28	人工挖地坑一般土深度(m)3以内		100m3	19.978	3399.62	67917.27
8	1-38	机械挖土一般土		1000m3	1.998	3271.49	6535.78
9	010103001001	回填土 夯填	1. 夯填	m3	1662.255	18.36	30519
10	1-84	回填土 夯填		100m3	16.623	1835.64	30512.93
11	010103002001	余方弃置	1. 废弃料品种：余土 2. 运距：1KM	m3	335.534	9	3019.81
12	1-46	装载机装土自卸汽车运土1km内		1000m3	0.336	9005.12	3021.22
13	010402001001	砌块墙	1. 砌块品种、规格、强度等级：200厚加气混凝土砌块 2. 砂浆强度等级：M5混合砂浆 3. 部位：除阳台、卫生间四周墙体	m3	224.504	263.1	59066.92
14	3-58	加气 混凝土块墙(M5混合砌筑砂浆)		10m3	22.45	2630.93	59065.43
15	010402001002	砌块墙	1. 砌块品种、规格、强度等级：200厚加气混凝土砌块 2. 砂浆强度等级：M5水泥砂浆 3. 部位：卫生间四周墙体	m3	133.344	263.1	35082.73
16	3-58	加气 混凝土块墙(M5混合砌筑砂浆)		10m3	13.334	2630.93	35081.87

图 5-1　预算成本或计划成本示例

将成本文件导入 BIM5D 平台后，打开"清单匹配"对话框，如图 5-2 所示，可以结合项目 BIM 模型清单项目设置和"成本"清单文件项目设置的一致性，通过"自动匹配"或"手动匹配"等方式，实现对 BIM 模型构件的清单造价信息的挂接。

2. 基于 BIM 模型的清单关联

应用"清单匹配"功能可以直接实现定义清单属性的 BIM 模型构件与相应"成本"清单项的挂接，但是对于类似钢筋构件等没有清单属性的 BIM 模型构件，需要通过"清单关联"功能实现"成本"清单的挂接。如图 5-3 所示。

通过以上平台数据的操作和处理，就基本建立了 BIM 模型的施工合同的管理体系，为后期针对施工项目实际施工进度构建的基于 BIM 模型成本控制建立了数据平台和基础。

5.4.3　施工变更与签证管理

施工企业签订施工合同后，按照合同约定实施施工任务过程中，不可避免地会出现设计变更或者施工签证的现象，作为合同收尾的重要组成部分之一，工程变更和签证的费用一般确认为合同外收入，受到施工管理者越来越重视。在智能建造背景下，如何建立基于 BIM 模型的施工变更和签证管理，是要解决的重要问题。

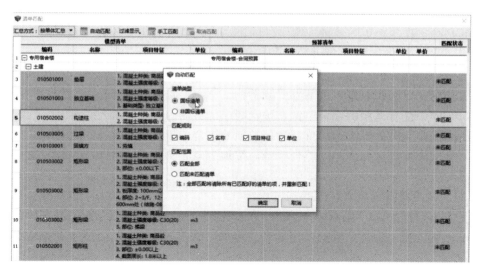

图 5-2   BIM 模型的清单匹配

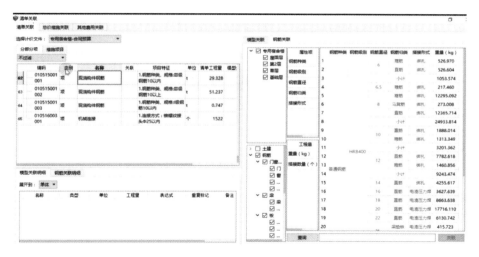

图 5-3   BIM 模型的清单关联

1. 施工变更与签证成本文件编制

设计变更是工程施工过程中保证设计和施工质量，完善工程设计，纠正设计错误以满足现场条件变化而进行的设计修改工作。一般包括由原设计单位出具的设计变更通知单和由施工单位征得原设计单位同意并签章的设计变更联络单两种。施工过程中的工程签证，主要是指施工部门在施工图纸、设计变更所确定的工程内容以外，施工图预算或预算定额取费中未含有而施工中现场又实际发生费用的施工内容所办理的签证，如由于施工条件的变化或无法预见的情况所引起工程量的变化。

工程项目施工过程中发生的变更与签证事件都是在合同约束条件下完成的，此类事件发生必然会带来项目收入和支出的变化，是影响施工项目盈亏的重要部分。因此加强对施工项目变更与签证的管理，按照施工合同智能管理章节的描述，利用 BIM5D 平台做好相应的管理工作特别重要。

对照合同条款，做好变更与签证的相关成本文件的编制，是适应 BIM5D 平台进行成本管理的基础工作。变更与签证成本文件的格式内容要求应与"预算成本"文件格式内容一致，方便实现 BIM5D 平台模型数据的挂接。

由于变更、签证引起的工程量清单项目或清单项目工程数量的增减，均按实调整。其综合单价的确定方法一般按照以下方式调整：

（1）合同中已有适用的综合单价，按合同中已有的综合单价确定；

（2）合同中有类似的综合单价，参照类似的综合单价确定；

（3）合同中没有适用货类的综合单价，按地方规定计算后按照中标下浮率进行下浮，确定综合单价。

2. 施工变更与签证成本管理实施过程

项目实施过程中，一旦有相应的施工变更与签证的发生，项目部技术人员要迅速响应，及时做好变更与签证的管理工作，下文选择广联达 BIM5D 平台讲述实施变更与签证管理的过程。

（1）涉及变更与签证的 BIM 模型的更新

项目技术人员针对变更与签证项目，在原有 BIM 模型基础上，通过 BIM 建模软件，准确完成变更与签证的 BIM 模型设计，并上传 BIM5D 平台，完成相应的模型更新工作，如图 5-4 所示。

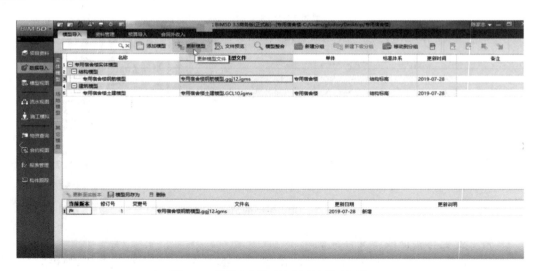

图 5-4　项目变更与签证 BIM 模型更新

（2）变更与签证信息登记和成本文件导入

项目技术人员应用计价软件，按照合同条款，依据原中标合同价格，编制完成变更与签证项目造价文件，在此基础上，通过 BIM5D 平台上的变更登记，完成相应变更与签证信息的登记和造价成果的上传，如图 5-5 所示。

（3）变更与签证造价成本信息和 BIM 模型的关联

项目技术人员在完成变更与签证信息登记后，及时做好变更与签证项目造价成本项和更新后的 BIM 模型构件的挂接，如图 5-6 所示。

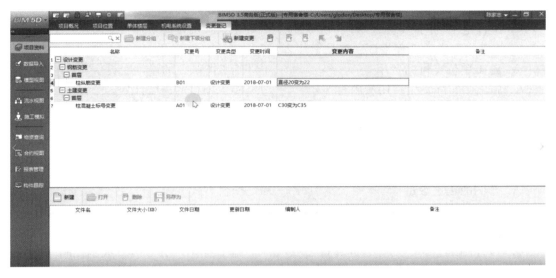

图 5-5　项目变更与签证信息和造价成果登记

图 5-6　项目变更与签证造价成本和 BIM 模型挂接

思考与练习

一、单选题

1. 建设工程合同的定义是什么？（　　　）

A. 承包人进行工程建设，发包人支付价款的合同

B. 发包人进行工程建设，承包人支付价款的合同

C. 发包人提供设计，承包人进行施工的合同

D. 承包人提供材料，发包人进行施工的合同

2. 下列哪一项不属于建设工程合同的种类？（　　　）

A. 工程勘察合同   B. 工程设计合同

C. 工程施工合同   D. 工程融资合同

3. 施工过程中的工程签证主要是指什么？（　　）

A. 施工单位支付的费用   B. 施工图纸上的设计变更

C. 施工中实际发生费用的内容   D. 施工项目的进度计划

4. 在合同准备与制定阶段，哪一个环节不属于需求分析的内容？（　　）

A. 分析项目的功能   B. 确定项目的规模

C. 进行项目的融资   D. 预期项目的质量

5. 合同签订时，应该注意哪些方面？（　　）

A. 合同的正本数量   B. 交付方式

C. 项目预算   D. 签署权

6. BIM 技术在建设工程合同管理中的主要作用是什么？（　　）

A. 设计图纸   B. 合同签订   C. 施工监督   D. 成本控制

7. 下列哪一项是建设工程监理合同的主要内容？（　　）

A. 发包人与承包人的合同条款   B. 承包人与供应商的协议

C. 委托人与监理人的协议   D. 施工单位与设计单位的协议

8. 在施工合同智能管理过程中，选择 BIM 平台的主要原因是什么？（　　）

A. 降低成本   B. 提高效率

C. 避免法律风险   D. 管理变更和签证

9. 在合同变更管理中，变更请求的提交方式是什么？（　　）

A. 口头通知   B. 书面形式   C. 电话通知   D. 邮件通知

10. 以下哪一项不属于施工变更与签证的成本管理实施过程？（　　）

A. BIM 模型的更新   B. 成本文件导入

C. 合同签订   D. 信息登记

二、多选题

1. 下列哪些是建设工程合同的特点？（　　）

A. 诺成合同   B. 有偿合同

C. 单务合同   D. 双务合同

E. 无偿合同

2. 合同准备与制定阶段包含哪些步骤？（　　）

A. 需求分析   B. 选择合作方

C. 起草合同文本   D. 合同签订

E. 风险评估与分配

3. 使用 BIM5D 平台进行施工变更与签证管理的过程包括哪些内容？（　　）

A. BIM 模型的更新   B. 信息登记

C. 成本文件导入   D. 项目融资

E. 成本与模型关联

4. 在合同审查与谈判阶段，主要包括哪些环节？（　　）

A. 内部审查   B. 合同谈判

C. 修改与定稿　　　　　　　　　　D. 合同履行

E. 选择合作方

5. 施工变更与签证成本文件编制的步骤包括哪些内容?（　　）

A. 合同中已有适用的综合单价　　　B. 合同中有类似的综合单价

C. 地方规定计算后中标下浮　　　　D. 项目融资

E. 项目验收

三、简答题

1. 请简述建设工程合同的基本概念和种类。

2. 解释施工合同智能管理的实施过程。

3. 讨论基于 BIM 的施工变更与签证管理的优点。

4. 在合同审查与谈判过程中，为什么要进行内部审查?

5. 如何利用 BIM5D 平台进行施工变更与签证的成本管理?

教学单元 6

智能建造工程项目职业健康安全与环境管理

建设工程职业
健康安全与
环境管理

⊙ 教学目标：

1. 知识目标：

了解职业健康安全技术措施及安全事故处理方法；熟悉环境管理的概念及环保施工技术；掌握基于智慧工地的职业健康安全与环境管理控制措施。

2. 能力目标：

能编制职业健康安全技术措施计划；会对安全隐患和安全事故进行处理；能借助智能设备进行职业健康安全与环境管理控制。

3. 素质目标：

建立"安全第一、预防为主"的职业情感；培养学生系统分析问题的习惯，树立全局意识；培养学生精益求精的工匠精神，激发学生科技报国的家国情怀。

⊙ 思想映射点： 遵守规章制度、安全规范，具备谨慎小心、认真负责的职业素养。

⊙ 实现方式： 在课程教学中，学生通过掌握职业相关的安全技能、健康知识，始终坚持"安全第一"的原则，强化生命关怀和人文关怀，始终把个人和他人安全放在第一的位置，从而预防安全事故的发生。

⊙ 参考案例： 广东美术馆、广东非物质文化遗产展示中心、广东文学馆"三馆合一"项目。

⊙ 思维导图：

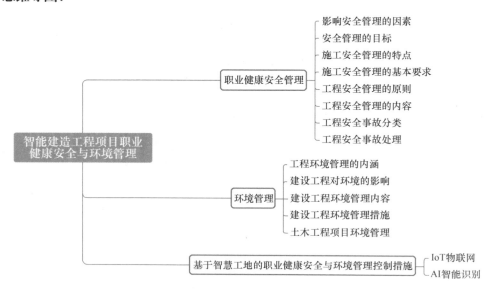

→ **引文：**

本项目位于广州市荔湾区白鹅潭产业金融服务创新区，项目总建筑面积为 12.45 万 m^2，最高建筑高度为 80m，于 2021 年 5 月 15 日进场施工。本项目运用智慧建造管理平台实时监控塔式起重机、施工电梯等大型机械设备运行状态，实现安全可控，同时通过在门禁位置的摄像头部署 AI 识别技术，对安全帽、反光衣等佩戴行为进行识别，自动生成整改信息，规范了施工现场人员安全作业行为。

6.1　职业健康安全管理

6.1.1　影响安全管理的因素

影响安全管理的主要风险因素有：

（1）物的不安全状态。物的不安全状态主要表现为设备和装置的缺陷、作业场所的缺陷、物质和环境中有危险源存在。

（2）人的不安全状态。人的不安全状态主要表现为身体有缺陷、发生了错误行为以及违纪违章三个方面。

（3）环境因素和管理缺陷等。除了人和物两者的不安全因素外，二者的组合也是产生安全事故的另一类主要因素。要使二者相互协调，适宜的环境温度、色彩鲜艳的危险标志等管理措施也是确保安全管理的重要措施。

6.1.2　安全管理的目标

建设工程安全管理的总体目标是贯彻执行建设工程安全法规及标准，正确选用安全技术及采用科学管理的方法，实现工程项目预期的安全方针及目标。由于施工现场中直接从事生产作业的人员密集，机料集中，存在着多种危险因素。因此，控制人的不安全行为和物的不安全状态，加强管理措施是施工现场安全管理的重点，也是预防和避免伤害事故，保证生产处于最佳状态的根本环节。

6.1.3　施工安全管理的特点

（1）控制面广

由于建设工程规模较大、生产工艺复杂、工序多，在建造过程中流动作业多，高处作业多，作业位置多变，遇到的不确定因素多，安全管理工作涉及范围大，控制面广。

（2）控制的动态性

由于建设工程项目的单件性、施工活动的连续性及施工位置的分散性，每项工程所处的条件和环境不同，所面临的危险因素和防范措施会随时改变。因此，安全管理的手段和方法也会发生变化。

（3）控制系统交叉性

建设工程项目是开放系统，受自然环境和社会环境影响很大，安全管理需要把工程系统和环境系统及社会系统结合。

（4）控制的严谨性

由于建设工程施工属于高风险行业，伤亡事故多，并具有突发性，所以预防控制措施必须严谨，一旦失控，就会造成严重损失和伤害。

6.1.4 施工安全管理的基本要求

（1）施工方必须取得安全行政主管部门颁发的《安全施工许可证》后才可施工。

（2）总承包单位和每一个分包单位都应经过安全资格审查认可。

（3）各类作业人员和管理人员必须具备相应的职业资格才能上岗。

（4）所有新员工必须经过三级安全教育，即进厂、进车间和进班组的安全教育。

（5）特殊工种作业人员必须持有特种作业操作证，并严格按规定定期进行复查。

（6）对查出的安全隐患要做到"五定"，即定整改责任人、定整改措施、定整改完成时间、定整改完成人、定整改验收人。

（7）必须把好安全管理"六关"，即措施关、交底关、教育关、防护关、检查关、改进关。

（8）施工现场安全设施齐全，并符合国家及地方有关规定。

（9）施工机械（特别是现场安设的起重设备等）必须经安全检查合格后方可使用。

（10）保证安全技术措施费用的落实，不得挪作他用。

6.1.5 工程安全管理的原则

1. 坚持"安全第一、预防为主、综合治理"的方针

建设工程安全生产关系到人民群众生命和财产的安全，在工程建设中应始终将"安全第一、预防为主、综合治理"作为建设工程安全管理的方针。

建设工程安全管理应该是积极主动的，应事先对影响生产安全的各种因素加以控制，而不是消极被动地等出现安全问题再进行处理，因此，要重点做好施工的事先控制，以预防为主，加强施工前和施工过程中的安全管理。

2. 坚持以人为核心的原则

工程建设的决策者、组织者、管理者和操作者以及工程建设中各单位、各部门、各岗位人员的工作质量水平和完善程度，都直接或间接地影响建设工程施工安全。因此，在建设工程安全管理中，要以人为核心，重点控制人的素质和个人行为，充分发挥人的积极性和创造性，以人的工作质量保证工程施工安全。

3. 坚持系统管理的原则

所谓系统管理原则，就是要实现安全、质量、造价、进度四大目标的统一。要将安全管理与质量管理、造价管理、进度管理同时进行，在实施安全管理的同时，需要满足预定的质量、造价、进度目标。为此，在安全管理过程中，要协调好各方面关系，做好四大目标的有机配合和相互平衡，而不能片面强调安全管理。

4. 坚持全过程管理的原则

任何一个工程项目都是由若干分部分项工程组成的，而每一个分部分项工程又是通过一道道工序来完成的。因此，必须对每一道工序的生产安全进行严格检查。

5. 坚持全方位管理的原则

所谓全方位管理，就是要对影响建设工程生产安全的所有因素进行控制，如人、物和环境等。

6. 坚持动态管理的原则

建设工程安全生产涉及施工生产活动的方方面面，随着工程施工的不断进展，各种影响建设工程生产安全的因素会发生变化，因此，建设工程安全生产管理必须坚持动态管理的原则。

7. 坚持持续改进的原则

由于建设工程生产安全的动态性及影响因素的不断变化，需要不断探索新规律，总结新的管理办法和经验，持续改进，以适应新的变化，消除新的危险因素，不断提高安全生产管理水平。

6.1.6 工程安全管理的内容

1. 建立健全安全管理组织保证体系

施工项目现场管理机构应依据工程特点，建立以项目经理为首的安全管理小组，小组成员由项目经理、项目技术负责人、专职安全员、施工员及各工种班组的领班组成。根据工程规模大小，配备专职安全员。对采用新工艺、新技术、新设备、新材料或致害因素多、施工作业难度大的项目，应根据实际情况增配。

同时，每个生产班组都应设置兼职安全员，协助班组长做好班组安全管理工作。

2. 落实安全管理责任制

安全问题贯穿于生产全过程，凡是与生产全过程有关的部门和人员，都对保证生产安全负有相应责任。

（1）施工项目经理对工程项目施工生产全过程的安全负全面领导责任。具体包括：

① 贯彻落实国家有关安全管理的法规、政策，落实企业安全管理各项规章制度，结合工程项目特点及施工性质，制定有针对性的各项安全管理办法和实施细则，并主持监督其实施。

② 认真执行企业安全管理目标，确保项目安全管理达标。

③ 负责建立和完善项目安全管理组织保证体系，成立安全管理领导小组，并领导其有效运行。

④ 组织制定施工组织设计、施工方案中的安全技术措施，严格执行安全技术措施审批制度、施工项目安全交底制度及设施设备交接验收使用制度。

⑤ 定期组织施工项目的安全管理检查，及时组织相关人员消除事故隐患，对上级安全管理检查中提出的事故隐患和管理存在的问题，应定人、定时间、定措施予以解决，并及时反馈整改情况。

⑥ 在工程项目施工中，采用新设备、新技术、新工艺、新材料，组织编制科学的施工方案，配备安全可靠的劳动保护装置和劳动防护用品。

⑦ 对项目确保安全管理所产生费用的合理投入进行决策。

⑧ 发生因工伤亡事故时，要做好事故现场保护与伤员的抢救工作，按规定及时上报，不得隐瞒、虚报和故意拖延不报。积极组织配合事故的调查，认真制定并落实防范措施，吸取事故教训，防止发生重复事故。

⑨ 领导组织施工项目文明安全施工管理，贯彻落实当地文明安全施工管理标准，国

家有关环境保护、卫生防疫工作的规定。

（2）施工项目技术负责人对工程项目生产活动中的安全管理工作负技术领导责任。具体包括：

① 参加或组织编制施工组织设计、专项工程施工方案及季节性施工方案时，要制定或审查安全技术措施，保证其有可行性和针对性，对确定后的方案（特别是方案中相应的安全技术措施）如有变更，应及时修订，并随时检查监管落实，及时解决执行中发现的问题。

② 认真贯彻安全管理方针、政策，严格执行安全技术规范、标准。结合工程特点，主持安全技术方案交底。

③ 应用新材料、新技术、新工艺要及时上报，经批准后方可实施，同时组织上岗人员的技术培训、教育，认真执行相应的安全技术措施与安全操作工艺要求，预防施工中因化学药品引起的火灾、中毒或在新工艺实施中可能造成的事故。

④ 主持安全防护设施和设备的验收。严格控制不符合标准要求的防护设备、设施投入使用；使用中的设施、设备要组织定期检查，发现问题及时处理。

⑤ 参加安全管理定期检查，对施工中存在的事故隐患和不安全因素，从技术上提出整改意见和消除办法。

⑥ 参与因工伤亡或重大未遂事故的调查，从技术上分析事故发生的原因，提出防范措施和整改意见。

（3）施工项目专职安全管理人员在项目经理的直接领导下履行工程项目安全管理工作的管理与监督职责。具体包括：

① 宣传贯彻安全管理方针政策、规章制度，推动工程项目安全管理组织保证体系的运行，并结合工程特点策划项目安全管理工作。

② 编制项目安全管理工作计划，针对工程项目特点，制定安全管理办法、实施细则，并负责贯彻实施。

③ 检查、指导各项安全管理制度的贯彻与落实；发现薄弱环节或失控部位，及时提出整改意见，并跟踪复查。

④ 组织项目安全员与分包单位专兼职安全人员开展安全监督与检查工作，负责工程项目安全管理分支机构及人员的业务领导和组织工作。

⑤ 查处违章指挥、违章操作、违反劳动纪律的行为和人员，对重大事故隐患采取有效的控制措施，必要时可采取局部停工的非常措施。

⑥ 参加施工组织设计、施工方案的会串，参加工程项目事故安全例会。

⑦ 实施工程项目安全管理评价，促进工程项目实现安全管理达标。

⑧ 负责监督检查工程项目劳动保护用品的采购、使用和管理。

⑨ 参与因工伤亡事故的调查，对伤亡事故和重大未遂事故进行统计分析。

6.1.7　工程安全事故分类

1. 工伤事故概念

工伤事故即因工伤亡事故，是指职工在劳动过程中发生的人身伤害、急性中毒事故。

2. 死亡事故分类与等级

按伤害程度和严重程度可划分为以下 7 类，轻伤、重伤事故、多人事故、急性中毒、重大伤亡事故、多人重大伤亡事故、特大伤亡事故。

3. 生产安全事故等级

根据生产安全事故（以下简称"事故"）造成的人员伤亡或者直接经济损失，事故一般分为以下等级：

（1）特别重大事故，是指造成 30 人以上死亡或者 100 人以上重伤（包括急性工业中毒，下同），或者 1 亿元以上直接经济损失的事故。

（2）重大事故，是指造成 10 人以上 30 人以下死亡，或者 50 人以上 100 人以下重伤，或者 5000 万以上 1 亿元以下直接经济损失的事故。

（3）较大事故，是指造成 3 人以上 10 人以下死亡，或者 10 人以上 50 人以下重伤，或者 1000 万以上 5000 万以下直接经济损失的事故。

（4）一般事故，是指造成 3 人以下死亡，或者 10 人以下重伤，或者 1000 万以下直接经济损失的事故。

该等级划分所称的"以上"包括本数，所称的"以下"不包括本数。

4. 死亡事故原因

直接使劳动者受到伤害的原因包括物体打击、车辆伤害、机器工具伤害、起重伤害、触电、淹溺、灼烫、火灾、刺割、高处坠落、坍塌、冒顶片帮、透水、放炮、火药爆炸、瓦斯爆炸、锅炉和受压容器爆炸、其他爆炸、中毒和窒息、其他伤害。土木工程实施中最主要的安全事故原因有以下 5 种。

（1）高处坠落：由于土木工程随着生产的进行，建筑物向高处发展，从而高空作业现场较多，因此，高处坠落事故是主要的事故，占事故发生总数的 35%～40%，多发生在洞口、临边处作业，脚手架、模板、龙门架（井字架）等上面作业中。

（2）物体打击：建筑工程由于受到工期的约束，在施工中必然安排部分的或全面的交叉作业，因此，物体打击是建筑施工中的常见事故，占事故发生总数的 12%～15%。

（3）触电事故：建筑施工离不开电力，这不仅指施工中的电气照明，更主要的是电动机械和电动工具。触电事故是多发事故，近几年已高于物体打击事故，居第二位，占建筑施工事故总数的 18%～20%。

（4）机械伤害：主要指垂直运输机械或机具，钢筋加工、混凝土搅拌、木材加工等机械设备对操作者或相关人员的伤害。这类事故占事故总数的 10% 左右，是建筑施工中的第四大类事故。

（5）坍塌：随着高层和超高层建筑的大量增加，基础工程施工工艺越来越复杂，在土方开挖过程中坍塌事故也就成了施工中的第五类事故，目前约占事故总数的 5%。建筑施工现场还容易发生溺水、中毒等事故。

我国建筑企业近年来发生的因工伤亡事故的基本原因有两条：一是人的不安全行为；二是物的不安全状态。据统计，80%以上的伤亡事故是由于人的不安全行为造成的。

5. 伤亡事故预防措施

"建筑安全生产管理"是《建筑法》的重要组成部分，明确了建筑工程安全生产管理必须建立健全安全生产的责任制度和群防群治制度，为约束和规范建筑施工企业安全生产行为提供了法律依据。主要预防措施如下：

(1) 健全安全监督机构，强化责任落实

土木工程行政主管部门应完善建筑安全生产监督管理运行机制，建立健全各级建筑安全生产监督管理机构，并配备建筑工程专业、电气专业、建筑机械专业等方面的专业技术人员，形成完整的施工安全监督管理网络，建立一支专业技术水平高、业务能力强、政治素质过硬的监督管理执法队伍。

(2) 设置专职安全组织管理机构，健全安全生产管理保证体系

一是充分发挥安全管理机构的作用。安全管理部门是公司的一个重要生产管理部门，是企业贯彻执行安全生产方针、法规，实行安全目标管理的职能和具体工作部门，是领导的参谋和助手。建筑施工企业及其所属各工程项目部都必须依据国家有关安全生产工作的法律、法规，设置专职安全管理机构。二是健全企业安全生产管理三大保证体系：以公司法定代表人为首的各级生产指挥、安全管理保证体系；以工程师、经济师、会计师为首的安全技术、安全技术措施计划、安全技术经费计划保证体系；以安全部门为主的专业安全监督、检查、宣传、教育、协调保证体系，使企业的安全生产工作层层有人抓，级级有人管，从而形成强大有力的安全生产管理网络。

(3) 安全生产规章制度，实施安全责任目标管理

建立和健全以安全生产责任制为核心的各项安全生产管理规章制度，是保证安全生产的重要手段。《建筑法》规定，建筑施工企业必须依法加强对建筑安全生产的管理，执行安全生产责任制度，采取有效措施，防止伤亡和其他安全生产事故的发生。公司应依据法律法规的规定，建立健全各级各部门、各类人员安全生产责任制、安全教育培训制度、安全生产检查制度、安全技术措施制度、职工伤亡事故统计报告制度、防护用品使用管理制度、安全生产责任考核奖惩制度、易燃易爆有毒有害物品保管制度、现场消防管理制度、班组安全活动制度。实施安全责任目标管理制，层层分解，逐级落实，按"安全生产一票否决权""管生产必须管安全""安全生产人人有责"的原则，真正从制度上固定下来，从而增强各级管理人员的安全生产责任心，使公司的安全生产管理工作纵向到底，横向到边，层层有人负责，做到齐抓共管，专管成线、群管成网，责任明确、协调配合。

(4) 以人为本，加强职工安全技术教育培训

公司必须依法对从事土木工程施工安全技术和管理工作的人员进行严格的专业培训，开展以建筑施工安全检查标准、安全技术规范等为主要学习内容的年度培训考核，实施持证上岗。公司每年必须对职工进行一次专门的安全培训，并开展多层次、多种形式的安全教育，以全面提高职工的安全生产意识和自我防护能力，增强安全生产的自觉性，积极性和创造性，使各项安全生产规章制度更好地贯彻执行。

(5) 编制安技措施，开展多层次的安全检查

土木工程施工，一方面必须结合工程的具体特点，编制有针对性的施工安全技术措施及基础施工支护方案，施工现场安全防护方案，模板工程施工方案，脚手架搭设、拆除方案，施工现场临时用电施工组织设计，物料提升机（龙门架、井字架）安装、拆除方案，外用电梯安装、拆除方案，塔式起重机安装、拆除方案，起重吊装作业方案。实施措施方案审批制，落实考核制及执行检查制；开展各级检查，项目部定期检查，班组班前班后自检查，发现事故隐患，及时采取积极整改措施，预防伤亡事故的发生。

（6）严格执行安全技术交底制度，开展班组安全教育活动

土木工程施工是一项复杂的生产过程，具有人员流动性大、露天高处作业多、作业环境变化大、手工操作、劳动繁重且体力消耗大等特点。在施工中必须结合工程实际，按作业环境、作业部位及工作内容进行分部、分项施工安全技术交底并严格检查执行情况，使安全生产工作深入每一组、每一工作环节。

（7）采用新技术、新工艺，开展施工安全专项治理

企业应不断改进生产工艺，采取新技术，不断提高施工安全技术水平，为安全生产预防事故创造条件。一是在对"四口""五临边"按标准进行水平及立体防护的同时，设置定型化、工具化的防护栏杆、防护门、防护盖板及转动部位防护罩等防护用具；二是设置统一的标准化安全警示牌、标志牌，发挥其警示作业人员、促进安全生产的作用；三是严格检查提升设备、塔式起重机、施工机具等的安全设施，对提升设备设置开门自锁停靠装置和防坠落断绳保险装置，实行大型机械设备准用证制度，使"物的不安全"状态造成的伤亡事故得到有效的遏制。

6.1.8　工程安全事故处理

1. 安全事故处理的原则

工程项目安全事故处理应遵循"四不放过"原则，其具体内容如下：

（1）事故未查明不放过。为了避免事故再次发生，必须首先准确定性，查明事故原因，才能针对不同的危险源，采取相应的纠正和预防措施。查清事故原因是安全事故处理的前提。

（2）事故责任者和员工未受到教育不放过。不论是由人的不安全行为、物的不安全状态还是环境的不安全因素所导致的事故，通常都是安全管理问题。查清事故原因并采取相应的措施后，应及时反馈，使事故责任者和员工了解事故发生的原因及所造成的危害，并进行教育和培训，从事故中吸取教训，提高安全意识，改进安全管理工作。

（3）事故责任人未受到处理不放过。对事故责任人按照事故责任追究的有关法律法规进行处理，是事故责任追究的具体要求和体现；处理事故责任人必须谨慎，避免事故责任追究的扩大化。既要提高员工对安全管理的责任心，又要鼓励员工尽早发现安全隐患、尽早报告，以利于及时查清原因，采取措施，避免事故扩大、减小事故损失。

（4）整改措施未落实不放过。必须针对事故发生的原因，及时采取相应的防范措施，避免类似事故重演才是事故处理的最终目的。应在查清事故原因的基础上，举一反三，查找安全管理方面的其他风险，改进安全管理体系。

2. 工程项目安全事故处理程序

安全事故发生后应立即处理，一般程序是迅速抢救伤员并保护事故现场、组织调查组开展事故调查、现场勘察、分析事故原因、制定预防措施、提交事故调查报告、事故的审理和结案。

（1）迅速抢救伤员并保护事故现场。事故发生后，事故现场有关人员应当立即向本单位负责人报告。单位负责人接到报告后，应当于1小时内向事故发生地县级以上人民政府安全生产监督管理部门和负有安全生产监督管理职责的有关部门报告，并立即赶赴现场，组织抢救伤员，排除险情。同时，应采取一切可能的措施，防止人为或自然因素的破坏，

尽可能保持事故结束时的原状，以便于事故原因调查。

（2）组织调查组开展事故调查。

① 特别重大事故，由国务院或者国务院授权有关部门组织事故调查组进行调查。重大事故、较大事故、一般事故，分别由事故发生地省级人民政府、设区的市级人民政府、县级人民政府负责调查。省级人民政府、设区的市级人民政府、县级人民政府可以直接组织事故调查组进行调查，也可以授权或者委托有关部门组织事故调查组进行调查。未造成人员伤亡的一般事故，县级人民政府也可以委托事故发生单位组织事故调查组进行调查。

② 事故调查组有权向有关单位和个人了解与事故有关的情况，并要求其提供相关文件资料，有关单位和个人不得拒绝。事故发生单位的负责人和有关人员在事故调查期间不得擅离职守，并应当随时接受事故调查组的询问，如实提供有关情况。事故调查中发现涉嫌犯罪的，事故调查组应当及时将有关材料或者其复印件移交司法机关处理。

（3）现场勘察。调查组应迅速到现场进行及时、准确、全面和客观的勘察，包括现场录像、现场拍照和现场绘图。

（4）分析事故原因。通过认真、客观、全面、细致、准确的调查分析，查明事故经过，查清事故原因，通过直接和间接的分析，确定事故的直接责任者、间接责任者和主要责任者。

（5）制定预防措施。根据事故原因分析，制定防止类似事故再次发生的预防措施，根据事故后果和事故责任者应负的责任提出处理意见。

（6）提交事故调查报告。事故调查组应当自事故发生之日起 60 日内提交事故调查报告。特殊情况下，经负责事故调查的人民政府批准，提交事故调查报告的期限可以适当延长，但延长的期限最长不超过 60 日。调查组应着重把事故的发生的经过、原因、责任分析、处理意见以及本次事故的教训和改进的建议等写成报告，经调查组全体人员签字后报批。

事故调查报告应当包括下列内容：

① 事故发生单位概况。
② 事故发生经过和事故救援情况。
③ 事故造成的人员伤亡和直接经济损失。
④ 事故发生的原因和事故性质。
⑤ 事故责任的认定以及对事故责任者的处理建议。
⑥ 事故防范和整改措施。

（7）事故的审理和结案。重大事故、较大事故、一般事故发生后，负责事故调查的人民政府应当自收到事故调查报告之日起 15 日内做出批复，特别重大事故则要求 30 日内做出批复，特殊情况下，批复时间可以适当延长，但延长的时间最长不超过 30 日。事故调查报告经有关主管部门审批后方可结案，作出处理结论，并根据情节轻重和损失大小对事故责任者进行处理。事故调查处理的文件、记录应长期完整的保存。

3. 事故报告

事故发生后，事故现场有关人员应当立即向本单位负责人报告。单位负责人接到报告后，应当于 1 小时内向事故发生地县级以上人民政府安全生产监督管理部门和负有安全生产监督管理职责的有关部门报告。情况紧急时，事故现场有关人员可以直接向事故发生地县级以上人民政府安全生产监督管理部门和负有安全生产监督管理职责的有关部门报告。

安全生产监督管理部门和负有安全生产监督管理职责的有关部门接到事故报告后，应当依照下列规定上报事故情况，并通知公安机关、劳动保障行政部门、工会和人民检察院。

（1）特别重大事故、重大事故逐级上报至国务院安全生产监督管理部门和负有安全生产监督管理职责的有关部门；

（2）较大事故逐级上报至省、自治区、直辖市人民政府安全生产监督管理部门和负有安全生产监督管理职责的有关部门；

（3）一般事故上报至设区的市级人民政府安全生产监督管理部门和负有安全生产监督管理职责的有关部门。

安全生产监督管理部门和负有安全生产监督管理职责的有关部门依照前款规定上报事故情况，应当同时报告本级人民政府。国务院安全生产监督管理部门和负有安全生产监督管理职责的有关部门以及省级人民政府接到发生特别重大事故、重大事故的报告后，应当立即报告国务院。必要时，安全生产监督管理部门和负有安全生产监督管理职责的有关部门可以越级上报事故情况。

报告事故应当包括下列内容：①事故发生单位概况；②事故发生时间地点及事故现场情况；③事故的简要经过；④事故已经造成或可能造成的伤亡人数（包括下落不明的人数）和初步估计的直接经济损失；⑤已经采取的措施；⑥其他应当报告的情况。

4. 事故责任

事故发生单位及其有关人员有下列行为之一：①谎报或者瞒报事故的；②伪造或者故意破坏事故现场的；③转移、隐匿资金、财产，或者销毁有关证据、资料的；④拒绝接受调查或者拒绝提供有关情况和资料的；⑤在事故调查中作伪证或者指使他人作伪证的；⑥事故发生后逃匿的。对事故发生单位处 100 万元以上 500 万元以下的罚款；对主要负责人、直接负责的主管人员和其他直接责任人员处上一年年收入 60%～100% 的罚款；属于国家工作人员的，依法给予处分；构成违反治安管理行为的，由公安机关依法给予治安管理处罚；构成犯罪的，依法追究刑事责任。

5. 工伤认定

（1）职工有下列情形之一的，应当认定为工伤。

① 在工作时间和工作场所内，因工作原因受到事故伤害的；

② 工作时间前后在工作场所内，从事与工作有关的预备性或者收尾性工作受到事故伤害的；

③ 在工作时间和工作场所内，因履行工作职责受到暴力等意外伤害的；

④ 患职业病的；

⑤ 因工外出期间，由于工作原因受到伤害或者发生事故下落不明的；

⑥ 在上下班途中，受到机动车事故伤害的；

⑦ 法律、行政法规规定应当认定为工伤的其他情形。

（2）职工有下列情形之一的，视同工伤。

① 在工作时间和工作岗位，突发疾病死亡或者在 48 小时之内经抢救无效死亡的；

② 在抢险救灾等维护国家利益、公共利益活动中受到伤害的；

③ 职工原在军队服役，因战、因公负伤致残，已取得革命伤残军人证，到用人单位后旧伤复发的。

（3）职工有下列情形之一的，不得认定为工伤或者视同工伤。

① 因犯罪或者违反治安管理条例伤亡的；

② 醉酒导致伤亡的；

③ 自残或者自杀的。

6. 职业病的处理

（1）职业病报告

1）地市各级卫生行政部门指定相应的职业病防治机构或卫生防疫机构负责职业病统计和报告工作；职业病报告实行以地方为主，逐级上报的办法。

2）一切企事业单位发生的职业病，都应按规定要求向当地卫生监督机构报告，由卫生监督机构统一汇总上报。

（2）职业病处理

1）职工被确诊患有职业病后，其所在单位应根据职业病诊断机构的意见，安排其医疗或疗养。

2）在医治或疗养后被确认不宜继续从事原有害作业或工作的，应自确认之日起的两个月内将其调离原工作岗位，另行安排工作；对于因工作需要，暂不能调离的生产、工作技术骨干，调离期限最长不得超过半年。

3）患有职业病的职工变动工作单位时，其职业病待遇应由原单位负责或两个单位协调处理，双方商妥后方可办理调转手续，并将其健康档案、职业病诊断证明及职业病处理情况等材料全部移交新单位；调出、调入单位都应将情况报告所在地的劳动卫生职业病防治机构备案。

4）职工到新单位后，新发生的职业病不论与现工作有无关系，其职业病待遇由新单位负责；劳动合同制工人、临时工终止或解除劳动合同后，在待业期间新发现的职业病，与上一个劳动合同期工作有关时，其职业病待遇由原终止或解除劳动合同的单位负责，如原单位已与其他单位合并，由合并后的单位负责；如原单位已撤销，应由原单位的上级主管机关负责。

7. 施工伤亡事故处理程序

施工生产场所，发生伤亡事故后，负伤人员或最先发现事故的人应立即报告项目领导。项目安全技术人员根据事故的严重程度及现场情况立即上报上级业务系统，并及时填写伤亡事故表上报企业。处理程序如下。

（1）迅速抢救伤员、保护事故现场

事故发生后，现场人员要有组织，统一指挥。首先抢救伤亡和排除险情，尽量制止事故蔓延扩大。同时注意，为了事故调查分析的需要，应保护好事故现场。如因抢救伤亡和排除险情而必须移动现场构件时，还应准确做出标记，最好拍出不同角度的照片，为事故调查提供可靠的原始事故现场。

（2）组织调查组

企业在接到事故报告后，经理、主管经理、业务部门领导和有关人员应立即赶赴现场组织抢救，并迅速组织调查组开展调查。发生人员轻伤、重伤事故，由企业负责人或指定的人员组织施工生产、技术、安全、劳资、工会等有关人员组成事故调查组，进行调查。死亡事故由企业主管部门会同现场所在地区的市（或区）劳动部门、公安部门、人民检察院、工会组成事故调查组进行调查。重大死亡事故应按企业的隶属关系，由省、自治区、直辖市企业主管部门或国务院有关主管部门，公安、监察、检察部门、工会组成事故调查组进行调查，也可邀请有关专家和技术人员参加。调查组成员中与发生事故有直接利害关系的人员不得参加调查工作。

（3）现场勘察

调查组成立后，应立即对事故现场进行勘察。因现场勘察是项技术性很强的工作，它涉及广泛的科学技术知识和实践经验。因此勘察时必须及时、全面、细致、准确、客观地反映原始面貌，勘察的主要内容有以下几点。

1）作出笔录。包括：发生事故的时间、地点、气象等；现场勘察人员的姓名、单位、职务；现场勘察起止时间、勘察过程；能量逸散所造成的破坏情况、状态、程度；设施设备损坏或异常情况及事故发生前后的位置；事故发生前的劳动组合，现场人员的具体位置和行动；重要物证的特征、位置及检验情况等。

2）实物拍照。包括：方位拍照，反映事故现场周围环境中的位置；全面拍照，反映事故现场各部位之间的联系；中心拍照，反映事故现场的中心情况；细目拍照，揭示事故直接原因的痕迹物、致害物等；人体拍照，反映伤亡者主要受伤和造成伤害的部位。

3）现场绘图。根据事故的类别和规模以及调查工作的需要应绘制出下列示意图：建筑物平面图、剖面图，事故发生时人员位置及疏散（活动）图，破坏物立体图或展开图，涉及范围图，设备或工、器具构造图等。

（4）分析事故原因、确定事故性质

事故调查分析的目的，是通过认真调查研究，搞清事故原因，以便从中吸取教训，采取相应措施，防止类似事故重复发生。分析的步骤和要求包括：

1）通过详细的调查查明事故发生的经过。弄清事故的各种产生因素，如人、物、生产和技术管理、生产和社会环境、机械设备的状态等方面的问题，经过认真、客观、全面、细致、准确的分析，确定事故的性质和责任。

2）事故分析时，首先整理和仔细阅读调查材料，对受伤部位、受伤性质、起因物、致害物、伤害方法、不安全行为和不安全状态等7项内容进行分析。

3）在分析事故原因时，应根据调查所确认的事实，从直接原因入手，逐步深入到间接原因。通过对原因的分析，确定事故的直接责任者和领导责任者，根据在事故发生中的作用，找出主要责任者。

4）确定事故的性质。工地发生伤亡事故的性质通常可分为责任事故、非责任事故和破坏性事故。事故的性质确定后，就可以采取不同的处理方法和手段了。

5）据事故发生的原因，找出防止发生类似事故的具体措施，并应定人、定时间、定标准，完成措施的全部内容。

（5）写出事故调查报告

事故调查组在完成上述几项工作后，应立即把事故发生的经过、原因、责任分析和处理意见及本次事故的教训、估算和实际发生的损失，对本事故单位提出的改进安全生产工作的意见和建议写成文字报告，经调查组全体成员会签后报有关部门审批。如组内意见不统一，应进一步弄清事实，对照政策法规反复研究，统一认识。不可强求一致，但报告上应言明情况，以便上级在必要时进行重点复查。

（6）事故的审理和结案

事故的审理和结案，同企业的隶属关系及干部管理权限一致。一般情况下县办企业和县以下企业，由县审批；地、市办的企业由地、市审批；省、直辖市企业发生的重大事故，由直属主管部门提出处理意见，征得劳动部门意见，报主管委、办、厅批复。

对事故的审理和结案的要求有以下几点：

1）事故调查处理结论报出后，须经当地有关有审批权限的机关审批后方能结案。并要求伤亡事故处理工作在 90 天内结案，特殊情况也不得超过 180 天。

2）对事故责任者的处理，应根据事故情节轻重、各种损失大小、责任轻重加以区分，予以严肃处理。

3）清理资料进行专案存档。事故调查和处理资料是用鲜血和教训换来的，是对职工进行教育的宝贵资料，也是伤亡人员和受到处罚人员的历史资料，因此应完整保存。

6.2 环 境 管 理

6.2.1 工程环境管理的内涵

环境是指与人类密切相关的、影响人类生活和生产活动的各种自然力量或作用的总和，不仅包括各种自然因素的组合，还包括人类与自然因素间相互形成的生态关系的组合。

环境管理是指运用计划、组织、协调、控制等手段，为达到预期环境目标而进行的一项综合性活动。

工程项目环境管理是指在工程项目建设过程中，对自然环境和生态环境实施的保护，以及按照法律法规的要求对作业现场环境进行的保护和改善，防治和减轻各种粉尘、废水、废气、固体废弃物以及噪声、振动等对环境的污染和危害。

6.2.2 建设工程对环境的影响

建设工程对所在地区的周边环境影响是巨大的，有些是可见的直接影响，比如采伐森林、废料污染和噪声等，有些是在建设过程中产生的间接影响，例如自然资源的消耗。工程建设的环境影响不会随着工程项目建造的结束而结束，在工程项目使用过程中会对其周围环境造成持续性的影响。因此，工程项目的环境保护应是伴随整个建设工程的全寿命期。

6.2.3 建设工程环境管理内容

1. 工程设计阶段环境管理

工程设计阶段应重点考虑以下几方面的影响因素：

（1）考虑平面布局对环境的影响。土地资源的再回收利用，现场生态环境，道路与交通，建筑微观气候。

（2）考虑对周边环境的影响。听取用户和社区的意见，建筑外观符合美学要求，控制噪声，利用植物绿化建筑物，预测并减少建设对环境的各种污染。

（3）考虑节约能源对环境的影响。进行节能设计（如加强自然通风与自然采光的使用），采用高效节能材料，利用可再生资源。

2. 工程施工阶段环境管理

工程施工对环境的影响程度并不亚于工程项目建设的其他阶段。虽然项目规划、决策和设计决定了项目的布局、结构形式和材料的选择。但工程施工阶段是工程项目实体形成阶段，涉及的单位和人员多，工艺复杂，对工程项目环境的影响也比较大。就我国目前工程项目施工活动而言，应重点做好以下几方面工作：

（1）现场卫生防疫管理。重视施工现场卫生防疫设施的建设，保证生活空间和工作环境的卫生条件符合国家和地方规定，从而为工程项目的建设提供一个健康、良好的工作环境。

（2）废弃物产生的污染主要指建筑垃圾及混凝土、碎砖、砂浆等工程垃圾，各种装饰材料的包装物、生活垃圾及施工结束后临时借助拆除产生的废弃物等。若处理不当，将会造成弃渣阻碍河、沟等水道，降低水道的行洪能力，占用耕地。因此，应做好废弃物填埋处理，甚至可以将一些无毒无害的物质进行回收再利用，节约能源，防止有害物质再次污染。

（3）噪声的污染，施工过程中产生的噪声主要来源于施工期限，根据不同的施工阶段，施工现场产生噪声的设备和活动包括：

① 土石方施工阶段：挖掘机、装载机、推土机、运输车辆等；

② 打桩阶段：打桩机、振捣棒、混凝土搅拌车等；

③ 结构施工阶段：地泵、汽车泵、混凝土搅拌车、振捣棒支拆、模板搭拆、钢管、脚手架、模板修理、电锯、外用电梯等；

④ 装修及机电设备安装阶段：拆脚手架、石材切割、外用电梯、电锯等。

（4）水的污染。在工程项目建设过程中，生产生活废水的随意排放，会使地面水受到污染，甚至污染饮用水源，影响河道下游水质。

（5）粉尘的污染。施工现场所产生粉尘的主要来源包括施工期间各种车辆和施工机械在行驶和作业过程中排放的大量尾气，以及水泥、粉煤灰、沙石土料等建筑材料的运输和开挖爆破过程中产生的尘灰，会对周围城市空气环境质量造成极大影响。不仅会严重影响当地居民的生活及环境卫生，甚至在严重时会造成呼吸困难。

6.2.4 建设工程环境管理措施

1. 施工准备阶段管理措施

施工单位应建立环境领导小组，制定环境保护管理实施细则，明确各部门在施工现场环境保护工作中的职责分工，建立健全施工现场环境管理体系和环境管理各项规章制度，并广泛宣传，认真落实，核实确定本单位施工范围内的环境敏感点、施工过程中的重大环境因素，明确本单位施工范围内各施工阶段应遵循的环保法律法规和标准要求。同时，编制年度培训计划，建立培训和考核程序，定期对各层次环境管理工作人员进行环保专业知识培训。

2. 施工过程中的管理措施

施工单位要指派专人负责施工现场和施工活动环境保护工作方案中的各项工作，将环保工作和责任落实到岗位和个人。在日常施工中随时检查，出现问题及时反馈和纠正。

根据不同施工阶段和季节特征及时调整环保工作内容，每周对环保工作进行一次例行检查并记录检查结果，内容包括：施工概况、污染情况以及环境影响；污染防治措施的落实情况、可行性和效果分析；存在的问题预测和拟采取的纠正措施及其他需说明的问题等。

应设置专人负责应急计划的执行，至少每季度进行一次应急计划落实情况的检查工作，一旦发生事故或紧急状态时，要及时处理并及时通知建设单位。在事故或紧急状态发生后，组织有关人员及时对事故或紧急状态发生的原因进行分析，并制定和实施减少和预防环境影响的措施。

6.2.5 土木工程项目环境管理

1. 土木工程项目环境管理的特点

（1）区域性。土木工程项目是在某一特定区域实施的，因此它只对这一区域环境造成影响。而且不同区域对环境保护的要求不一样，因此对土木工程项目环境管理的方式方法也要视区域而定。

（2）长期性。土木工程项目的施工周期一般都比较长，而且最终建筑产品具有不可移动性。这两点原因造成施工项目对环境的影响是长期的，为了防治对环境的污染，必须长期进行环境管理工作。

（3）超前性。土木工程项目对环境的污染和破坏基本上是和施工活动同步产生的，环境问题在时间上的同步性决定了项目环境管理工作的超前性，必须走在施工活动发生之前，这样才能对环境污染起到防治作用。

（4）多样性。土木工程项目的一次性造成了项目的差异，每个施工项目都有不同的用途、功能，对施工活动的要求也不一样，再者不同项目也有地域差异，这些造成了不同施工项目有不同的环境因素以及不同的环境污染程度。

（5）社会性。土木工程项目造成环境污染的原因是多元化的，不仅受到项目内部的影响，也受到外部社会、政治、经济、文化等因素的制约。建筑产品社会性也对环境管理提出了社会性的要求。

（6）目的同一性。土木工程项目的环境管理与经济工作的目的具有同一性，土木工程项目环境管理工作与施工活动之间存在辩证关系。

2. 工程项目环境管理的主要内容

（1）环境管理的对象

1）烟尘、粉尘。在施工过程中容易造成一定的吸入性粉尘和烟尘，如岩石破碎、加工搬运，砂石筛分搬运，沥青燃烧、加热、搅拌，土石方开挖及运输等。

2）有害气体。如汽车、钻孔、打桩机等机动车辆产生的尾气等。

3）废水。如隧道施工污水、冲洗车辆废水、生活及办公废水等。

4）固体废弃物。如各种金属、材料边角料、碎屑、施工弃渣、油泥、设备包装箱、包装袋等工程垃圾及生活垃圾等。

5）施工噪声。在工程建设过程中，机械设备，如打桩机、混凝土搅拌机、振捣棒、空压机等容易产生一定的噪声。

6）物理污染。在工程施工过程中，容易产生一定的物理污染，如放射源、电磁辐射污染等。主要是工程中的一些专业设备，如变压器、高压电路、微波通信设备等产生的。

7）资源、能源的消耗与节约。如钢材、水泥、砂石料、原木等材料的消耗和节电、节水、节油等。

（2）环境管理的工作内容

1）按照分区划块的原则，搞好项目的环境管理，进行定期检查，加强协调，及时解决发现的问题，实施纠正和预防措施，确保现场良好的作业环境、卫生条件和工作程序，做到污染预防。

2）对环境因素进行控制，制定应急准备和响应预案，并保证信息畅通，预防可能出现的非预期的损害。在出现环境事故时，应及时消除污染，并制定相应的措施，防止环境二次污染。

3）保存有关环境管理的工作记录。

4）进行现场节能管理，有条件时应规定能源使用指标。

3. 项目环境管理的基本步骤和流程

（1）环境因素的识别

识别环境因素，要考虑与各类工程项目管理有关的所有环境因素以及各因素受到何种影响。因此，必须首先对项目的现场作业和管理业务活动进行划分、分类，编制出该工程项目的环境管理业务内容和管理活动表。

（2）环境影响的评价

在适当的计划方案中，主观对各项环境因素可能产生的环境影响做出评价。也可以是在有控制措施的前提下，项目管理人员评价措施控制的有效性或者可能失败造成的后果。

（3）判定环境影响的程度

为确定重大环境因素，应研究既定的计划方案或现有的控制措施对有害环境因素的控制程度，同时结合环境管理的相应法律法规、标准规范和其他要求以及施工单位自身的能力情况，对施工项目的环境因素按其环境影响大小进行分类。

（4）编制环境影响控制措施方案

土木工程项目的管理人员应当针对评价中的重要环境因素制定相应的计划、控制措施和应急预案，以便应对可能出现的任何环境问题，并应当在这些计划和控制措施实施之前进行检查以确保适当性和有效性。

（5）评审控制措施方案

重新评价环境影响，检查已修正的控制措施方案是否足以控制住环境因素，同时检查这些方案与法律法规、标准规范和其他要求是否相符，以及施工单位自身的能力是否能执行方案。

（6）实施控制措施计划

在土木工程项目的每一道工序中具体落实上一步骤中经过评审的控制措施方案。

（7）检查

在项目的施工阶段，要不断检查各项环境因素控制措施方案的执行情况，并对各项环境因素控制措施的执行效果进行评价。另外，当项目的内部和外部条件有所改变时，要确定是否需要提出新的环境影响控制措施计划。在进行这一过程的同时还要检查是否有被遗漏的或者新的环境因素，或者视情况而定是否要重新识别环境因素。

4. 文明施工与环境保护概述

（1）文明施工与环境保护概念

文明施工是保持施工现场良好的作业环境、卫生环境和工作秩序。文明施工主要包括以下几个方面的工作。

1）规范施工现场的场容，保持作业环境的整洁卫生；

2）科学组织施工，使生产有序进行；

3）减少施工对周围居民和环境的影响；

4）保证职工的安全和身体健康。

环境保护是按照法律法规、各级主管部门和企业的要求，保护和改善作业现场的环境，控制现场的各种粉尘、废水、废气、固体废弃物、噪声、振动等对环境的污染和危害。环境保护也是文明施工的重要内容之一。

（2）文明施工的意义

1）文明施工能促进企业综合管理水平的提高。保持良好的作业环境和秩序，对促进安全生产、加快施工进度、保证工程质量、降低工程成本、提高经济和社会效益有较大作用。文明施工涉及人力、财力、物力各个方面，贯穿于施工全过程之中，体现了企业在工程项目施工现场的综合管理水平。

2）文明施工是适应现代化施工的客观要求。现代化施工更需要采用先进的技术、工艺、材料、设备和科学的施工方案，需要严密组织、严格要求、标准化管理和较好的职工素质等，是实现优质、高效、低耗、安全、清洁和卫生的有效手段。

3）文明施工代表企业的形象。良好的施工环境与施工秩序，可以得到社会的支持和信赖，提高企业的知名度和市场竞争力。

4）文明施工有利于员工的身心健康，有利于培养和提高施工队伍的整体素质，可以提高职工队伍的文化、技术和思想素质，培养尊重科学、遵守纪律、团结协作的生产意识，促进企业精神文明建设。

（3）现场环境保护的意义

1）保护和改善施工环境是保证人们身体健康和社会文明的需要。采取专项措施防止粉尘、噪声和水源污染，保护好作业现场及其周围的环境，是保证职工和相关人员身体健康、体现社会总体文明的一项利国利民的重要工作。

2）保护和改善施工环境是消除对外部干扰，保证施工顺利进行的需要。随着人们的法治观念和自我保护意识的增强，尤其在城市施工，施工扰民问题突出，应及时采取防治措施，减少对环境的污染和对市民的干扰，也是施工生产顺利进行的基本条件。

3）保护和改善施工环境是现代化大生产的客观要求。现代化施工广泛应用新设备、新技术、新生产工艺，对环境质量要求很高，如果粉尘、振动超标就可能损坏设备、影响功能发挥。

4）保护和改善施工环境是节约能源、保护人类生存环境、保证社会和企业可持续发展的需要。人类社会面临环境污染和能源危机的挑战。为了保护子孙后代赖以生存的环境条件，每个公民和企业都有责任和义务来保护环境。良好的环境和生存条件，也是企业发展的基础和动力。

5. 文明施工的组织管理

（1）组织和制度管理

1）施工现场应成立以项目经理为第一责任人的文明施工管理组织。分包单位应服从总包单位的文明施工管理组织的统一管理，并接受监督检查。

2）各项施工现场管理制度应有文明施工的规定，包括个人岗位责任制、经济责任制、安全检查制度、持证上岗制度、奖惩制度、竞赛制度和各项专业管理制度等。

3）加强和落实现场文明检查、考核及奖惩管理，以促进施工文明管理工作的提高。检查范围和内容应全面周到，包括生产区、生活区、场容场貌、环境文明及制度落实等内容。检查发现的问题应采取整改措施。

（2）建立收集文明施工的资料及其保存的措施

1）上级关于文明施工的标准、规定、法律法规等资料。

2）施工组织设计（方案）中对文明施工的管理规定，各阶段施工现场文明施工的措施。

3）文明施工自检资料。

4）文明施工教育、培训、考核计划的资料。

5）文明施工活动各项记录资料。

6）加强文明施工的宣传和教育。

7）要特别注意对临时工的岗前教育。

8）专业管理人员应熟悉掌握文明施工的规定。

（3）现场文明施工的基本要求

1）施工现场必须设置明显的标牌，标明工程项目名称、建设单位、设计单位、施工单位、项目经理和施工现场总代表人的姓名、开竣工日期、施工许可证批准文号等。施工单位负责施工现场标牌的保护工作。

2）施工现场的管理人员在施工现场应当佩戴证明其身份的证卡。

3）应当按照施工总平面布置图设置临时设施。现场堆放的大宗材料、成品、半成品和机具设备不得侵占场内道路及安全防护等设施。

4）施工现场的用电线路、用电设施的安装和使用必须符合安装规范和安全操作规程，并按照施工组织设计进行架设，严禁任意拉线接电。施工现场必须设有保证施工安全要求的夜间照明；危险潮湿场所的照明以及手持照明灯具，必须采用符合安全要求的电压。

5）施工机械应当按照施工总平面布置图规定的位置和线路设置，不得任意侵占场内道路。施工机械进场必须经过安全检查，经检查合格方能使用。施工机械操作人员必须建立机组责任制，并依照有关规定持证上岗，禁止无证人员操作。

6）应保证施工现场道路畅通，排水系统处于良好的使用状态；保持场容场貌的整洁，随时清理建筑垃圾。在车辆、行人通行的地方施工，应设置施工标志，并对沟、井、穴等进行覆盖。

7）施工现场的各种安全设施和劳动保护器具，必须定期进行检查和维护，及时消除隐患，保证其安全有效。

8）施工现场应设置各类必要的职工生活设施，并符合卫生、通风、照明等要求。

9）应做好施工现场安全保卫工作，采取必要的防盗措施，在现场周边设立维护设施。

10）在施工现场建立和执行防火管理制度，设置符合消防要求的消防设施，并保持完好的备用状态。在容易发生火灾的地区施工或者储存、使用易燃和易爆器材时，应当采取特殊的消防安全措施。

6. 工程项目现场环境保护措施

（1）水污染防治措施

工程排放的废水主要有以下几种：基坑降水抽排的地下水、雨水、生活废水、搅拌及各种设备车辆清洗废水等。

1）基坑降水抽排的地下水经三级沉淀后用于项目部绿化植物的灌溉用水。

2）在工程开工前完成工地排水和废水处理设施，在整个施工过程中，做到现场无积水、排水不外溢、不堵塞、水质达标。

3）雨期施工时制定有效的排水措施，钻（冲）孔桩的施工现场有效的废浆处理措施，对桩基溢出的泥浆经过沉淀池沉淀后再进入泥浆池循环利用，对沉淀池定期进行清理，拉运至隧道弃渣场丢弃。

4）根据施工实际，考虑当地降雨特征，制定雨季，特别是汛期避免废水无组织排放、外溢，造成当地水污染事故发生的排水应急响应工作方案，并在需要时实施。

5）施工现场设置专用油漆、油料库，库房地面墙上做防渗漏处理，存储、使用、保管专人负责，防止油料跑、冒、滴、漏。

6）施工现场不搅拌混凝土，不设置混凝土搅拌站。现场设置供、排水设施，避免积水，防止输水道跑、冒、漏。

（2）大气污染防治措施

工程项目大气污染源主要有运输、开挖、燃油机械、炉灶等。

1）对易产生粉尘、扬尘的作业面和装卸、运输过程，制定操作规程和洒水，保持湿度。在4级以上风力条件下不进行产生扬尘的施工作业。

2）施工垃圾采用容器吊运到地面，垃圾要及时清运，清运时要洒水，防止扬尘。垃圾要分类堆放，及时清运出现场，现场不得堆积大量垃圾。

3）合理组织施工、优化工地布局，使产生扬尘的作业、运输尽量避开敏感点和敏感时段。

4）严禁在施工现场焚烧任何废物和会产生有毒有害气体、烟尘、臭气的物质。

5）工程使用混凝土由中心拌合站集中供应。

6）水泥等易飞扬细颗粒散体物料，尽量使用灌装水泥，对袋装水泥必须库内存放、覆盖。选择合格的运输单位，做到运输过程不散落。

7）在使用、运输水泥、白灰和其他容易飞扬的细颗粒散体材料时，要做到轻拿轻放、文明施工，防止人为因素造成扬尘污染。施工现场出入口设置冲车台，车辆出场冲洗车轮，减少车轮携土。

8）拆除构筑物时要有防尘遮挡，在旱季适量洒水。清扫施工现场要先将路面、地面进行喷洒湿润，以免清扫时扬尘。当风力超过三级以上时，每天早、中、晚至少各洒水一次，洒水降尘应配备洒水装置并指定专人负责。沿施工现场围挡或易产生扬尘一侧设置喷淋设施。

9）水泥、白灰等粉状物应入库存放。使用开槽机、砂轮锯施工时，必须设隔尘罩，防止飞溅物飞扬。施工现场在施工前做好施工道路的规划和设置，临时施工道路基层夯实、路面硬化。流体材料用密目网苫盖，防止扬尘。尽可能在仓库内进行，不在现场消化生灰。

10）施工用的油漆、防腐剂、防火涂料等易污染大气的化学物品统一管理，用后盖严，防止污染大气。

（3）噪声污染防治措施

工程项目施工噪声源主要有施工机械、施工活动、运输车辆等。

1）采取降噪措施，施工过程中向周围环境排放的噪声符合国家和本市规定的环境噪声施工现场排放标准。

2）工程开工 15 日前向当地政府环保部门提出申请，说明工程项目名称、建筑名称、建筑施工场所及施工工期可能排放到建筑施工场界的环境噪声强度和所采用噪声污染防治措施等。

3）施工噪声标准：对施工噪声的控制，选用噪声和振动符合城市环境噪声标准的施工机械，同时采用低噪声施工工艺和方法；作业时间严格按照建设施工规定要求，夜间不施工；按照不同施工阶段施工作业噪声的限制，安排作业时间。

4）现场施工噪声的监控。

5）夜间不进行产生噪声污染、影响他人休息的建筑施工作业，但抢修、抢险作业除外。生产工艺必须连续作业的或者因特殊需要必须连续作业的，报区环境保护部门批准。

6）采取措施，把噪声污染减少到最小的程度，并与受其污染的组织和有关单位协商，达成协议。

① 合理安排作业时间，将混凝土施工等噪声较大的工序放在白天进行，在夜间避免进行噪声较大的工作。

② 使用商品混凝土，混凝土构件尽量工厂化，减少现场加工量。

③ 施工现场在使用混凝土地泵、电刨、电锯等强噪声机具时，在使用前采用吸声材料进行降噪封闭，混凝土振捣采用低噪振捣棒。

④ 吊车指挥配套使用对讲机。

⑤ 保持电动工具的完好，采用低噪产品。

⑥ 管道型钢搬运轻拿轻放，下垫枕木，并避免夜间施工；减少风管现场制作，如需制作，操作间应设在地下室或封闭房间内。

⑦ 使用手持电动工具（电锤、手电钻、手砂轮等）切割机时，周围设围挡隔声，使用性能优良的设备，并合理安排工序，不集中使用。

⑧ 采用早拆支撑体系，减少因拆装扣件引发的高噪声，监控材料机具的搬运，要轻拿轻放。

⑨ 提高职工素质，严禁大声喧哗。

（4）固体废物污染防治措施

固体废物污染环境的防治，采取减少固体废物的产生，充分合理利用固体废物和无害化处置固体废物的原则。工程产生的固体废物主要有以下几种：混凝土、砂浆、碎砖等工程垃圾，混凝土的保温覆盖物，各种装饰材料的包装物，生活垃圾及施工结束后临时建筑拆除产生的废弃物等。

1）减少固体废物产生的措施：混凝土、砂浆等集中搅拌，减少落地灰的产生；钢筋采用加工厂集中加工方式，减少废料的产生；临时建筑采用活动房屋，周转使用，减少工程垃圾。

2）综合利用资源，对固体废物实行充分回收和合理利用。固体废物综合利用的措施：工程废土集中过筛，重新利用，筛余物用粉碎机粉碎，不能利用的工程垃圾集中处置；建立水泥袋回收制度；施工现场设立废料区，专人管理，可利用的废料先发先用；装饰材料的包装统一回收。

3）有利于保护环境的集中处置固体废物措施：施工现场设固定的垃圾存放区域，及时清运、处置建筑施工过程中产生的垃圾，防止污染环境。

4）加强防止固体废物污染环境的研究、开发工作，推广先进的防治技术和普及固体废物污染环境防治的科学知识。

5）制定泥浆和废渣的处理、处置方案，选择有资质的运输单位，及时清运施工弃土和弃渣，在收集、贮存、运输、利用和处置固体废物的过程中，采取防扬散、防流失、防渗漏或其他防止污染环境的措施。建立登记制度，在运输过程中沿途不丢弃、遗撒固体废物。

6）混凝土罐车每次出场清洗下料斗；土方、渣土自卸车、垃圾运输车全封闭；运输车辆出场前清洗车身、车轮，避免污染场外路面。

7）对收集、贮存、运输、处置固体废物的设施、设备和场所，加强管理和维护，保证其正常运行和使用。

8）教育施工人员要养成良好的卫生习惯，不随地乱丢垃圾、杂物，保持工作和生活环境的整洁。

9）施工中产生的建筑垃圾和生活垃圾，应当分类、定点堆放，并与环卫公司签订合同，由环卫公司进行专业化及时清运，不得乱堆乱放；建筑物内的垃圾必须装袋清运，严禁向外扬弃。

（5）油料、化学品的控制

1）油料、化学品贮存要设专用库房。

2）一律实行封闭式、容器式管理和使用，施工现场固体有毒物用袋集装，液体采用封闭式容器管理。

3）尽量避免泄漏、遗洒。如发生油桶倾倒，操作者应迅速将桶扶起，盖盖后放置安全处，将倾洒油漆尽量回收。用棉丝蘸稀料将地面上不可回收的油漆处理干净，将油棉作为有毒有害废弃物予以处理。

4）化学品及有毒物质使用前应编制作业指导，并对操作人员进行培训。

5）对有毒物质的消纳，要找有资质单位实行定向回收。

（6）环境监测和监控

1）环境监测

① 施工现场的环境监测由项目总工程师组织实施，由安全环境管理部负责。监测的对象包括场界噪声、污水排放及粉尘等；监测的频数为每月进行一次，施工淡季和非高峰

期每季监测一次。

② 本项目部施工现场噪声监测由项目部自行完成，并做好监测记录，污水排放与地方环保部门办理排污许可证，项目配置沉淀池等设施，并作定期检查。

2）环境监控

项目部在实施噪声和污水环境监测的同时，对粉尘排放等不易量化指标的环境因素进行定性检查，监控环境目标和指标的落实情况。

6.3　基于智慧工地的职业健康安全与环境管理控制措施

6.3.1　IoT 物联网

1. 物联网的概念

物联网（The Internet of Things），简称 IoT，意为物与物之间相互连接的网络。2009 年 IBM 公司提出"智慧地球＝物联网＋互联网"这一理念，将物联网技术的持续发展作为新的技术创新点。同年，无锡建立"感知中国"中心，国内物联网技术开启了由研究到应用的发展大幕，被列入国务院发展规划纲要中，跻身国内战略性新兴产业行列。

随着科学技术的不断发展与进步，物联网技术得到了不断拓展与延伸，由于其能够对事物进行全面识别、控制和感知，并通过互联网进行无线连接，已经广泛应用在很多领域中。物联网技术的核心是各种智能传感器和低功耗的无线传输技术，以金字塔层级结构进行分类，可分为感知层、网络层和应用层，如图 6-1 所示。感知层的核心是传感器感知与

图 6-1　物联网架构

无线射频识别，能够实现对物体的感知、识别、数据采集以及控制和反应等，是物联网的基础，同时也是物联网区别于传统的通信信息系统最大的特点；网络层由各类有线、无线节点和固定、移动网关组成，其核心是互联网，主要将认知层的数据接入网络以供上层使用；应用层即各类行业应用与物联网相结合，通过"物物互联"实现各种智能化应用，例如智能建造、智能家居、智能医疗和智能城市等。

生产力水平低下、利润率下降、进度超支和竞争加剧是建筑公司考虑物联网技术和数字化的主要原因，在建筑业中应用物联网技术，可使各专业负责人能够实时了解从规划、施工，到运维各个阶段的情况。一般来说，生产力、维护、安全和保障是建筑业采用物联网技术的主要驱动力。

（1）生产力

建筑行业受期限和目标的制约，必须避免积压，因为积压会导致预算增加。物联网技术可以提高施工准备水平和效率，从而提高生产力。物联网让人们少做烦琐的工作，相反，他们被分配更多的时间与项目所有者进行互动，产生新的想法来提高项目交付和客户满意度。

施工需要充足的材料供应，以确保项目的顺利进行。但是，由于人为错误造成的调度不畅，经常会在现场延迟材料供应。通过物联网，供应单元装有合适的传感器，可以自动确定数量并自动下单或发出警报。

（2）维护

施工现场如果不积极管理，将导致电力和燃料的浪费，从而影响项目的总体成本。通过实时信息的可用性，可以了解每项资产的状态，安排维护停机或加油并关闭闲置设备。此外，现场传感器有助于防止问题的发生，从而减少了保修要求，帮助企业提高利润并保持客户满意度。除了减少库存的通知外，传感器还可以用于监视物料状况，例如物料/环境的温度或湿度的适用性，处理问题，损坏和过期。设备供应商必须从单纯的供应商转变为持续监控和维护设备的合作伙伴，让客户专注于其核心业务。

（3）安全和保障

盗窃和安全问题是建筑工地面临的挑战。使用启用 IoT 的标签，可以轻松解决任何材料或物品被盗的问题，因为这些传感器将通知人员材料或物品的当前位置，不再需要去检查所有东西。

物联网可以创建数字实时工作现场地图以及与工作相关的更新风险，并在接近任何风险或进入危险环境时通知每个工人。例如，监视封闭空间中的空气质量对于工作场所安全至关重要。物联网技术不仅可以防止员工受到危险状况的影响，还可以在状况发生之前或发生时对其进行检测。借助实时物联网数据，员工可以更好地预测工作现场问题，并防止可能导致安全事故和时间浪费的情况。

长时间搬运设备和机械也可能导致工人疲劳，进而影响他们的注意力和生产力。物联网使监测异常脉搏率和用户位置等遇险迹象成为可能。

2. 物联网技术在施工现场的应用

物联网技术在施工现场的应用已经越来越广泛，如无人机和自动驾驶汽车、物联网混凝土养护、废物管理和结构健康监测、可穿戴设备、BIM 优化和数字孪生等。这些应用减少了施工现场昂贵的错误，减少工地伤害，使建筑运营更加高效。

（1）无人机和自动驾驶汽车

通过无人机可以方便地对跨越巨大空间的大型建设项目进行监控。此外，自动倾卸卡车和挖掘机正在各种项目中进行测试，以限制人的生命暴露在不安全的工作环境中。人工跟踪施工现场关键设备的状况和位置非常耗时，而且容易出现人为错误，在这些关键资产上安装追踪器给项目经理带来了极大的便利。

使用无人机收集作业现场的准确勘测图和航拍图像（图 6-2），以及远程跟踪进度，可以节省项目的时间和成本。此外，航拍图像可以为项目经理提供项目的不同视角，并帮助发现潜在的问题，这些问题在地面上可能并不明显。

图 6-2　无人机采集信息

实时跟踪和基于云的数据集可帮助建筑公司减少盗窃，提高生产率并控制使用成本。启用 IoT 的解决方案的优势在于，即使是规模最小的公司和短期项目，也都发现智能无线系统是一种经济高效的选择。

（2）物联网混凝土养护

传感器在浇筑过程中嵌入混凝土中，并实时跟踪混凝土的养护情况，使施工经理能够准确监控和计划其进度。准确的混凝土抗压强度现场估算为优化关键施工操作提供了机会，如模板拆除时间、桥梁/道路通车、预应力锚索张拉时间和混凝土配合比设计优化。施工过程中的主要问题之一是劳动力和模板成本的管理。了解混凝土的抗压强度有利于模板的调度和循环以及劳动力的优化。

（3）废弃物管理和结构健康监测

在现代建筑工地上，废弃物管理是一个至关重要的考虑因素，尤其是在当今，鉴于对建筑过程碳排放的关注日益增加，垃圾必须定期清除、处理以腾出空间并减少带来的危害。现在，可以通过 IoT 跟踪器以经济高效的方式监测废物处理箱或车辆，如果未能正确处理废弃物，可对承包商进行处罚。物联网还可用于结构健康监测，以检测施工期间和施工后关键建筑物构件和土木结构的振动、裂缝和状况。

（4）可穿戴设备

物联网使可穿戴设备变得智能。当无生命的物体可以连接到因特网上时，它们就启用

图 6-3　智能安全帽

了新的功能。可穿戴设备是任何可以穿在身体上通过连接向用户提供附加信息的物品。如智能安全帽（图 6-3）是一款佩戴在头部的智能移动作业终端，运用了移动互联网、物联网、感知传感器、高清防抖摄像头、人工智能等技术，具备语音操控、实时视频、拍照、录像、录音、实时对讲、定位、电子围栏、安全防护预警、人脸识别、视频行为分析等功能，支撑扩展 UWB 定位、近电感应、有害气体检测等。数据支撑在线实时上传与离线存储。通过与现场作业智能管控平台交互，可实现远程调度、专家指导，并融合人工智能技术进行现场视频的行为分析、物体检测、人脸识别等，实现现场作业指导、安全管控、缺陷分析、风险预警等业务场景与行业解决方案。

（5）BIM 优化和数字孪生

建筑信息建模（BIM）可以通过生成性设计、使用适当特征预测成本超支、通过识别工作现场最大风险因素来降低风险，将强化学习应用于项目规划、自主和半自主车辆，劳动力配置优化，场外施工和后期施工。

来自 IoT 传感器的恒定实时数据流与来自其他项目的历史数据相结合，不仅可以用于监测当前工作现场，还可以提供不断增长的数据集，可与机器学习一起使用以进行预测性分析，使施工更加智能（图 6-4）。

图 6-4　BIM＋数字孪生

物联网炙手可热，成为当今时代的热门研究话题之一，随着研究的逐步深入，其应用面呈现由点到面的扩大态势。物联网的发展离不开与其他领域深度的融合，离不开各行各业的应用，彼此在融合中发展，因此一旦得到了大规模广泛应用，便会给社会经济的运行、人们的日常生活、科学研究等方面带来前所未有的变化，人类社会将会进入万物互联的"IoT 时代"。

6.3.2　AI 智能识别

基于智能视频分析和深度学习神经网络技术开发的 AI 技术平台，可对项目现场人员进行智能化深度学习，无需其他传感器、芯片、标签等，直接通过视频进行实时分析和预警，通过安全帽识别、周界入侵识别、火焰识别、抽烟检监测识别、反光衣识别、夜间施工识别、烟雾识别等，让工地更安全，更高效，更规范，更智慧。

1. AI 人员安全防护识别

（1）安全帽检测。项目现场出入口、作业面等区域人员活动是否佩戴安全帽进行识别、分析和预警（图 6-5）。

（2）反光衣检测。对项目现场工人未穿戴反光衣进行抓拍，提高一线作业人员的安全防范意识（图 6-6）。

图 6-5　安全帽检测　　　　　　　　　　　图 6-6　反光衣检测

（3）人员周界入侵检测。识别靠近危险区域的是否为人员以及是否有靠近行为（图 6-7）。

（4）人员姿态检测：对监控区域内人员进行姿态检测，识别人体站、坐、蹲、倒等多种姿态，并对摔倒姿态进行异常报警（图 6-8）。

图 6-7　人员周界入侵检测　　　　　　　　图 6-8　人员姿态检测

（5）安全带检测。对高处作业场景中人员活动是否系挂安全带进行识别、分析和预警（图 6-9）。

2. AI 施工环境安全识别

（1）明火检测。对项目现场电线、生活区私搭乱建等重点监控区域的火焰进行识别（图 6-10）。

图 6-9　安全带检测

图 6-10　明火检测

（2）抽烟监测。识别近景摄像头下的人员抽烟现象，对违规抽烟现场及时发出警告（图 6-11）。

（3）烟雾监测。设置警戒区域，监测烟雾的发生，如果发现该异常现象，能够标示出烟雾发生的区域，触发报警（图 6-12）。

图 6-11　抽烟监测

图 6-12　烟雾监测

（4）夜间施工识别。自定义监控时段，在监控区域通过红外感应车辆进出场情况、人员作业情况来完成夜间施工判定（图 6-13）。

（5）作业面临边防护监测。对高处作业场景中作业面是否有临边防护进行监测，针对无临边防护情况发出报警并记录（图 6-14）。

图 6-13　夜间施工识别

图 6-14　作业面临边防护监测

3. AI 绿色施工识别

（1）车辆清洗识别。依据 CV 技术，对工地车辆侧面进行实时识别，当监测到车辆出工地未清洗时，立即触发报警（图 6-15）。

（2）裸土覆盖识别。应用语义分割技术实现像素级别的分类标记，并根据予以分割的裸土像素占比计算可以动态调整阈值判断是否为裸土（图 6-16）。

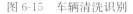

图 6-15　车辆清洗识别　　　　　　　　　图 6-16　裸土覆盖识别

（3）卸料平台材料违规堆放识别。对高处作业场景中的材料违规堆放（不整齐、超高、超长）情况进行识别、分析及预警（图 6-17）。

（4）渣土车密闭检测。车辆驶离工地时，监测车辆密闭情况和违规使用安全网覆盖情况（图 6-18）。

图 6-17　卸料平台材料违规堆放识别　　　　图 6-18　渣土车密闭检测

思考与练习

一、单选题

1. 以下不属于施工安全管理特点的是（　　　）。
A. 控制面窄　　　　B. 控制的动态性　　　C. 控制系统交叉性　　D. 控制的严谨性

2. 按伤害程度和严重程度可划分为（　　　）类。
A. 6　　　　　　　　B. 7　　　　　　　　C. 8　　　　　　　　D. 9

3. 造成（　　　）人以上死亡的为特别重大事故。
A. 15　　　　　　　　B. 20　　　　　　　C. 25　　　　　　　D. 30

4. 造成（　　　）死亡的为重大事故。
A. 10 人以上 20 人以下　　　　　　　　　B. 10 人以上 25 人以下
C. 10 人以上 30 人以下　　　　　　　　　D. 10 人以上 40 人以下

5. 造成（　　　）重伤的为较大事故。
A. 10 人以上 50 人以下　　　　　　　　　B. 20 人以上 50 人以下
C. 30 人以上 50 人以下　　　　　　　　　D. 40 人以上 50 人以下

6.（　　　）要逐级上报至省、自治区、直辖市人民政府安全生产监督管理部门和负有安全生产监督管理职责的部门。

    A. 特别重大事故   B. 重大事故   C. 较大事故   D. 一般事故

    7.（   ）要上报至设区的市级人民政府安全生产监督管理部门和负有安全生产监督管理职责的部门。

    A. 特别重大事故   B. 重大事故   C. 较大事故   D. 一般事故

    8. 重大事故、较大事故、一般事故发生后，负责事故调查的人民政府应当自收到事故调查报告之日起（   ）日内做出批复。

    A. 5   B. 10   C. 15   D. 20

    9. 事故发生后，单位负责人接到报告后，应当于（   ）小时内向事故发生地县级以上人民政府安全生产监督管理部门和负有安全生产监督管理职责的有关部门报告。

    A. 1   B. 2   C. 3   D. 4

    10. 职工有下列（   ）情形的，不得认定为工伤或者视同工伤。

    A. 患职业病的

    B. 在上下班途中，受到机动车事故伤害的

    C. 在抢险救灾等维护国家利益、公共利益活动中受到伤害的

    D. 因犯罪或者违反治安管理条例伤亡的

二、多选题

    1. 报告事故应包括（   ）。

    A. 事故发生单位概况   B. 事故发生时间

    C. 事故的详细经过   D. 事故已造成或者可能造成的伤亡人数

    E. 初步估计的直接经济损失

    2. 事故调查报告应当包括（   ）。

    A. 事故发生单位概况   B. 事故发生经过

    C. 事故救援情况   D. 事故发生原因

    E. 事故简要经过

    3. （   ）要逐级上报至国务院安全生产监督管理部门和负有安全生产监督管理职责的有关部门。

    A. 特别重大事故   B. 重大事故

    C. 较大事故   D. 一般事故

    E. 死亡事故

    4. 职工有下列情形之一的，应当认定为工伤（   ）。

    A. 患职业病的

    B. 在上下班途中，受到机动车事故伤害的

    C. 在工作时间和工作场所内，因工作原因受到事故伤害的

    D. 醉酒导致伤亡的

    E. 自残

    5. 土木工程项目环境管理的特点有（   ）。

    A. 区域性   B. 短期性

    C. 滞后性   D. 多样性

E. 社会性

三、简答题

1. 根据生产安全事故造成的人员伤亡或者直接经济损失，事故一般分为哪四个等级？

2. 工程项目安全事故处理应遵循的"四不放过"原则是什么？

3. 工程项目安全事故报告的内容应包括哪些？

4. 事故调查报告应包含哪些内容？

5. AI 人员防护识别包括哪些内容？

教学单元 7

智能建造工程项目信息管理

⊙ **教学目标：**

1. 知识目标：

了解建设工程项目管理计划与工作实施；熟悉建设工程项目信息编码、收集与处理；掌握基于 BIM 的信息管理方法。

2. 能力目标：

能编制建设工程项目管理计划与工作实施方案；能对建设工程项目信息进行编码、收集与处理；能借助 BIM 技术进行建设工程项目信息管理。

3. 素质目标：

培养学生的自我认知能力与独立思考能力；培养学生系统分析问题的习惯，树立全局意识；培养学生的创新能力，鼓励学生勇于探索，敢于创新。

⊙ **思想映射点：** 团队协作、BIM 技术运用、科技报国。

⊙ **实现方式：** 在课程教学中，学生通过掌握工程项目管理计划、项目信息编码、收集与处理，运用先进的 BIM 技术对工程项目进行智慧化管理，增强学生科技报国的信念。

⊙ **参考案例：** 华南理工大学广州国际校区。

⊙ **思维导图：**

物联网与
人工智能

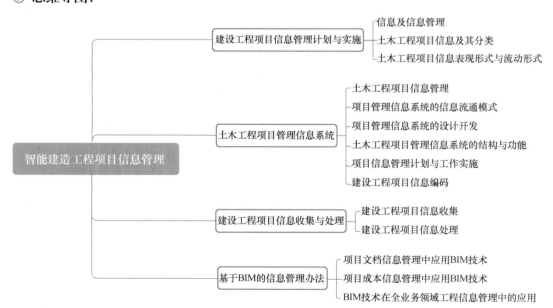

⊙ 引文：

本项目位于大学城南侧，广州国际创新城南岸地区，东临暨大校区，项目占地面积110.6 万 m² （1659 亩），总建筑面积 109 万 m²。本项目运用 CPS 集成应用、无人机技术、BIM 平台搭建起了智慧文明施工管理工具平台。CPS 集成应用——建立"作战指挥室"：将整改单体模块集中管理，指挥室统筹管理。人员管理信息中心、现场安防系统、BIM应用中心、环保监控中心、工程模拟中心等多种高科技管理技术相互结合，推动建筑领域安全管理新方法、新手段。

7.1　建设工程项目信息管理计划与实施

7.1.1　信息及信息管理

信息是指用口头、书面或电子的方式传输（传达、传递）的知识、新闻，以及可靠的或不可靠的情报。在管理学领域，信息通常被认为是一种已被加工或处理成特定形式的对组织的管理决策和管理目标有参考价值的数据。

信息的表现形式多种多样，主要可归纳为四种：一是书面材料，包括信件及其复印件、谈话记录、工作条例、进展情况报告等；二是个别谈话，包括给工作人员分析任务、检验工作、向个人提出建议和帮助等；三是集体口头形式，包括会议、工作人员集体讨论、培训班等；四是技术形式，包括录音、电话、广播等。

信息种类繁多，主要具有以下特性：

（1）真实性和准确性。信息是对事物或现象的本质及其内在联系的客观反映，真实性和准确性是信息的价值所在，只有真实准确的信息才能为项目决策服务。

（2）时效性和系统性。信息随着时间的流逝与系统的改变而不断变化，项目管理实践中不能片面地处理和使用信息；而反映管理对象当前状态的信息如果不能及时传递到相关控制部门，造成目标控制失灵，信息就失去了其在管理上的价值。

（3）可共享性。信息可以被不同的使用者加以利用，而信息本身并没有损耗。项目利益相关方或项目组内成员可以共同使用某些信息以实现其管理职能，同时项目信息共享也促进了各方的协作。

（4）可替代性。信息包括技术情报、专利、非专利技术、新工艺、新材料、新设备等，获取和使用后可以节约或代替一些物质资源。

（5）可存储性和可传递性。信息可以通过大脑、文字、音像、数字文档等载体进行存储；通过广播、网络、电视、电报、传真、电话、短信等媒介进行传递和传播。

（6）可加工性。信息可以进行形式上的转换，可以由文字信息转换成语言信息，由一类语言信息转换成另一类语言信息，由一种信息载体转换成另一种信息载体，也可以由数学统计的方法加工处理得出新的有用信息。

信息管理是指对人类社会信息活动的各种相关因素（主要是人、信息、技术和机构）进行科学的计划、组织、控制和协调，以实现信息资源的合理开发与有效利用的过程。它既包括微观上对信息内容的管理——信息的组织、检索、加工、服务等，又包括宏观上对信息机构和信息系统的管理。

7.1.2　土木工程项目信息及其分类

土木工程项目信息是指计划、报告、数据、安排、技术文件、会议等与土木工程项目决策、实施和运行有关联的各类信息，这些信息是否准确，能否及时传递给项目利害关系者，决定着土木工程项目的成败。土木工程项目信息分类见表7-1。

土木工程项目信息分类表 表 7-1

依据	信息分类	主要内容
管理目标	质量控制信息	与质量控制直接相关的信息：国家、地方政府或行业部门等颁布的有关质量政策、法令、法规和标准等，质量目标的分解图表、质量控制的工作流程和工作制度、质量管理体系构成、质量抽样检查数据、各种材料和设备的合格证、质量证明书、检测报告等
	进度控制信息	与进度控制直接相关的信息：土木工程项目进度计划、施工定额、进度目标分解图表、进度控制工作流程和工作制度、材料和设备到货计划、各分部分项工程进度计划、进度记录等
	成本控制信息	与成本控制直接相关的信息：土木工程项目成本计划、施工任务单、限额领料单、施工定额、成本统计报表、对外分包经济合同、原材料价格、机械设备台班费、人工费、运杂费等
	安全控制信息	与安全控制直接相关的信息：土木工程项目安全目标、安全控制体系、安全控制组织和技术措施、安全教育制度、安全检查制度、伤亡事故统计、伤亡事故调查与分析处理等
生产要素	劳动力管理信息	劳动力需用量计划、劳动力流动、调配等
	材料管理信息	材料供应计划、材料库存、储备与消耗、材料定额、材料领发及回收台账等
	机械设备管理信息	机械设备需求计划、机械设备合理使用情况、保养与维修记录等
	技术管理信息	各项技术管理组织体系、制度和技术交底、技术复核、已完工程的检查验收记录等
	资金管理信息	资金收入与支出金额及其对比分析、资金来源渠道和筹措方式等
管理工作流程	计划信息	各项计划指标、工程实施预测指标等
	执行信息	项目实施过程中下达的各项计划、指示、命令等
	检查信息	工程的实际进度、成本、质量的实施状况等
	反馈信息	各项调整措施、意见、改进的办法和方案等
信息来源	内部信息	来自土木工程项目的信息：工程概况、项目的成本目标、质量目标、进度目标、施工方案、施工进度、完成的各项技术经济指标、项目经理部组织、管理制度等
	外部信息	来自外部环境的信息：监理通知、设计变更、国家有关的政策及法规、国内外市场的有关价格信息、竞争对手信息等
信息稳定程度	固定信息	在较长时期内，相对稳定，变化不大，可以查询得到的信息，各种定额、规范、标准、条例、制度等，如施工定额、材料消耗定额、工程质量验收统一标准、工程质量验收规范、生产作业计划标准、施工现场管理制度，政府部门颁布的技术标准、不变价格等
	流动信息	随生产和管理活动不断变化的信息，如工程项目的质量、成本、进度的统计信息、计划完成情况、原材料消耗量、库存量、人工工日数机械台班数等

续表

依据	信息分类	主要内容
信息性质	生产信息	有关生产的信息，如工程进度计划、材料消耗等
	技术信息	技术部门提供的信息，如技术规范、施工方案、技术交底等
	经济信息	如施工项目成本计划、成本统计报表、资金耗用等
	资源信息	如资金来源、劳动力供应、材料供应等
信息层次	战略信息	提供给上级领导的重大决策性信息
	策略信息	提供给中层领导部门的管理信息
	业务信息	基层部门例行性工作产生或需用的日常信息

7.1.3　土木工程项目信息表现形式与流动形式

土木工程项目信息的主要表现形式见表7-2。

土木工程项目信息的主要表现形式　　　　　　　　　　表 7-2

表现形式	示例
书面材料	设计图纸、说明书、任务书、施工组织设计、合同文本、概预算书、会计、统计等各类报表、工作条例、规章、制度等
个别谈话	个别谈话记录，如监理工程师口头提出、电话提出的工程变更要求，在事后应及时追补的工程变更文件记录、电话记录等
集体口头形式	会议纪要、谈判记录、技术交底记录、工作研讨记录等
技术形式	由电报、录像、录音、磁盘、光盘、图片、照片、E-mail、网络等记载储存的信息

信息的传播与流动称为信息流，明确的信息流路线可以确定信息的传递关系，保证信息沟通渠道的正确、通畅，避免信息漏传或误传。

土木工程项目信息流动形式按照信息不同流向可分为以下几种。

（1）自上而下流动。信息源在上，信息接收者为其下属，信息流逐级向下：决策层→管理层→作业层。即土木工程项目信息由项目经理部流向项目各管理部门最终流向施工队及班组工人。信息内容包括：项目的控制目标、指令、工作条例、办法、规章制度、业务指导意见、通知、奖励和处罚等。

（2）自下而上流动。信息源在下，信息接收者为其上级，信息流逐级向上：作业层→管理层→决策层。即土木工程项目信息由施工队班组流向项目各管理部门最终流向项目经理部。信息内容包括：项目实施过程中完成的工程量、进度、成本、质量、安全、消耗、效率等原始数据或报表，工作人员的工作情况，以及为上级管理与决策需要提供的资料、情报及合理化建议等。

（3）横向流动。信息源与信息接收者为同一级。项目实施过程中，各管理部门因分工不同形成了各专业信息源，为了共同的目标，各部门之间应根据彼此需要相互沟通、提供、接收并补充信息。例如：项目财务部进行成本核算时需要其他部门提供工程进度、人工工时、材料与能源消耗、设备租赁及使用等信息。

（4）内外交流。项目经理部与外部环境单位互为信息源和信息接收者进行内外信息交流。主要的外部环境单位包括：公司领导及相关职能部门、建设单位（业主）、设计单位、监理单位、物资供应单位、银行、保险公司、质量监督部门、相关政府管理部门、工程所在街道居委会、新闻机构，以及城市交通、消防、环保、供水、供电、通信、公安等部门。信息内容主要包括：①满足项目自身管理需要的信息；②满足与外部环境单位协作要求的信息；③按国家有关规定相互提供的信息；④项目经理部为自我宣传，提高信誉、竞争力，向外界发布的信息。

（5）信息中心辐射流动。鉴于土木工程项目专业信息多，信息流动路线交错复杂、环节多，项目经理部应设立项目信息管理中心，以辐射状流动路线集散信息。信息中心的作用：①行使收集、汇总信息，分析、加工信息，提供、分发信息的集散中心职能及管理信息职能；②既是项目内、外部所有信息的接收者，又是负责向需求者提供信息的信息源；③可将一种信息提供给多位需求者，起不同作用，又可为一项决策提供多种渠道来源信息，减少信息传递障碍，提高信息流速，实现信息共享与综合利用。

7.2　土木工程项目管理信息系统

7.2.1　土木工程项目信息管理

土木工程项目信息管理是指土木工程项目经理部以项目管理为目标，以土木工程项目信息为管理对象，通过对各个系统、各项工作和各种数据的管理，实现各类各专业信息的收集、处理、储存、传递和应用。

上述"各个系统"可视为与项目决策，实施和运行有关的各个系统，例如：土木工程项目决策阶段管理子系统、实施阶段管理子系统和运行阶段管理子系统，其中实施阶段管理子系统又可分为业主方管理子系统、设计方管理子系统、施工方管理子系统和供货方管理子系统等。"各项工作"可视为与项目决策、实施和运行有关的各项工作，例如施工方管理子系统中的各项工作包括：成本管理、进度管理、质量管理、合同管理、安全管理、信息管理、施工现场管理等。而"数据"不仅指数字，还包括文字、图像和声音等，例如在施工方信息管理中，设计图纸、各种报表、来往的文件与信函、指令，成本分析、进度分析、质量分析的有关数字，施工摄影、摄像和录音资料等都属于信息管理"数据"的范畴。

土木工程项目信息管理的根本作用在于为项目各级管理人员及决策者提供所需的各类信息。为了充分利用和发挥信息资源的价值、提高信息管理的效率，全面提高项目管理水平，项目经理部应建立项目管理信息系统，优化信息结构，实现高质量、动态、高效的信息处理和信息流通，实现项目管理信息化。而近年来以计算机为基础的现代信息处理技术在项目管理中的应用，为大型土木工程项目管理信息系统的规划、设计和实施提供了全新的信息管理理念、技术支撑平台和全面解决方案。

项目管理信息系统由硬件、软件、数据库、操作规程等构成。

（1）硬件：指计算机及其有关的各种设备，具备输入、输出、通信、存储数据和程序、进行数据处理等功能；

（2）软件：分为系统软件与应用软件，系统软件用于计算机管理、维护、控制及程序安装和翻译工作，应用软件是指挥计算机进行数据处理的程序；

（3）数据库：是系统中数据文件的逻辑组合，它包含了所有应用软件使用的数据；

（4）操作规程：向用户详细介绍系统的功能和使用方法。

另外，项目管理信息系统一般还包括：组织件，即明确的项目信息管理部门、信息管理工作流程及信息管理制度；教育件，对企业领导、项目管理人员、计算机操作人员的培训等。

7.2.2 项目管理信息系统的信息流通模式

1. 项目参与者之间的信息流通

信息系统中，每个参与者作为系统网络中的一个节点，负责具体信息的收集（输入）、处理和传递（输出）等工作。项目管理者要具体设计这些信息的内容、结构、传递时间、精确程度和其他要求。

例如，在土木工程项目实施过程中，业主需要的信息包括：①项目实施情况报告，包括工程质量、成本、进度等方面；②项目成本和支出报表；③供审批用的各种设计方案、计划、施工方案、施工图纸、建筑模型等；④决策所需的信息和建议等；⑤各种法律、法规、规范，以及其他与项目实施有关的资料等。业主输出的信息包括：①各种指令，如变更工程、修改设计、变更施工顺序、选择分包商等；②审批各种计划、设计方案、施工方案等；③向上级主管提交工程建设项目实施情况报告。

项目经理需要的信息包括：①各项目管理职能人员的工作情况报表、汇报、报告、工程问题请示；②业主的各种书面和口头指令，各种批准文件；③项目环境的各种信息；④工程各承包商、监理人员的各种工程情况报告、汇报、工程问题的请示。项目经理输出的信息包括：①向业主提交各种工程报表、报告；②向业主提出决策用的信息和建议；③向政府其他部门提交工程文件，通常是按法律要求必须提供的，或是审批用的；④向项目管理职能人员和专业承包商下达各种指令，答复各种请示，落实项目计划，协调各方面工作等。

2. 项目管理职能之间的信息流通

项目管理信息系统是由质量管理信息系统、成本管理信息系统、进度管理信息系统等许多子系统共同构建的，这些子系统是为专门的职能工作服务的，用来解决专门信息的流通问题，对各种信息的结构、内容、负责人、载体、完成时间等都要进行专门的设计和规定。

3. 项目实施过程的信息流通

项目实施过程的信息流设计应包括各工作阶段的信息输入、输出和处理过程及信息的内容、结构、要求、负责人等。例如，按照项目实施程序，可分为可行性研究信息子系统、计划管理信息子系统、工程控制管理信息子系统等。

7.2.3 项目管理信息系统的设计开发

土木工程项目管理信息系统的开发研制周期长、耗资巨大、复杂程度高，而且它以土木工程项目实施为背景，涉及专业多，专业知识需求程度高。项目管理信息系统的设计与建立，也是对项目管理思想、组织、方法和手段的一种提升，它能深化项目管理的基本理论，强化项目管理的基础工作，改进管理组织与管理方法。项目管理信息系统的开发由系统规划、系统分析、系统设计、系统实施与系统评价等阶段来完成。

1. 系统规划

项目管理信息系统的开发是一项系统工程，需要进行周密细致的策划。系统规划是要确定系统的目标与主体结构，提出系统开发的要求，制定系统开发的计划，以全面指导系统开发研制的实施工作。

2. 系统分析

首先，对项目现状进行调查，确定系统开发的可行性。其次，调查系统的信息量和信息流，确定各部门存储文件、输出数据的格式；分析用户的需求，确定纳入信息系统的数据流程图。再次，确定系统计算机硬件和软件的要求，并充分考虑未来数据量的扩展，制定最优的系统开发方案。

3. 系统设计

根据系统分析结果进行系统设计，包括系统总体结构设计、子系统模块设计、输入输出文件格式设计、代码设计、信息分类与文件设计，确定系统流程图，提出程序编写的详细技术资料，为程序设计作准备。

4. 系统实施

（1）程序设计。根据系统设计明确程序设计要求，即选择相应的语言，进行文件组织、数据处理等；绘制程序框图；编写程序，检查并编制操作说明书。

（2）程序调试与系统调试。程序调试是对单个程序进行语法和逻辑检查，以消除程序和文件中的错误。系统调试分两步进行，首先对各模块进行调试，确保其正确性；然后进行总调试，即将主程序和功能模块联结起来调试，以检查系统是否存在逻辑错误和缺陷。

（3）系统转换、运行和维护。为了使程序和数据能够实现开发后系统与原系统间的转换，运行中适应项目环境和业务的变化，需要对系统进行维护，包括系统运行状况监测、改写程序、更新数据、增减代码、维修设备等。

（4）项目管理。按照项目管理方法，结合项目信息管理系统特点，组织系统管理人员，拟定实施计划，加强系统检查、控制与信息沟通，将系统作为一个项目进行管理。

5. 系统评价

为了检验系统运行结果能否达到规划的预期目标，需要对系统管理效果进行评价，包括工作效率、管理和业务质量、工作精度、信息完整性和正确性等评价；还要对系统经济性进行评价，包括系统的一次性投资额、经营费用、成本和生产费用的节约额等。

7.2.4　土木工程项目管理信息系统的结构与功能

项目管理信息系统的性能、效率和作用首先取决于系统的外部接口结构与环境，这是项目管理信息系统区别于企业管理信息系统的特点与规律。土木工程项目信息管理范围涵盖了项目业主、规划设计单位、勘察设计单位、技经设计单位、主管部门（规划、建设、土地、计划、环保、质监、金融、工商等）、施工单位、设备制造与供应商、材料供应商、调试单位、监理单位等众多项目参与方（信息源），每个项目参与方即是项目信息的供方（源头），也是项目信息的需方（用户），每个项目参与方由于其在项目生命周期中所处的阶段与工作不同，相应的项目管理信息系统的结构和功能会有所不同。

　　土木工程项目管理信息系统内部结构一般包括进度管理、质量管理、投资与成本管理、合同管理、咨询（监理）管理、物料管理、安全管理、环境管理、财务管理、图纸文档管理等子系统。处于项目不同生命周期阶段的管理信息系统，其目标和核心功能不同。例如，对于规划阶段的项目设计管理信息系统，其核心功能是图纸文档管理；对于实施阶段的业主方项目管理信息系统，其主要目标是实现项目进度、质量、成本三大控制目标的集成管理；对于实施阶段的项目监理信息系统，其核心功能是对质量与进度信息的实时采集与监控。

　　土木工程项目管理信息系统主要运用动态控制原理进行项目管理，通过项目实施过程中进度、质量和成本等方面的实际值与计划值相比较，找出偏差，分析原因，采取措施，以达到管理和控制效果。下面以进度管理、质量管理、投资与成本管理、合同管理四大子系统为例，介绍一下土木工程项目管理信息系统的具体功能。

　　（1）进度管理子系统。功能包括：①编制项目进度计划，如双代号网络计划、单代号搭接网络计划、多平面群体网络计划等，绘制进度计划网络图和横道图；②工程实际进度的统计分析；③计划/实际进度比较分析；④工程进度变化趋势预测；⑤计划进度的调整；⑥工程进度各类数据查询；⑦多种（不同管理层面）工程进度报表生成。

　　（2）质量管理子系统。功能包括：①工程建设质量要求和标准的制定与数据处理；②分项工程、分部工程和单位工程的验收记录和统计分析；③工程材料验收记录与查询；④机电设备检验记录与查询（如机电设备的设计质量、监造质量、开箱检验质量、资料质量、安装调试质量、试运行质量、验收及索赔情况等）；⑤工程质量检验验收记录与查询；⑥质量统计分析与评定的数据处理；⑦质量事故处理记录；⑧质量报告、报表生成。

　　（3）投资与成本管理子系统。功能包括：①投资分配分析；②项目概算与预算编制；③投资分配与项目概算的对比分析；④项目概算与预算的对比分析；⑤合同价与投资分配、概算、预算的对比分析；⑥实际成本与投资分配、概算、预算的对比分析；⑦项目投资变化趋势预测；⑧项目结算与预算、合同价的对比分析；⑨项目投资与成本的各类数据查询；⑩多种（不同管理平面）项目投资与成本报表生成等。

　　（4）合同管理子系统。功能包括：①各类标准合同文本的提供和选择；②合同文件、资料的登录、修改、查询和统计；③合同执行情况跟踪和处理过程的管理；④涉外合同的外汇折算；⑤建筑法规、经济法规查询；⑥合同实施报告、报表生成。

7.2.5　项目信息管理计划与工作实施

1. 制定项目信息管理计划

　　（1）制定项目信息管理的制度和流程，明确信息管理的责任人、流程和标准。包括信息收集、整理、传递、共享、保密等方面的具体操作流程和标准。

　　（2）建立信息管理平台是项目信息管理工作中的一项重要内容。选择适合项目的信息管理平台，并根据项目特点进行定制和配置，确保信息管理平台能够满足项目的实际需求。

　　（3）为了确保项目信息管理的有效实施，需要对项目团队成员进行信息管理方面的培训和教育，使得团队成员了解信息管理的重要性，并掌握信息管理的基本技能操作方法。

　　（4）项目信息管理需要进行监督和检查，以确保信息管理工作按照制度和流程进行，制度监督和检查的标准和方法，通过定期检查和评估，及时发现并纠正信息管理中的问题和不足。

（5）信息管理工作需要不断改进和优化，以适应项目的需求变化和信息管理技术的发展，需定期对信息管理工作进行评估和分析，发现问题并及时改进和优化。

2. 项目信息管理的工作实施

（1）确定信息管理团队。信息管理团队是项目信息管理工作的主要执行力量，需要明确信息管理团队的组成和职责，确保信息管理团队能够按照制定的工作计划进行工作。

（2）建立信息管理工作小组。在项目团队中，设立信息管理工作小组，负责具体的信息管理工作。信息管理工作小组需要按照制度和流程，做好信息的收集、整理、传递、共享等具体工作。

（3）定期检查和评估。对信息管理工作进行定期的检查和评估，通过检查和评估，发现信息管理工作中的问题和不足，及时进行改进和优化。

（4）总结。在信息管理工作的评估基础上，对信息管理工作进行总结，发现工作中存在的问题和不足，并提出改进和优化建议，根据评估和总结的结果，及时对信息管理工作进行改进和优化，确保信息管理工作能够达到预期的效果。

7.2.6　建设工程项目信息编码

1. 工程项目信息编码的作用

工程项目信息编码在项目管理中起到了关键的作用。它能够对不同的项目进行标识和归类，方便项目参与者进行查找和管理。通过编码，可以快速定位到具体的项目，了解其相关信息和进展情况。同时，项目编码也为项目的跟踪和评估提供了便利。

2. 工程项目信息编码的方法

（1）项目的结构编码；

（2）项目管理组织结构编码；

（3）项目的政府主管部门和各参与单位编码（组织编码）；

（4）项目实施的工作项编码（项目实施的工作过程的编码）；

（5）项目的投资项编码（业主方）/成本项编码（施工方）；

（6）项目的进度项（进度计划的工作项）编码；

（7）项目进展报告和各类报表编码；

（8）合同编码；

（9）函件编码；

（10）工程档案编码等。

3. 工程项目信息编码体系

（1）项目编码（PBS），如图 7-1 所示；

（2）项目建设参与单位和部门的组织编码；

（3）工作分解结构编码（WBS），如图 7-2 所示；

（4）投资控制编码；

（5）进度控制编码；

（6）质量控制编码；

编码	名称
10000000	××项目
11000000	一期工程
11100000	1号楼
11110000	土建工程
11111000	一区
11111100	地下二层（基础）
11111200	地下一层及一层（复式）
11111201	A户型
11111202	B户型
11111300	二层及以上（标准层）
11111301	A户型
11111302	B户型
11111400	17层，18层(复式)
11111401	L户型
11111402	B户型
11111500	19层，20层，M户型(复式)

图 7-1　项目编码（PBS）

（7）合同管理编码。

4. 工程项目信息编码的制定原则

制定工程项目信息编码时需要遵循一些原则，以确保编码的有效性和可操作性。首先，编码应符合一定的逻辑顺序，便于查找和理解。其次，编码应具有唯一性，避免出现重复或混淆的情况。同时，编码的规则应简单明了，易于记忆和使用。

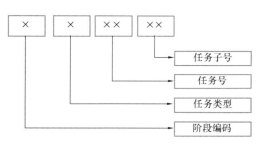

图 7-2　工作分解结构编码（WBS）

7.3　建设工程项目信息收集与处理

7.3.1　建设工程项目信息收集

工程项目管理中的信息收集是指收集工程项目中与管理有关的原始信息，是一项很重要的基础工作。一般而言，信息收集制度中应包括信息来源、要收集的信息内容、标准、时间要求、反馈的范围、工作程序等有关内容。需要收集的信息内容由工程项目管理的客观需求决定，通常包括工程的实际状况、文档资料、环境变化等有关的信息和资料。

7.3.2　建设工程项目信息处理

1. 信息处理的要求。要使信息能有效地发挥作用，在处理它的过程中就必须做到：①及时。处理信息的速度要快，能够及时处理完对项目进行动态管理所需的大量信息。②准确。在信息处理中，必须做到去伪存真，使经过处理后的信息能客观、如实地反映实际情况。③适用。经处理后的信息必须能满足管理工作的实际需要。④经济。信息处理采取什么样的方式，能取得最大的经济效益。

2. 信息处理的内容。信息处理的内容主要有：①收集。收集原始数据，保证原始数据的可靠性和全面性。②加工。原始数据收集后，需要将其进行加工，以使其成为有用的信息。③传输。信息借助于一定的载体，在参与项目管理工作的各部门、各单位之间进行传播。④存储。对处理后的信息进行存储。⑤检索。对某个或某些需要使用的信息进行查找的方法和手段。⑥输出。将处理好的信息按管理层次的不同要求编制打印成各种报表和文件，或以电子邮件、Web 网页等形式加以发布。

3. 信息处理的方式。信息处理的方式一般有：①手工处理方式。是最简单和最原始的一种信息处理方式，它对信息单纯依靠人力进行手工处理。②机械处理方式。是利用机械或简单的电子设备、工具进行数据加工和信息处理的一种方式。③计算机处理方式。是利用计算机进行信息处理的方式。在工程项目管理中，特别是大型项目目标控制时，需要对项目的大量动态信息及时进行快速、准确地处理，此时，仅依靠手工处理方式或机械处理方式将无法满足管理要求，必须借助于计算机这一现代化工具来完成。

7.4　基于 BIM 的信息管理方法

在建筑产业规模不断扩大化的发展趋势下，建筑施工技术、建筑生产项目类型也越来越复杂，这种变革趋势在某种程度上实现了建筑产业发展的高速性。但与此同时，建筑行业现有流动资金的建设风险也同比增加，为了满足建筑项目工程需求，大部分建筑施工方对工程项目采用了粗放式管理模式，但粗放式管理模式解决了建筑施工方燃眉之急的同时，也在某种程度加剧了产业发展风险。因此，施工单位应重视对工程建筑项目的科学化管理，有序整理项目资料，减少或避免工程项目信息碎片化问题发生。

7.4.1　项目文档信息管理中应用 BIM 技术

传统文档信息管理方式并不能满足建筑工程建设全过程高效、可靠的信息交互、传递以及更新等需求，加上建筑工程规模与施工技术种类不断扩大和增多，促使工程项目建设期间产生大量数据信息，单一且滞后的数据信息处理手段并不能保证数据信息使用的准确性和实用性。因此，为了进一步提高项目文档信息管理工作效率和质量，可以通过应用 BIM 技术管理项目文档信息，并建立能高效处理和存储大量数据信息的管理系统，充分发挥 BIM 技术的优势，强化项目文档信息管理成效。项目文档信息管理中如何应用 BIM 技术，具体可从以下几个方面着手：

（1）基于 BIM 技术建立建筑工程项目文档信息管理系统，该系统以操作方式、用户所需资料以及用户等级等划分系统内部数据信息库中的各类信息，同时能够根据使用需求为其提供文字、2D 图纸以及 3D 信息模型等和工程项目相关的信息服务，在建筑工程项目全生命周期运行基于 BIM 模型的文档信息管理系统，既能提高项目文档信息管理质量，又能为各部门之间协作和沟通提供方便。

（2）在建筑工程项目准备与策划阶段，根据工程项目建设实际情况，利用 BIM 技术模拟性，对项目中各分项工程进行模拟，并在系统中搭建项目 3D 模型，参与工程建设的多方主体均可通过该三维模型开展相关模拟试验活动，判断项目施工方案可行性，确认是否存在设计缺陷并对其进行修正。因该系统中的数据具有集成性、共用性的特点，均可满足搭建准确的项目 3D 模型与平面设计图纸绘制等要求。例如，内置建筑工程建设项目档案文件类别，也可根据各地、各项目实施细则进行调整，并设置各文件类别的密级、保存年限等属性。各模板内置计算公式，在数据填写时，需依据其他基础数据计算的数据值，无须手动计算输入，系统会按照要求自动计算填入，提高项目文档信息处理效率的同时，也省去了不必要的操作环节。

（3）在建筑工程项目的招标投标阶段，各方参建主体均可通过网络上的招标投标管理模块执行各项操作任务，并在网络中适度公开一些与建筑工程项目相关的规划和前期成果，再开展招标活动。例如，通过 BIM 平台辅助完成采购招标，利用 BIM 技术协调性特点，协调招标投标完成相关工作，每天可更新约 19 万条招标采购信息，全面覆盖各行业资源；预告项目招标采购计划，选择适合介入阶段，比竞争对手更早更准介入项目，开展直接有效的业务运作。全程跟进项目建设进度，及时把控招标采购需求，多通道实时反馈项目进度。该过程所涉及的各类文件均在 BIM 平台全部公开且透明，在一定程度上能够帮助招标单位更进一步了解建筑工程项目，以此避免因对项目了解程度不足而造成不必要的项目损失。而投标单位也可以结合已公开的文件制定与规划项目标案，并由该系统对外公示已中标的标案，以此保证建筑工程项目招标投标公平性，形成的具有合同效力的文档也会被保存于该系统中，为建筑工程项目顺利建设提供基础保障。建筑工程项目文档信息管理细分见图 7-3。

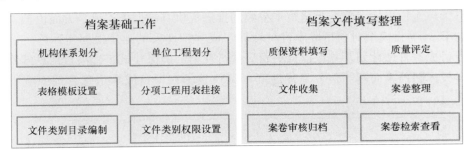

图 7-3　建筑工程项目文档信息管理细分

（4）基于建筑工程项目文档信息管理流程，建设工程管理部门可通过应用 BIM 技术在项目信息报送、合同信息报送、施工许可等环节对施工单位具体施工情况进行全面检查，并在施工图审查和竣工验收环节协同施工单位加快 BIM 模型辅助审查和验收工作落实，重点对建筑工程项目信息管理成果、BIM 模型与图纸或者实体建筑一致性、设计和施工等招标投标文件和合同是否明确 BIM 技术要求等情况进行检查，加强建筑工程项目管理中信息沟通，解决工程项目中无法实现有效运营管理存在的问题。清楚直观地了解整个项目的重点和难点，掌握各工序安全和质量技术要点，充分发挥 BIM 技术的优势，提高工作效率，做到精细化管理，带动各在建项目全面提升数字化与智能化管理水平。

7.4.2　项目成本信息管理中应用 BIM 技术

通过对现阶段建筑工程项目信息管理工作情况的调研与分析发现，由于项目成本管理模式过于松散和粗放，致使项目成本管理中存在诸多漏洞，加上各类成本数据处理相对复杂且更新不及时，导致在实际工作中对项目成本信息掌握不够全面，不仅对整个工程项目的成本管控带来较大的影响，也无法保证将项目成本控制在合理范围内。重视和加强建筑工程项目信息管理，有利于更好地推进工程项目建设，减少项目成本投入，发挥 BIM 技术优势，辅助项目成本信息管理。同时，基于 BIM 技术建立项目成本信息管理系统，以此保证各部门之间的成本信息沟通及时性，真正解决项目成本信息管理方面一直存在的信息孤岛问题。建筑工程项目成本信息管理中如何应用 BIM 技术，具体可从以下几个方面着手：

（1）基于 BIM 技术应用建立建筑工程项目成本信息管理系统，通过该系统对不同阶段的项目成本信息进行分类管理，如工程量数据信息、项目定额数据信息、合同信息等，并搭建 BIM 成本数据库，为后续项目成本控制等相关工作开展提供参考依据。例如，利用 BIM 技术收集建筑工程项目成本信息，并结合建筑工程施工项目结构特点，发挥 BIM技术可视化特性，根据不同阶段项目建设情况及对应 BIM 模型，提取 BIM 模型中有利用价值的成本信息，同时整合所收集到的项目预算信息，在此基础上准确计算项目目标成本，要求各环节负责人应在项目施工全过程及时更新成本信息，深入分析导致项目成本增加的成因，提出与制定符合实际情况的成本管理方案，既能提高项目成本管理水平，又能将项目成本信息管理中应用 BIM 技术的优势最大程度地发挥。

（2）项目成本信息管理系统除了需要辅助完成各项成本管理业务以外，也要保证工程项目的 BIM 模型信息采集和处理的及时性，一方面提高项目成本管理工作效率，使项目成本信息管理流程更加完善，为建筑工程顺利推进提供基础保障；另一方面由预算部门按照具体的 BIM 项目模型对项目成本进行计算，成本管理人员则是根据实际施工情况，及时调整项目成本管理计划，并在信息更新后进行反馈，确保建筑工程项目信息准确性，避免因成本投入超预算而制约整个工程进度，BIM 技术在项目成本信息管理中应用前后对比见图 7-4。

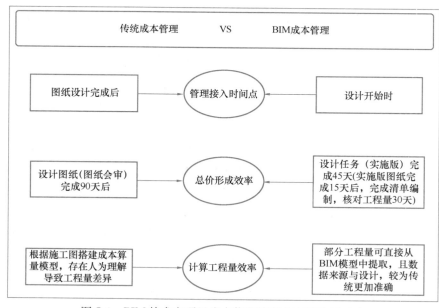

图 7-4　BIM 技术在项目成本信息管理中应用前后对比

（3）导致项目成本大幅度增加的原因与工程变更、信息交互错误等方面问题有着直接关系。因此，可以通过 BIM 信息化手段解决此方面问题，利用 BIM 技术优势准确分析各类成本信息，并在此基础上准确估算项目成本，同时也能通过 BIM 技术规避由于信息交互不及时而导致频繁返工和整改情况出现，从而实现有效节约项目成本。

7.4.3　BIM 技术在全业务领域工程信息管理中的应用

在全业务领域工程信息管理中运用 BIM 技术，具体涉及以下几点内容：

（1）基于 BIM 技术应用，在成本预算中通过采用 5D 模拟的方式将各项因素与施工过程进行有机结合，使其做到在建筑工程设计阶段将成本预算进行如实反映，实现成本预算管理可视化，助推建筑工程成本预算数字化建设，并保证建筑工程施工设计与成本预算管理协同性和一致性。

（2）Navisworks 作为 BIM 软件中起着关键性作用的数据管理技术，在建筑工程项目信息管理工作开展过程中，配合 4D 模拟技术对建筑工程施工全过程进行模拟，满足对施工实际进度与计划进度进行实时对比的管理要求，分析二者进度不一致情况出现的原因，在此基础上提出有效措施对其进行调整，实时控制施工进度，实现总控和精细化管理，确保进度计划满足工期节点，避免发生建筑工程无法在既定周期完成施工任务的问题。实现建筑工程项目信息一体化管理，促进项目建设与工程信息管理双融合双促进。

（3）应用 BIM 技术加强建筑工程质量信息管理，高效收集与整合施工阶段所产生的质量信息，再采用合适的管理手段建立覆盖全面的工程质量管控体系，以此确保工程质量完全符合相关规定标准。

（4）应用 BIM 技术拓展建筑工程安全信息，实时监测与分析建筑工程施工过程中可能存在的安全隐患，再借助多种类传感器、摄像设备等对现场施工安全信息进行收集，满足工程管理人员通过 BIM 项目信息管理平台实时监测施工安全的需求。同时也可以通过深入分析安全数据，规避施工过程中可能会出现的安全隐患，加强对突发事故的防范；某种程度上也能为工程监理优化提供合理建议，全面提高项目管控能力和创效能力。

思考与练习

一、单选题

1. 以下不属于信息表现形式的是（　　）。

A. 书面材料　　　　B. 个别谈话　　　　C. 技术形式　　　　D. 集体书面形式

2. 以下不属于信息特性的是（　　）。

A. 真实性　　　　B. 延时性　　　　C. 系统性　　　　D. 可替代性

3. 信息通过（　　）等媒介进行传递和传播。

A. 大脑　　　　B. 文字　　　　C. 数字音像　　　　D. 电视

4. 以下不属于信息处理方式的是（　　）。

A. 手工处理　　　　B. 机械处理　　　　C. 计算机处理　　　　D. 自动处理

5. 与质量控制直接相关的信息是（　　）。

A. 质量目标的分解图表　　　　　　　　B. 材料和设备到货计划

C. 进度记录   D. 施工任务单

6. 与进度控制直接相关的信息是（   ）。

A. 质量控制流程   B. 质量证明书   C. 进度记录   D. 施工任务单

7. 与成本控制直接相关的信息是（   ）。

A. 成本统计报表   B. 安全控制体系   C. 检测报告   D. 质量证明书

8. 与安全控制直接相关的信息是（   ）。

A. 施工任务单   B. 原材料价格   C. 设备合格证   D. 安全控制体系

9. 以下不属于项目管理信息系统的开发阶段的是（   ）。

A. 系统规划   B. 系统分析   C. 系统设计   D. 系统建立

10. 以下属于系统评价的是（   ）。

A. 系统检查评价   B. 工作效率评价

C. 控制与信息沟通评价   D. 系统运行评价

二、多选题

1. 以下属于信息特性的是（   ）。

A. 系统性   B. 可共享性

C. 延时性   D. 可替代性

E. 可传递性

2. 信息通过（   ）存储。

A. 大脑   B. 文字

C. 音像   D. 数字文档

E. 广播

3. 口头形式的信息包含（   ）。

A. 会议纪要   B. 谈判记录

C. 技术交底记录   D. 个别谈话

E. 工作研讨记录

4. 项目管理信息系统由（   ）组成。

A. 硬件   B. 软件

C. 数据库   D. 操作规程

E. 管理人员

5. 信息处理的内容主要有（   ）。

A. 收集   B. 加工

C. 传输   D. 输入

E. 输出

三、简答题

1. 什么是信息？

2. 什么是信息管理？

3. 土木工程项目信息流动形式按照信息不同流向可分为哪几种？

4. 工程项目编码的作用是什么？

5. 如何应用 BIM 技术？

智能建筑工程项目管理典型案例

8.1 概 述

8.1.1 项目概况

项目工程位于××市××区，地段繁华，交通方便。本工程为一类高层建筑，其中 1 号、2 号、4 号、5 号、7 号为高层建筑，耐火等级为一级，本工程设计工作年限为 50 年。

为提高生产效率及安全，该项目利用 BIM 技术、智能建造等管理手段，基于系统平台，开展各层级管理活动，辅助项目管理人员在项目建设全过程中对劳务、质量、安全管理、生产等方面管理目标的执行、监控，借助大量数据的采集、汇总、整理和分析，提取用于项目管理、控制和决策的有效信息，提升项目管理的科学性、可靠性和有效性，实现项目精准化管理、精细化管理和精益化管理。

8.1.2 平台建设内容

通过互联网技术、传感器技术、嵌入式技术、数据采集及存储技术、数据库技术等高科技技术着力解决建设项目管理的突出问题，围绕现场人员、材料、设备、环境等进行管理，构建一个实时高效的智能建造项目管理平台，有效地将人员监控、位置定位、工作考勤、危大工程、生产进度、环境能耗、应急预案、物资管理等资源进行整合。通过现场相关信息的采集和分析，为管理层进行人员调度、设备和物资监管以及项目整体进度管理提供决策依据。

8.2 平台总体框架要求

8.2.1 平台整体建设思路

通过 RFID、GPS、人脸、光感、位移等感知技术，在施工现场对作业人员进行定位、考勤，对塔机、施工电梯、环境、基坑、高支模等进行实时监测，并将生产的数据传输到云服务器，在各功能模块进行数据分析、统计，再将处理后的数据传回现场应用设备进行现场管控（图 8-1）。

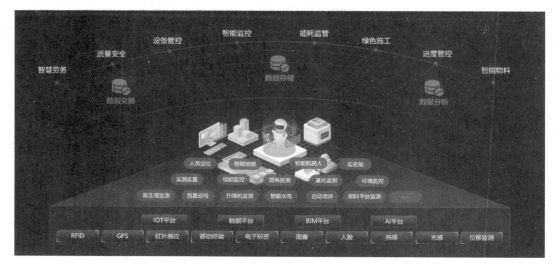

图 8-1　平台整体建设思路

8.2.2　平台建设目标

高效：实现资源高效转换、管理高效控制、资金高效运转价值。

安全：利用科技手段，使各类管控对象数字化、管控过程数字化、管控结果数字化。

绿色：生态良性循环、环境逐步优化，绿色经济持续增长发展。

8.2.3　平台运行管理要求

智能建造项目管理平台满足长期建设并持续运行要求。基于上述建设思路，平台在建设阶段需要与相关的各设备厂商协议互通。因此，在进行平台实施技术方案设计的同时，必须充分考虑运行管理的方式、要求及相关制度等机制的建设。

智能建造项目管理平台运行管理设计应考虑以下两个方面：一是平台本身的运行管理；二是项目部管理平台与各设备厂商在数据层的信息交换、共享、服务等协同运行管理，相互的运行管理关系在逻辑上需与技术构架保持一致。

8.2.4　平台运行技术指标要求

系统对多项时间响应性能有明确要求，包括：

（1）考虑到未来拓展的可能性，平台应具备处理 20 万个数据点位接入能力；

（2）平台从接收子系统产生的实时数据到总平台界面显示，延迟一般情况下不应超过 3s；

（3）平台控制命令的执行响应时间应小于 2s，现场设备开始执行动作的响应时间应小于 5s；

（4）发生故障时，故障画面的报警响应时间应小于 3s；

（5）平台发生故障时的恢复正常运行所需时间应小于 1h；

（6）平台需要能够保存三年所有接入系统的实时运行数据。

8.3　智能建造管理平台的系统支撑

8.3.1　数据中心技术架构

　　智能建造管理平台采用 Java 主流的微服务技术栈，基于 Spring Cloud Alibaba 的微服务框架进行封装的快速开发平台，包含多种常用开箱即用功能的模块，通用技术组件与服务、微服务治理，具备 RBAC 功能、网关统一鉴权、Xss 防跨站攻击、多种存储系统、分布式事务、分布式定时任务、多租户等多个功能和模块，支持多业务系统（多服务）并行开发，平台设计灵活可扩展、可移植，可应用高并发需求，同时兼顾本地化、私有云、公有云部署。核心技术采用 Spring Boot、Spring Cloud Alibaba、Mybatis Plus、Rocket-MQ、MinIO 等主要框架和中间件，采用 Nacos 注册和配置中心，集成流量卫兵 Sentinel，前端基于 Vue-element-admin 框架定制开发，相较于业界使用广泛的开源版本平台，提供更强大的功能和更全面的服务支持（图 8-2）。

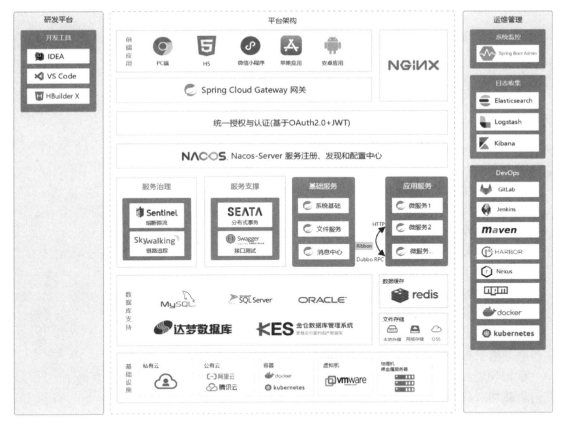

图 8-2　平台架构

　　统一接口管理：基于 Swagger 拓展的 API 文档服务，主要提供在平台开发阶段的 API 文档管理和 API 调试等功能。

8.3.2 数据中心关键技术

1. 主要技术栈（图 8-3）

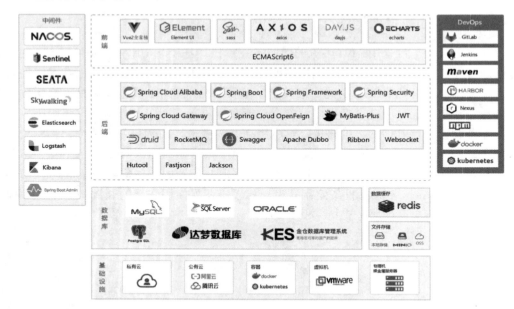

图 8-3 主要技术栈

2. 后端技术栈

主框架：Spring Cloud Alibaba ＋ Spring Boot ＋ Spring Framework

安全框架：Spring Cloud Security OAuth2＋JWT

持久层框架：Mybatis-plus、Hibernate Validation

数据库连接池：Alibaba Druid

JSON 序列化：Jackson&FastJSON

数据缓存：Redis

消息队列：RocketMQ

API 网关：Spring Cloud Gateway

服务注册 & 发现和配置中心：Nacos

服务监控：Spring Boot Admin

服务消费：OpenFeign/Dubbo RPC

日志收集：E（Elasticsearch）＋L（Logstash）＋K（Kibana）

负载均衡：Ribbon

服务熔断：Sentinel

项目构建：Maven

分布式事务：Seata

代码生成器：Mybatis-plus-generator

链路追踪：Skywalking

模板引擎：Velocity

即时通信：Spring-boot-starter-websocket

AOP：Spring-boot-starter-aop

文件服务：阿里云 OSS、本地存储、七牛云 kodo、腾讯 cos、MinIO

3. 前端技术栈

Vue2 全家桶

Element-UI、sass、axios、echarts、dayjs

4. 数据库支持

可支持多种关系型数据库，可根据需求再扩展支撑其他数据库：MySQL、Oracle、SQLServer、PostgreSQL、达梦数据库（DM8）、人大金创数据库。

8.3.3　技术特色

平台基于流行的 J2EE 技术栈，应用稳定的 Spring Cloud 微服务框架进行构建，主流开源的架构给我们带来了以下优势：

（1）广泛的业界支持：流行的开源技术都是广泛使用的，是业界默认的标准；

（2）提高开发效率：流行的开源技术会有大量的开发人员提供大量个性的解决方案，能更快速地找到满足需求的各种解决方案；

（3）提高平台的技术稳定性：流行的开源技术已经通过大量的业务场景验证，保证了技术的成熟性，提高了平台和稳定性；

（4）可维护性：流行的开源技术确保了各种社区的活跃度，可以更好地解决平台维护过程中遇到的问题。

8.3.4　数据资源规划、体系和设计

大数据资源中心的数据资源规划、数据体系设计及数据库体系设计三者之间存在紧密的关系，主要是在数据资源规划的基础上形成大数据资源中心的数据体系，并且针对数据体系的分类进行不同的数据库设计，形成数据库体系。结合目前现有业务数据进行梳理、设计，范围包括安全、环保、能源、安防等领域数据。

8.3.5　数据共享标准与集成接口标准

数据共享标准主要是建立基本信息编码规则，对每项基本数据设立唯一标识，统一管理和分类。通过划定项目职能部门、企业、政府部门、外部系统集成等方面数据的界限，在保证数据真实性、保密性的基础上，实现数据在平台上的共享。

8.4　项目管理平台功能

8.4.1　智能劳务

1. 功能

通过身份证进行实名绑定，将人员身份信息、劳动合同书编号、岗位技能证书号登记

入册，确保人、证、册、合同、证书相符，使总包可全面掌握劳务分包人数、情况明细。可选择刷卡、人脸识别、RFID安全帽芯片识别三种通行方式，并配合车辆识别系统和视频监控系统联动，确保在场的实际人员数量，杜绝闲杂人员混入工地和滞留。

2. 数据管理

（1）项目基本信息管理

建立系统基本档案资料，系统可以设置各分包单位人员编号规则，自动生成人员编号，也可设置手动录入。

（2）人员名册管理

对进场务工的劳务人员进行进场登记，包括个人身份证信息、工号、所属分包单位、班组、工种、进场日期、安全帽号、是否签订合同等。

（3）报表管理

劳务实名制管理系统可建立人员花名册、进场情况表、离场情况表、出勤表、实时刷卡记录表、刷卡率分析表、刷卡照片比对表等，方便用户进行查询。

（4）安全教育管理

劳务实名制管理系统可自定义安全教育类型，系统中可以随时查询劳务人员接受各类安全教育的情况，发现未参加安全教育的人员，对未参加教育的人员限制其进门权限。

（5）设备信息

本系统采用门禁考勤一体机＋人脸识别模块，可实现刷卡＋人脸识别两种通行方式。人脸识别模块采用动态识别，人员经过自动开闸，并在显示屏显示人员信息与照片，可实现与身份证照片的比对。

（6）违规违纪管理

手持巡检仪登记违规信息，拍摄违规照片取证，打印违规单。严重违规者设置黑名单，黑名单全系统通报。

（7）劳务合同管理

系统会自动套打各类合同及文件信息，提供劳动合同示范文本，方便企业进行内容的录入。

（8）黑名单管理

将违反公司或项目规定的劳务个人和施工队伍定义为用工黑名单，所有的黑名单信息在各项目和总部平台之间数据共享，即只要被设置为黑名单的个人或队伍到任何的项目上都会检测出其曾被设置为黑名单，项目部根据企业的规定采取对应的处理方式。

（9）人员在岗管理

通过液晶电视显示当前在岗的人员总数及所属的各分包单位的汇总人数信息。电脑客户端可实时查询当前在岗人员的身份信息及照片。

3. 硬件设备

工地门禁管理系统由门禁控制器、门禁读卡器、门禁电源、监控摄像头、人行通道闸、LED显示屏、LCD电视屏、门禁发卡器等组成。

8.4.2 设备管控

1. 塔机安全监测系统

（1）系统概述

塔机安全监测系统是集互联网技术、传感器技术、嵌入式技术、数据采集及存储技术、数据库技术等高科技技术为一体的综合性新型仪器。该仪器能实现多方实时监管、区域防碰撞、塔群防碰撞、防倾翻、防超载、实时报警、实时数据无线上传及记录、数据黑匣子等功能，特别是该仪器在对接智慧工地平台后，可以做出塔机运行过程的工效分析，帮助项目准确掌握塔机的运力和工作饱和度，为现场管理提供决策依据。

塔机监测系统由主机和远程监管平台组成。主机安装在工地现场塔机上，并连接幅度、高度、回转、重量、倾角、风速等传感器和制动控制装置，通过 8 英寸显示屏数字化显示工地现场塔机运行状况；无线网络能把塔机的各种参数实时上传到远程监管平台，便于管理部门及安监机构对塔机进行实时在线监管、安全状况分析、历史数据调取等；一旦塔机操作过程中发生不安全行为，可实现实时预警，提示现场操作人员及管理人员及时补救，以避免事故发生。

（2）系统功能

1）全方位监测塔机的幅度、高度、回转半径、载重、力矩、风速、倾角等参数。

2）实时显示各部位运行参数和报警参数。

3）五限位预警、预警信息及时预警。

4）群塔防碰撞预警、报警功能。

5）禁行区和障碍物的预警和报警功能。

6）现场终端可以实时显示塔机运行状态。

7）支持远程监控平台，数据实时传送。

（3）安装环境

为了保证设备可靠工作，产品安装环境要求如下：

1）供电电压应符合设备要求，且妥善接地。

2）将设备稳固安装，防止任何部件脱落和机械损伤。

3）连接线应妥善布置，远离机械运转结构，防止对人员造成伤害。

4）主机应远离热源，保持排风口通畅。

5）将主机放置在干燥的环境中，避免雨淋。

（4）使用及维护

1）主机未设计开机按钮，仪表通电，即开始工作。

2）在正常工作界面下按"增加"键可以增大语音音量，按"减小"键可以减小语音音量。注意：请勿将音量调节太小，以防遇到危险情况时，塔机驾驶员没有听到危险提示，导致危险情况发生。

3）塔机监测系统是塔机驾驶过程中的辅助设备，安装的主要目的是为塔机安全作业进行预警、预防，但并不能替代塔机司机处理危险作业的行为，故作以下特别警示：

当塔机监测系统发出语音预警时，司机应高度重视，并立即采取缓速操作、减挡操作、踩刹车或其他安全操作措施，防止塔机在高速运行状态下，无时间应急响应。

严禁司机擅自破坏黑匣子监控系统，使其失去预警功能。

由于塔机大臂在高速回转时会产生较大惯性，如出现碰撞预警时，司机务必减速慢行。

4）保持通信天线的正常连接，以保障网络连通，保护显示屏等易损件，保持设备外部清洁，防止设备进水。

2. 施工升降电梯监测系统

（1）系统概述

施工升降电梯监测系统是集精密测量、自动控制、无线网络传输等多种技术于一体的电子监测系统，由主机及各类传感器组成，包含载重监测及预警、轿厢倾斜度监测及预警、高度限位监测及预警、门锁状态监测、驾驶员身份认证（人脸、指纹双识别）等功能，并通过 GPRS 模块将监测数据实时上传到远程监控中心，实现远程监管。

施工升降电梯监测系统采集到的运行数据将实时上传至智慧工地平台，前端设备通过无线网络实现与后端平台的无缝对接，实现信息共享和远程管理，平台能够实现实时工况查询、历史工况查询、工效分析等功能。

施工电梯安全监控管理系统，重点针对施工电梯"非法人员操作施工电梯"和"安全装置易失效"等安全隐患。一方面通过高端电子识别技术，利用身份的唯一性及便利性，实现施工电梯操作人员的持证上岗，有效防控"人的不安全行为"；另一方面强化源头管理，通过智能安全监控系统，实现常态化监管，有效预防物的不安全状态。

（2）系统功能

1）功能齐全

本产品能实时监控升降机运行中的高度、重量、倾角、考勤、速度等实时参数。

2）调试简单数据自动采集

进入调试界面后，选定指定项目然后开启升降机各项基本运行动作即可完成数据自动采集，调试简单，便于安装人员高效、精准完成工作。

3）真人语音报警

在驾驶员违规操作时，主机立即发出真人语音预警、报警并在屏幕上显示红色预警、报警项目，双管齐下及时提醒驾驶人员处置。

4）产品设计合理

产品设计体积小、功能全、外观简洁大方，大大优于同类产品，便于在狭小升降机内安装。

5）安装简便

精巧设计夹具，简化安装步骤，减少安装人员作业时间。

6）维修便捷

模块化设计，极大地方便设备维修、保养，减少维护费用。

（3）安装条件

为了保证设备可靠工作，产品安装环境要求如下：

1）供电电压应符合设备要求，且妥善接地；

2）将设备稳固安装，防止任何部件脱落和机械损伤；

3）连接线应妥善布置，远离机械运转结构，防止对人员造成伤害；

4) 主机应远离热源,保持排风口通畅;

5) 将主机放置在干燥的环境中,避免雨淋。

3. 智能无线广播系统

智能无线广播系统是一套以无线发射的方式来传输广播的系统,设置好定时播放后,无须值守,自动播放,具有无须立杆架线、覆盖范围广、无限扩容、安装维护方便、投资省、音质优美清晰等特点。可与现场管理相结合,在施工现场、生活区播放劳动、质量等竞赛文件,表扬先进和进行安全知识广播,下班后可播放歌曲、新闻,让现场人员放松心情、舒缓压力。

4. 机器人

(1) 智能随动式布料机

产品用于混凝土布料,可在 1 名布料员的操控下,完成全部的混凝土布料作业,节约人力成本,降低劳动强度。

(2) 地面整平机器人

适用于住宅楼层、地库、厂房、机场、商场等需要混凝土整平施工的场景,具备独特的双自由度自适应系统、高精度激光识别测量系统和实时控制系统,能够动态调整并精准控制执行机构末端,使之始终保持在毫米级精度的准确高度。基于自主开发的 GNSS 导航系统,能够自动设定整平规划路径,实现混凝土地面的全自动整平施工,其工作效率和精度都远高于人工。

(3) 测量机器人

一款用于施工实测实量的建筑机器人,采用先进的 AI 测量算法处理技术,通过模拟人工测量规则,使用虚拟靠尺、角尺等完成实测实量作业,具有高收益、高精度、高效率和智能化的特点,自动化生成报表,测量结果客观准确。

(4) 建筑清扫机器人

通过自主研发的激光 SLAM 技术、3D 视觉识别技术,融合料位检测传感器技术实现复杂场景的激光高精地图建立、定位、自主导航和停障等功能,主要解决建筑施工楼面小石块及灰尘清扫难题,重点解决清洁行业人力资源紧张、成本上涨、清洁效率低下问题。

8.4.3　质量安全

1. 基坑监测

(1) 基坑监测内容(表 8-1、表 8-2)

土质基坑工程仪器监测项目表　　　　　　　　　　表 8-1

监测项目	基坑工程安全等级		
	一级	二级	三级
围护墙(边坡)顶部水平位移	应测	应测	应测
围护墙(边坡)顶部竖向位移	应测	应测	应测
深层水平位移	应测	应测	宜测

监测项目		基坑工程安全等级		
		一级	二级	三级
立柱竖向位移		应测	应测	宜测
围护墙内力		宜测	可测	可测
支撑轴力		应测	应测	宜测
立柱内力		可测	可测	可测
锚杆轴力		应测	宜测	可测
坑底隆起		可测	可测	可测
围护墙侧向土压力		可测	可测	可测
孔隙水压力		可测	可测	可测
地下水位		应测	应测	应测
土体分层竖向位移		可测	可测	可测
周边地表竖向位移		应测	应测	宜测
周边建筑	竖向位移	应测	应测	应测
	倾斜	应测	宜测	可测
	水平位移	宜测	可测	可测
周边建筑裂缝、地表裂缝		应测	应测	应测
周边管线	竖向位移	应测	应测	应测
	水平位移	可测	可测	可测
周边道路竖向位移		应测	宜测	可测

自动化设备实施入场时间表 表 8-2

序号	监测项	设备名称	安装时间
1	混凝土测温	测温仪	钢筋笼绑扎完成，浇筑之前 1~2 天
2	深层水平位移监测	测斜	打好测斜孔固定好测斜管后，即可安装测斜
3	地下水监测	水位计	水位管安装好后或水位观测井做好后即可安装设备
4	桩顶水平位移和竖向沉降监测	二维激光位移计	基坑周边冠梁成形后即可安装设备
5	周边建筑物不均匀沉降监测	静力水准仪	基坑开挖前安装
6	周边建筑物监测	倾角仪	基坑开挖前安装
7	裂缝监测	无线位移计	出现裂缝后安装
8	锚杆（索）内力	锚索计	锚杆锚索张拉时安装锚索计即可
9	应力应变监测	应变计	预埋应变计安装时间为绑扎筋笼时，表贴应变计安装时间为支撑梁浇筑好后
10	高支模监测	高支模设备	高支模进场时间为模板搭设完毕，浇筑前 1~2 天（具体以现场施工为主）

（2）基坑监测方法

1）水平位移监测

水平位移监测包括围护墙（边坡）顶部、周边建筑、周边管线的水平位移观测。测定特定方向上的水平位移时，可采用视准线活动觇牌法、视准线测小角法、激光准直法等；测定监测点任意方向的水平位移时，可视监测点的分布情况，采用极坐标法、交会法、自由设站法等。

水平位移监测网宜进行一次布网，并宜采用假定坐标系统或建筑坐标系统。水平位移监测网可采用基准线、单导线、导线网、边角网等形式。

2）二维激光位移计

二维激光位移计的监测原理是利用激光光束传递监测点与基准点的沉降和位移变化，结合自动光斑识别技术与自平衡校正功能来实现高精度监测。

3）竖向位移监测

竖向位移监测包括围护墙（边坡）顶部、立柱、周边地表、建筑、管线、道路的竖向位移观测。竖向位移监测宜采用几何水准测量，也可采用三角高程测量或静力水准测量等方法。

4）压差式静力水准仪

压差式静力水准仪通常也叫液压型静力水准仪，是利用压力传感器测量的液体压力变化量除以液体的密度和重力加速度得到液位变化的。因此各项关键指标高度依赖于压力传感器和计算的 MCU 及算法。压差式静力水准仪利用帕斯卡传递液体压力的原理，压力传感器测量出的压力仅与整个系统中液面的最高位置有关，因此体积可以做得非常小，便于安装使用。

5）深层水平位移监测

深层水平位移监测宜采用在围护墙体或土体中预埋测斜管，通过测斜仪观测各深度处水平位移的方法。测斜管应在基坑开挖和预降水至少 1 周前埋设，当基坑周边变形要求严格时，应在支护结构施工前埋设。

6）提升式自动化测斜仪

提升式自动化测斜仪的监测原理：用大扭矩行星齿轮伺服系统自动提升技术、内置高精度容栅式传感器＋惯性测量系统，运用 AI 神经网络算法一次提升，消除零漂，内置无线数据传输。可选择固定测量，移动测量多种模式。

7）倾斜监测

建筑倾斜监测应根据现场监测条件和要求，选用投点法、水平角观测法、前方交会法、垂准法、倾斜仪法和差异沉降法等方法。

8）裂缝监测

裂缝监测应监测裂缝的位置、走向、长度、宽度，必要时尚应监测裂缝深度。基坑开挖前应记录监测对象已有裂缝的分布位置和数量，测定其走向、长度、宽度和深度等情况，监测标志应具有可供量测的明晰端面或中心。

9）地下水位监测

地下水位监测应符合以下规定：

① 地下水位监测宜采用钻孔内设置水位管或设置观测井，通过水位计进行量测。

② 地下水位量测精度不宜低于 10mm。

③ 潜水水位管直径不宜小于 50mm，饱和软土等渗透性小的土层水位管直径不宜小于 70mm，滤管长度应满足量测要求；承压水位监测时被测含水层与其他含水层之间应采

取有效的隔水措施。

④ 水位管宜在基坑预降水前至少 1 周埋设,并逐日连续观测水位取得稳定初始值。

10)应力应变监测

根据不同监测内容按下列规定选择监测设备:

① 围护墙内力、立柱内力、混凝土支撑轴力监测宜采用智能钢筋计、智能混凝土应变计、智能表面应变计。

② 钢立柱内力、钢围檩(腰梁)内力监测宜采用智能表面应变计。

③ 钢支撑轴力监测宜采用智能轴力计或智能表面应变计。

④ 锚杆(索)轴力监测宜采用智能轴力计。

⑤ 围护墙侧向土压力监测宜采用智能土压力计。

⑥ 孔隙水压力监测宜采用智能渗压计。

2. 边坡自动化监测

(1)系统概述

边坡自动化监测系统,是通过二维激光位移计、静力水准仪、裂缝监测一体机、水位计等智能传感设备,实时监测在基坑开挖阶段、支护施工阶段、地下建筑施工阶段及竣工后周边相邻建筑物、附属设施的稳定情况,承担着对现场监测数据采集、复核、汇总、整理、分析与数据传送的职责,并对超警戒数据进行报警,为设计、施工提供可靠的数据支持。

(2)系统功能

支护实时监测:对边坡的顶部水平、竖向位移,周边沉降,侧向土压力,边坡裂缝,水位等数据进行实时监测。

信息反馈:实时接收监测设备的数据,一旦有任何数据超过警戒线,系统立刻报警,将报警信息发送至设计单位、建设单位和检测机构等,为相关单位做出决策提供数据依据。

(3)监测范围

本工程监测范围为基坑边坡结构、工程水文地质以及围护结构外周边 3 倍基坑开挖范围内的地面建筑物,以及周边重要的道路地表、管线、建筑物观测。

3. 高支模监测

(1)模板支撑体系分类(表 8-3)

模块支撑体系分类 表 8-3

模板支撑体系分类	分类标准
Ⅰ类	搭设高度≥8m 或搭设跨度≥18m 或施工总荷载≥15kN/m² 或集中线荷载≥20kN/m
Ⅱ类	5m≤搭设高度<8m 或 10m≤搭设跨度<18m 或 10kN/m²≤施工总荷载<15kN/m² 或 15kN/m≤集中线荷载<20kN/m
Ⅲ类	高度、跨度、承受荷载均低于Ⅱ类

（2）高支模监测的重要性

工期较短，重视程度低：该类工程施工周期短，短至几小时，长至 2～3 天即可完成，现场施工往往不太重视该类工程。

环境复杂，影响因素多：该类工程影响因素较多，荷载、支撑体系、作业方法、外部环境均为安全影响因素。

事故征兆少，应急时间短：该类工程事故发生前，未有较大明显事故征兆，肉眼无法感知到，当工程事故发生时，无法有效采取应急逃生措施。

逃生率低，容易群死群伤：因环境复杂，应急时间少，作业人员在事故发生中逃生率极低，而该类工程往往汇聚大量作业人员，容易造成群死群伤的重大安全事故。

4. 卸料平台安全监测系统

（1）系统概述

卸料平台安全监测系统由传感器、主机、连接线、锂电池、太阳能板等硬件组成，通过固定在卸料平台钢丝绳上的重量传感器实时采集当前载重数据，当出现超载现象时，现场声光报警，有效预防安全事故的发生。系统还通过 GPRS 模块，将采集到的载重数据实时上传至智慧工地平台，方便管理人员远程掌握现场情况。

（2）系统功能

1）标准化卸料平台机械结构，更加规范与安全。

2）自动监测载物实时重量，增加传统卸料平台的超载保护功能。

3）语音与灯光报警功能，给施工作业人员预警报警，避免因超载而引起的坍塌事故。

4）远程监控平台记录、查询、分析卸料平台进出料记录，从而针对性地加强安全教育与培训。

8.4.4　视频监控模块

1. 智能视频监控系统

（1）AR 全景监控

以 AR 增强现实、大数据分析技术为核心，以视频地图引擎为基础，将高点视频内的建筑物、人、车、突发事件等细节信息以点、线、面地图图层的形式，自动叠加到基于高点的"实景地图"上，实现整个项目一张图指挥作战，增强全局指挥的功能，达到扁平化快速、精准指挥的效果。

支持 270°全景地图球机联动、历史时刻全局回放功能，同时融合区域安全隐患/劳动力、区域形象进度/延时等多维信息，构建感知全息化、业务实景化、信息协同化、应用集成化的立体可视化智能监控平台。

（2）数字工地

项目管理人员可总览项目设备监控状况，做到一张图管项目，可综合查看视频监控的分布、报警状态、历史记录等信息。在工地效果图或总平面图上标注监控点位图标，单击图标显示该点位视频预览图，如设备出现故障，数字工地上会自动进行故障提醒。

（3）视频监控

视频监控支持直播、回放、异常事件预警等功能，可随时查看项目上摄像头实时画面，了解项目施工现状，同时可减少项目现场人员日常巡检的工作量。

（4）巡检抓拍

定时定点抓拍现场图片，可根据当前工程重点部分或相关需求，设置普通摄像机完成自动抓拍过程，关键影响部位留痕，抓拍结果可以按时间轴形式展示图片，项目施工进度一目了然。

（5）延时摄影

通过延时摄影技术，以短视频形式快速了解一个时间段内的工程进度情况，平台通过既有摄像机，实现延时摄影的制作，展现项目建造过程，体现技术实力和公司品牌形象，视频支持导出到本地保存。

（6）无人机巡检

项目管理人员远程查看无人机直播视频画面，巡检项目视频监控覆盖盲区。

2. 安全帽佩戴监测

安全帽识别技术，通过对人员的分析，定位出人员头像位置，检测是否佩戴安全帽。通过现场监控视频对画面动态捕捉，实现对现场安全帽佩戴的动态监测，提升现场安全行为管理。

3. 反光衣穿着监测

在生产现场部署反光衣穿戴识别系统，通过视频监控，对项目现场未穿戴反光衣的工人进行抓拍，实时视频监测预警在岗工人是否按照要求做好安全防范措施作业。提高一线作业人员的安全意识，减少安全事故的发生。

4. 车牌自动识别

工地车牌识别技术可以准确检测到视频或图片中出现的车牌信息，返回识别到的车牌号码及在图片中的位置信息。利用深度学习技术，结合大量的现场数据，针对工地各类型车均可进行识别。

5. 现场明火识别

通过视频监控，对监控区域内画面的火焰进行识别、实时分析报警，同时将报警信息快照和报警视频存入数据库，可根据时间段对报警记录和报警截图、视频进行查询。

通过此项技术能及时发现现场灾情，尤其是项目现场电路电线，生活区私搭乱建等重点区域；一旦发现苗头，将异常情况通知到相关人员后立即采取相应措施，做到未雨绸缪、防患于未然。

6. 现场烟雾识别

通过视频监控，对监控区域内的烟雾进行监测。基于图像分析算法，在摄像头的监控视野内，可以设置警戒区域，检测烟雾的发生，如果发现该异常现象，能够标示出烟雾发生的区域，触发报警。弥补传统烟感探测器在室外不适合安装的局限性，预防火灾的发生或减轻火灾的危害。

7. 大屏显示系统

监控中心可采用 46 或 55 英寸 LCD 拼接屏组成 M（行）$\times N$（列）的拼接显示大屏作为显示幕墙，不仅可以显示前端设备采集的画面、GIS 系统图形、报警信息、其他应用软件界面等，还能接入本地的 VGA 信号、DVD 信号以及有线电视信号，满足用户各种信号类型的接入需求。通过控制软件对需要上墙显示的信号进行显示，通过视频综合平台可实现信号的实时预览、视频拼接显示、任意分割、开窗漫游、图像叠加、图像拉伸缩放等一系列功能。

8.4.5　能耗管理模块

1. 系统概述

临水监测系统：物联网水表是一种基于蜂窝的窄带物联网，不仅解决了传统水表的精准计量问题，还能够实现用水数据的远程上传，实现对输水管道的实时监控，降低漏损率。该物联网水表采用无线传输技术，具有网络深覆盖、数据传输量小、功耗低、成本低、广链接、低功耗等优势，通信稳定、可靠、安全等特点。

临电监测系统：NB-IoT 物联网电表是一种基于蜂窝的窄带物联网电表，实现了用电数据的无线远程上传。该物联网电表模块采用 NB-IoT 传输技术，具有数据传输量小、功耗低、成本低等特点。

2. 系统功能

（1）临水监测功能

物联网水表开通运行后，水表会搜寻到附近的 NB-IoT 通信基站并注册到物联网云平台，云平台就会知晓该水表需要上报和接收数据，之后水表的用水数据通过通信基站上传到智慧工地云平台，同时水表接收来自云平台的校时等数据信息。管理部门通过云平台可以看到各户用水情况、实时的能耗曲线、各种按月按日的统计报表。另外平台上实现仪表数据和数据的提取功能。

（2）临电监测功能

物联网电表开通运行后，电表会搜寻到附近的 NB-IoT 通信基站并注册到物联网云平台，云平台就会知晓该电表需要上报和接收数据，之后电表的用电数据通过通信基站上传到智慧工地云平台，同时电表接收来自云平台的校时等数据信息。管理部门通过云平台可以看到各户用电情况、实时的能耗曲线、各种按月按日的统计报表。另外平台上实现仪表数据和数据的提取功能。

8.4.6　绿色施工

1. 扬尘噪声监测系统

（1）系统概述

环境监测系统，实时采集建筑工地风速、温度、颗粒物等参数，并快速回传至智慧工地平台；当监测值超过临界点时，系统自动报警，还可以联动喷淋设备，实现监测值超标后的自动降尘。

主要监测的项目为可吸入颗粒物，并配套噪声监控系统、气象系统、数据采集系统和通信系统等，监测的数据包括扬尘浓度、噪声指数、温度、湿度、风向、风速、风力等，通过无线网络实时传输，实现了远程、自动的环境监控。

（2）系统功能

本系统由数据采集器、传感器、无线传输系统、后台数据处理系统及信息监控管理平台组成。监测子站集成了大气 $PM_{2.5}$、PM_{10}、环境温湿度及风速风向监测、噪声监测等多种功能；远程监管数据平台是一个互联网架构的网络化平台，具有对各子站的监控功能及对数据的报警处理、记录、查询、统计、报表输出等多种功能。该系统还可与各种污染治理装置联动，以达到自动控制的目的。

2. 自动喷淋降尘系统

为了有效治理空气扬尘问题，项目使用自动喷淋降尘系统。该系统覆盖范围广，一台主机可以带多个旋转雾化喷头，间歇性工作，整个过程全部自动化进行，无需人工。比传统的抑尘雾炮车、洒水车简易便捷，完全可以代替其进行道路的降尘降霾清洁等作业。喷雾器喷射出白色的水雾颗粒含有大量负离子，同空气中的正离子尘埃结合，对污浊大气进行高效清洗，如蒙蒙细雨降落地面。此系统原理是大气水雾清洗法，在需要降尘降霾的管控区域设置高空喷淋点并和喷雾降尘法进行结合，在局部区域形成全覆盖微米级水颗粒帷幕。系统通过自动化控制等一系列的有效组合，进而对管控区域 $PM_{2.5}$ 及 PM_{10} 降低率达到 98% 左右。

3. 自动冲洗平台

（1）产品概述

自动冲洗平台利用多方位高压水流对轮胎及底盘部位进行高压冲洗，从而达到将车轮及底盘洗净的效果，达到各部门的上路要求，冲洗机用机械自动感应式、遥控和手动三种控制，可自动完成冲洗的工作，冲洗用水可循环使用，连续工作时，仅需补充少量的水，因此可以节约大量水资源。

（2）主要特点

1）水循环使用

冲洗机冲洗用水设有水池，设计为清水池和沉淀池保证水的循环利用。

2）造价低，转场运输安装方便

市场现有车辆冲洗机大多采用混凝土基础，降低了购物成本的同时也大大增加了洗车机使用中的安全性和可靠性。清洗机为分体式，可分块拆卸安装，为将来转场提供了方便。

3）电气操作系统可靠方便

冲洗机控制系统分机械自动感应式、遥控、手动三种控制方式，操作方便。